不确定度评定及其在卷烟工业中的应用

庞永强
朱风鹏 主编

中国轻工业出版社

图书在版编目（CIP）数据

不确定度评定及其在卷烟工业中的应用/庞永强，朱风鹏主编. —北京：中国轻工业出版社，2020. 11
ISBN 978-7-5184-2554-9

Ⅰ. ①不… Ⅱ. ①庞… ②朱… Ⅲ. ①不确定度—应用—卷烟—烟气分析（烟草）—研究 Ⅳ. ①TS41

中国版本图书馆 CIP 数据核字（2019）第 138245 号

责任编辑：张　靓　王昱茜
策划编辑：张　靓　　责任终审：白　洁　　封面设计：锋尚设计
版式设计：砚祥志远　　责任校对：吴大鹏　　责任监印：张　可

出版发行：中国轻工业出版社（北京东长安街 6 号，邮编：100740）
印　　刷：三河市国英印务有限公司
经　　销：各地新华书店
版　　次：2020 年 11 月第 1 版第 1 次印刷
开　　本：170×240　1/16　印张：20. 5
字　　数：410 千字
书　　号：ISBN 978-7-5184-2554-9　　定价：86. 00 元
邮购电话：010-65241695
发行电话：010-85119835　传真：85113293
网　　址：http：//www. chlip. com. cn
Email：club@ chlip.com.cn
如发现图书残缺请与我社邮购联系调换
190669K1X101ZBW

本书编写人员

主　　编　庞永强　朱风鹏

副 主 编　王　律　姜兴益　李翔宇　王　菲　罗彦波

　　　　　张洪非

编　　委　（按姓氏拼音排序）

　　　　　蔡洁云　蔡悦秀　陈贤飞　陈再根　成　涛

　　　　　戴硕荣　高汉华　郭紫明　孔浩辉　李　倩

　　　　　李　渊　李中皓　李远根　刘　巍　刘　楠

　　　　　佘世科　汤理川　王惠平　王红霞　王　瑾

　　　　　王　龙　许寒春　杨晓亮　姚　伟　姚　蔚

　　　　　张　威　张　宇　张子龙　郑捷琼

主　　审　冯群芝

前言

PREFACE

测量是科学技术、工农业生产、国内外贸易以至日常生活各个领域中不可缺少的一项工作，当然烟草领域也不例外。当报告测量结果时，必须对其测量质量给出定量说明，以确定测量结果的可信程度。测量不确定度就是对测量结果有效性的可疑程度或不肯定程度的评价，测量结果的可用性很大程度上取决于其不确定度的大小。所以，测量结果附有不确定度说明才是完整且有意义的。

20 世纪 80 年代以来，测量不确定度评定和表示方法已经在世界各国的很多实验室和计量机构使用。我国颁布实施了 JJF 1059. 1—2012《测量不确定度评定与表示》（等效采用由国际标准化组织制定的《测量不确定度表示指南》），并被中国实验室国家认可委员会引用为《测量不确定度政策》规范文件。由于不确定度是一个相对较新的概念，确定各指标的测量不确定度涉及测量原理、测量方法、数理统计等方面的知识，有一定的技术难度。不同的实验室在分析不确定度分量时采用的方法不一致，使测量不确定度分量的分析结果存在差异，各单位计算得出的各指标不确定度不具可比性，无法起到衡量实验室检测技术水平和数据精密度的作用，且导致了行业内人力物力等方面的浪费。

本书共分为八章，主要从统计学基本知识、概率统计分析、显著性检验、不确定度评定的一般技术要求和卷烟烟气分析（涉及焦油、烟碱、一氧化碳、氢氰酸、氨、苯酚、巴豆醛、NNK、苯并［a］芘等指标）不确定度评定指南等方面进行了详细的介绍，旨在为烟气分析技术人员的日常工作提供指引。有利于行业检测技术水平提高，可以更好地促进我国烟草行业实验室与世界先进的实验室接轨，规范我国烟草行业实验室的管理，提高检测技术水平。

本书在编撰过程中得到了国家烟草质量监督检验中心胡清源研究员和侯宏卫研究员的大力支持与指导，对此表示衷心的感谢。国家烟草质量监督检验中心、上海烟草质量监督检测站和其他单位的科技人员为材料收集、整理及共同实验方面做了大量的工作，在此一并表示真诚的感谢！

由于编写时间仓促及编者水平的限制，本书难免有不当之处，恳请读者给予批评指正。

编者

2019 年 5 月于郑州

目录

CONTENTS

第一章 概述

第一节　测量不确定度评定的意义

测量是科学技术、工农业生产、国内外贸易以至日常生活各个领域中不可缺少的一项工作，当然烟草领域也不例外。测量的目的是确定被测量的值或测量结果。测量结果的质量，往往会直接影响国家和企业的经济利益。此外，测量结果的质量还是科学实验成败的重要因素之一。测量结果有时还会影响到人身安全，测量结果和由测量结果得出的结论，还可能成为决策的重要依据。

当对物质的特性量值进行测量时，由于测定用的仪器和工具的限制，测试方法的不完善，分析操作和测试环境的变化，测试人员本身的技术水平、经验等方面的影响，使分析检测结果总是不可避免地带有一定误差。人们在实际的分析过程中往往不能得到所谓的真值，而只能对其作出相对准确的估值。如何正确表达这种含有误差的分析结果？如何评价结果的准确可靠程度？这在分析测试工作特别是理化检验中是十分重要的问题。随着分析化学的发展，分析仪器自动化程度的提高，分析数据的获取越来越快速，测量向着准确、快速、灵敏的方向发展。因此，正确地估计分析检测过程的测量误差是十分必要的。

当完成测量时，应该给出测量结果。但如果在报告测量结果时，未给出其可信程度或可信的范围，这种测量结果是不完整的。必须对其测量质量给出定量说明，以确定测量结果的可信程度。测量不确定度就是对测量结果有效性的可疑程度或不肯定程度的评价，测量结果的可用性很大程度上取决于其不确定度的大小。所以，测量结果必须附有不确定度说明才是完整的并有意义的。测量不确定度是对测量结果可能误差的度量，也是定量说明测量结果质量好坏的一个参数，因此它是一个与测量结果相联系的参数。一个完整的测量结果，除了应给出被测量的最佳估计值之外，还应同时给出测量结果的不确定度。误差的使用经常出现概念混乱的情况，因为误差是测量结果与真值之差，而真值是不可能得到的。误差的评定方法不统一，由于系统误差和随机误差是两个响指不同的量，在两个量的合成方法上各国之间不一致。

一方面测量本身确实存在误差，另一方面在实验室之间，在不同分析方法之间也存在误差，因此，需要对误差开展研究。研究误差的目的并非是要消除误差，或使其减小到不能再小的程度，因为这往往是办不到的，而且为了进一步减小误差，往往要花费大量的人力和代价。研究误差的目的是要对自己试验所得的数据进行处理，从而判断其最接近的值是多少，其可靠性如何，正确地处理数据，充分利用数据信息，以便得到更加接近真值的最佳结果，合理地计算所得结果的误差。既不能将误差算得过小，以免造成对生产的危害，也不能将误差算得过大，以免造成人力、设备的浪费。研究误差理论可以帮助我们正确地组织试验和测量，合理地设计仪器，选用仪器和测量方法，从而使我们以最经济的方式获得最有效的结果。在数据处理中首先要解决的问题就是选择真值的最佳估计值和确定该估计值与真值间的合理误差。

测量不确定度评定的目的是要求各国所进行的测量和所得的测量结果具有统一的评定标准，以便能够相互比对，取得互认并达成共识。为能统一地评价测量结果的质量，1963 年原美国标准局（BNS）的数理统计专家 Eisenhart 提出了测量不确定度的概念。测量不确定度的概念以及不确定度的评定和表示方法的采用，是计量科学的一个新进展。用测量不确定度来统一评定测量结果的质量，是科技交流和国际贸易发展的要求，是国际贸易和技术交流不可缺少的，它可使各国进行的测量和得到的结果进行相互比对。不确定度在实验室认可中可以作为考核项目，用于考核实验室检测技术水平和数据准确性。

20 世纪 80 年代以来，测量不确定度评定和表示方法已经在世界各国的很多实验室和计量机构使用。1993 年 ISO 发布了《测量不确定度表示指南》(guide to expression of uncertainty in measurement，简称 GUM)。1999 年我国颁布实施了 JJF 1059—1999《测量不确定度评定与表示》（等效采用由国际组织制定的《测量不确定度表示指南》），并被中国实验室国家认可委员会引用为《测量不确定度政策》规范文件。该文件要求各国内实验室尽可能给出所有项目的不确定度，作为考核实验室检测技术水平和数据准确性的重要手段。目前，虽然部分实验室均在努力探索研究本实验室测量结果的不确定度，但由于不确定度是一个相对较新的概念，确定各指标的测量不确定度涉及测量原理、测量方法、数理统计等方面的知识，有一定的技术难度。

GB/T 27025—2019《检测和校准实验室能力的通用要求》规定，检测实验室必须制定测量不确定度评定的程序，并且还应该在具体的检测工作中应用这些程序来进行测量不确定度的评定。中国实验室认可委员会在其《测量不确定度政策》中也规定“鉴于测量不确定度在检测、校准和合格评定中的重要性和影响，CNAL 遵循下列原则：对测量不确定度予以足够的重视，以满足有关各方的需求和期望；始终遵循国际规范的相关要求，与国际组织的要求保持一致。”

第二节　测量不确定度发展简介

一、误差理论的发展

对于误差理论的应用和发展，已经有 2000 多年的历史。随着实际生产和科技的不断进步，大体上可以分为经典误差理论和现代误差理论两个阶段。七种经典误差理论以严格的统计学理论为基础，主要是以随机误差为对象的一系列数据处理方法，并未对误差类型进行细分。而随着现代技术的不断出现，暴露了该理论具有很大的局限性。所谓的现代误差理论就是在经典误差理论的基础上，通过与实践相结合提出了误差的可分性，即将误差分为随机误差（偶然误差）、系统误差和粗大误差等，并分别给出了相应的处理方法，具有一定的实用性。基于现代误差理论，在对测量结果进行处理表述时，通过剔除粗大误差，修正系统误差并采用统计学方法对随机误差进行适当评定计算后，以此来评定测量结果的准确性。基于该理论的误差分析明显提高了测量结果的科学性和误差评定的可靠性。

随着科学技术发展对测量准确度要求的不断提高，逐步出现了误差转化的概念。在一定条件下，随机误差与系统误差是可以相互转化的，可以将系统误差进一步分为已定系统误差和未定系统误差，从而实现对已定系统误差进行修正，而针对未定系统误差则可以计入测量误差的精度评定，这也是误差理论的一次重要历程。在利用误差理论对测量结果进行评定的过程中，必须包括随机误差、转化后的随机误差以及未定系统误差等，最终采用误差合成的方式用一个总的误差进行表示。但随之而来的问题是，各种误差的分布性质不尽相同，并且在对误差进行合成的过程中需要有相同的置信区间。因此，各个领域在对测量结果进行评定时，均采用不同的处理方法，评定结果相互之间的互认性和一致性就很难得到保障。为了解决这一问题，国际上逐渐出现了“测量不确定度”的概念。

二、测量不确定度的发展

1963 年美国国家标准局（NBS）的数理统计专家 Eisenhart 先生在进行“仪器校准系统的精度和准确度估计”时提出了定量表示不确定度的建议，受到了国际社会的普遍关注。在此基础之上，NBS 研究和推广测量保证方案时，对不确定度的定量表示方式有了进一步的发展，促使不确定度逐渐被测量领域所接受和广泛使用，但在具体的表示方法方面还很不统一，而且经常有不确定度与误差同时并用的现象。

20 世纪 70 年代，国际计量委员会（CIPM）下设的电离辐射咨询委员会的会议上，在讨论检定证书中应如何表达测量结果时，由于提出的几种方案未取得一致意见而最终未作出决定，后将这一问题提交给了国际计量局（BIPM），当时认为的主要问题是解决系统误差与随机误差的合成方法问题。1978 年 BIPM 就此问题制定了一份调查表，分发到 32 个国家计量院和 5 个国际组织征求意见。截止 1979 年年底，共收到 21 个国家实验室的回复。

1980 年，BIPM 专门成立了不确定度表述工作组，在广泛征求各国意见的基础上起草了一份建议书，即 INCI（1980）《实验不确定度表述》，该建议书向各国推荐了不确定度的表示原则，从而使测量不确定度的表示方法逐渐趋于统一。1981 年，第 70 届国际计量委员会对该建议进行了专题讨论并批准发布为 CI-1981《不确定度表示建议书》。1986 年，CIPM 再次重申采用该推荐书的测量不确定度表示的统一方法，并又发布了一份 CIPM 建议书：CI-1986。

在该建议书的基础上，国际计量局（BIPM）、国际标准化组织（ISO）、国际电工委员会（IEC）、国际法制计量组织（OIML）、国际理论与应用物理联合会（IUPAP）、国际理论与应用化学联合会（IUPAC）和国际临床化学联合会（IFCC）等国际组织成立了专门工作组，共同制定并发布了《测量不确定度表述导则》（Guide to the Expression of Uncertainty in Measurement，简称 GUM）。GUM 对所采用术语的定义、概念、测量不确定度的评定方法以及不确定度报告的表示方法都做了明确的统一规定。为不同国家和地区，以及不同测量领域在表示测量结果及其不确定度时，具有相同的含义。

1993 年，与 GUM 相呼应，为了使不确定度表示的术语和概念相一致，发布了《国际通用计量学基本术语》(International Vocabulary of basic and General Terms in Metrology，简称 VIM)。这两个文件为在全球统一采用测量结果的不确定度评定和表示奠定了基础。国际实验室认可合作组织（ILAC）也表示承认 GUM。也就是说，在各国的实验室认可工作中，无论是校准实验室还是检测实验室，在进行测量结果的不确定度评定时均应以 GUM 为基础。这也表明了 GUM 和 VIM 两份文件的权威性。

GUM 发布之后，一些国家计量院和国际组织也先后制定并发布了相应的测量不确定度评定规范性指南。1993 年，美国标准核技术研究院（NIST）发布《NIST 测量结果不确定度评定和表示指南》。1995 年，欧洲分析化学中心（EURACHEM）发布《分析化学测量不确定度评定指南》（Quantifying Uncertainty in Analytical Measurement）。1997 年，EURACHEM 与分析化学国际溯源性合作组织（CITAC）协商，邀请国际原子能机构（IAEA），欧洲认可组织（EA）和美国官方分析化学家协会（AOAC）的代表（来自美、英、德、中、日和澳大利亚的专家）组成工作组，共同讨论、修改 EURACHEM 指南，并于 2000 年作为国际性指南文件（EURACHEN/CITAC Guide）发布，使其成为全球分析化学测量不确定度评定指南。

随着国际上合格评定工作的发展，测量不确定度评定不仅应用于物理学、化学、实验室医学、生物学、工程技术测量领域，而且还应用于诸如生物化学、食品科学、司法科学和分子生物学等测量领域。因此急需对 VIM-2 进行修订，以涵盖各测量领域的名词术语。1997 年，由起草《测量不确定度表示指南》（GUM）和《国际通用计量学基本术语》（VIM）最初版本的 7 个国际组织组成了计量导则联合委员会（JCGM），由 BIPM 局长担任主席。该联合委员会主持过 ISO 第 4 技术咨询工作组（TAG 4）的工作，最初由 BIPM、IEC、IFCC、ISO、IUPAC、IUPAP 和 OIML 的代表组成，2005 年，国际实验室认可合作组织（ILAC）作为成员参与其工作。JCGM 有两个工作组：第 1 工作组（JCGM/WG1）名为“测量不确定度表示工作组”，任务是推广应用及补充完善 GUM；第 2 工作组（JCGM/WG2）名为“VIM 工作组”，任务是修订 VIM 及推广其应用。

2004 年，JCGM/WG2 向 JCGM 代表的 8 个组织提交了 VIM 第 3 版的初稿意见和建议，VIM-3 最终稿 2006 年提交 8 个组织批准，于 2007 年发布，并将《国际通用计量学基本术语》更名为 ISO/IEC GUIDE 99：2007《国际计量学词汇　基本和通用概念及相关术语》［International Vocabulary of Metrology-Basic and General Concepts and Associated Terms（VIN）］。VIM-3 首次将化学和实验室医学测量包含进来，同时还加入了一些其他概念，诸如将涉及计量溯源性、测量不确定度、名词属性［一般来自“质量管理的测量”，诸如校准（calibration）、检定（verification）、确认（validation）、计量可比性（metrological comparability）、计量兼容性（metrological compatibility）］等的概念纳入进来。

2008 年，JCGM/WG1 将 1995 版 GUM 提交给 JCGM，以 ISO、IEC、BIPM、OIML、IUPAC、IUPAP、IFCC 和 ILAC 这 8 个国际组织的名义发布，并命名为 ISO/IEC GUIDE 98-3：2008《测量不确定度　第 3 部分：测量不确定度表示指南》［Uncertainty of measurement　Part 3：Guide to the expression of uncertainty in measurement（GUM：1995）］。

1996 年，中国计量科学研究院制定了《测量不确定度规范》。1998 年。发布了 JJF1001《通用计量术语和定义》，1999 年，发布了 JJF 1059—1999《测量不确定度评定和表示》。其基本概念、评定和表示方法与 GUM 一致。这两个文件构成了我国进行测量不确定度评定的基础。2005 年，参考 EURACHEM/CITAC Guide，发布了 JJF 1135—2005《化学分析测量不确定度评定》。

1999 年以来，中国合格评定国家认可委员会（CNAS）先后发布了一系列测量不确定度评定规范文件或指南性文件，其中包括 CNAS-CL07《测量不确定度评估和报告通用要求》、CNAS-GL05《测量不确定度要求的实施指南》、CNAS-GL06《化学领域不确定度指南》、CNAS-GL07《电磁干扰测量中不确定度的评估指南》等。这些规范和指南性文件构成了我国实验室认可中测量不确定度评定的框架。

第三节　测量不确定度评定与表示的应用范围

我国国家计量技术规范《测量不确定度评定与表示》，规定的是测量中评定与表示不确定度的一种通用规则，它适用于各种准确度等级的测量，而不仅限于计量检定、校准和检测。也就是说《测量不确定度评定与表示》适用于涉及有明确定义的、并可以用唯一值进行表征的被测量估计值的不确定度的评定与表示，其主要应用在以下领域：

①建立国家计量基准、计量标准及其国际比对；

②标准物质、标准参考数据；

③测量方法、检定规程、校准规范等；

④科学研究及工程领域的测量；

⑤计量认证、计量确认、质量认证及实验室认可；

⑥测量仪器的校准和检定；

⑦生产过程的质量保证及产品的检验和测试；

⑧贸易结算、医疗卫生、安全防护、环境监测及资源测量。

具体来讲，测量不确定度评定主要可应用于以下不同的工作之中：

1. 特定测量结果的不确定度评定

当测量完成时，测量结果也已经得到，因此测量对象、测量仪器、测量方法、测量条件以及测量人员等均是已经确定而不可改变的。由相同的人员采用相同的测量方法及设备对同一测量对象重复进行测量，不仅测量结果可能会稍有不同，其测量不确定度也可能会受到测量条件的改变而产生变化。这种情况下评定所得的测量不确定度即是该特定测量结果的不确定度。

2. 常规测量的不确定度评定

在实际工作中有许多测量是常规性的，对于这些测量，测量仪器、测量方法和测量程序是固定不变的。测量对象基本类似，并且满足一定的要求。测量人员可以相同也可以不同，但均是经过培训的合格技术人员，测量过程也是在满足重复性条件下进行的。一般来讲，这样的测量不确定度会受到测量条件变化的影响。但由于测量条件是在一定的限制范围内，只要满足规定的条件，其测量不确定度就应该能够满足使用要求。对于这样的常规测量工作，进行测量不确定度评定的前提是假设环境条件正好处于合格条件的临界状态。所评定得到的不确定度也应该是在规定条件下可能得到的最大不确定度。也就是说，在实际测量过程中只要测量条件满足要求，测量结果的不确定度就不可能大于此值。

3. 实验室校准检测能力的评定

校准检测能力也称作最佳测量能力，其定义为：通常提供给用户的最高校准检测水平，一般用包含因子 $k=2$ 的扩展不确定度进行表示。校准检测能力表示实验室可能达到的最高水平，但并不表示该实验室在常规的校准测量中均可以达到这一水平。

4. 测量过程的设计和开发

在进行测量过程的设计开发时，主要的测量设备往往已经确定，而且事先也知道希望达到的测量不确定度。通过不确定度管理程序，采用逐步逼近的方法对测量不确定度进行反复评定，从而得到不仅满足要求的测量不确定度而且在经济上也是相对合理的测量程序以及应该满足的测量条件。

5. 测量结果之间的比较

在常规的实验室测量过程中，往往需要对同一测量对象的两个或多个测量结果进行比较分析，而其判断标准自然与测量不确定度有关，也就是说应该通过测量不确定度的评定来确定测量结果之间的比对标准。在实验室认可过程中，需要判断各实验室得到的测量结果是否处于合理的范围之内，相应的判断标准也与实验室的测量不确定度密切相关。

6. 测量仪器合格性的判定

在日常生产和测量工作中，经常需要通过测量对产品质量进行判定是否符合技术指标的相关要求，以及对测量所用仪器进行判定是否合格，也就是说测量仪器的示值是否符合所规定的最大允许误差。质检部门更是经常需要对所用材料和仪器设备是否合格进行判定，这里所用到的合格与不合格判据除了与所规定的技术指标有关外，也与测量不确定度有着必然的联系。

第四节　检验结果的符合性判别

在工业生产、工程建设等领域，经常要通过检测来判定产品或工件是否符合标准、规范所规定的公差要求；质检部门经常通过测量来检验原材料或产品是否符合标准或规范所规定的技术指标；在计量领域也经常要通过检定/校准来判定计量器具/测量仪器的示值误差是否在规定的最大允许误差（MPE）范围之内。理论上，测量结果只要位于“规范限”（上规范限 USL 与下规范限 LSL 之间）内就应该判为合格，反之就判为不合格。显然，这种判定没有考虑到测量结果应该包含不确定度，一旦考虑了不确定度，结果与规范符合性的判定就没有如此简单。CNAS 在 CNAS-CL08：2006《评价和报告测试结果与规定限量符合性的要求》中对结果与规定限量符合性的要求进行了规定。2009 年 9 月 28 日 CNAS 发布了 CNAS-GL27：2009《声明检测或校准结果及与规范符合性的指南》为实验室声明检测或校准结果及与规范符合性的判定给出了详细的技术指南。此文件等同采用 APLAC TC004《检测和校准结果及与规范要求符合性的声明方法》（第三版）（Method of Stating Test and Calibration Results and Compliance with Specification）。所引用的文件是认可准则 CNAS-CL01：2006、《国际通用计量学基本术语》VIM 及 JJF1059《测量不确定度评定与表示》。

一、符合性评价的有关名词术语

（1）（测量设备的）最大允许误差（MPE） 对给定的测量设备，由技术规范、检定规程等允许的误差极限值。

（2）（技术）规范（specification） 对被测物品的公差限或测量设备特性的最大允许误差（MPE）的要求。

（3）规范限（specification limits） 被测物品的公差限或测量设备最大允许误差。

（4）上规范限（USL，upper specification limit） 给定下列规定值之一：被测物品公差限的上界限；或测量设备特性允误差值的上界限。

（5）下规范限（LSL，lower specification limit） 给定下列规定值之一：被测物品公差限的下界限；或测量设备特性允许误差值的下界限。

（6）规范范围（specification interval），或规范区（specification zone） 被测物品或测量设备的特性在规范限之间（含规范限在内）的一切变动值。

测量结果的完整表述（y'）包括扩展不确定度（U）的测量结果，用式（1-1）给出

$$y' = y \pm U \tag{1-1}$$

式中 y——测量结果；

U——测量结果的扩展不确定度。

二、检测结果的类型及测量不确定度对符合性判定的影响

检测结果及其不确定度报告内容应当根据客户和规范的要求及结果的用途而定。检测或校准报告或记录中应包含结果的计算方法，使用时，还应包括计算不确定度的方法。其内容包括：

①数据分析中的步骤和计算应当形成详尽的文件，以确保必要时可重复计算；

②分析中所进行的所有修正和所使用的常数及其来源；

③有详尽的文件说明不确定度的计算过程。

报告检测结果及其不确定度时，应当避免使用过多的有效数字位数。多数情况下，表示不确定度无须超过两位有效数字（但在评估阶段和合成不确定度分量时，为了把数字修约误差尽可能降至最小，应当至少需要三位有效数字）。

检测与校准结果有以下两种类型：

①测量数值；

②非数值结果，例如：测试程序结果为“通过”或“不通过”，或使用通止规的结果［检验螺孔用的“通规”（应通过）和“止规”（不应该通过）］。

当测量不确定度影响到测量结果的有效性或其使用时，当客户提出要求时，或当不确定度影响到与规定限值的符合性时，应当计算出约95%置信水平下的扩展不确定度。测试结果及其扩展不确定度应当按如下方式报告：

测得值：100.1（单位）；测量不确定度：0.1（单位）；置信水平：95%。

注：①适合时，也应当报告包含因子。

②更多关于测量结果及其不确定度表示方式的信息，参见JJF 1059.1—2012《测量不确定度评定与表示》。

当检测的标准和规范，以及客户所提出的规范或实施准则中明确规定了测试方法，且客户未提出其他要求时，则可以假定结果的不确定度已经在测试方法中予以考虑，实验室不需要评估不确定度，在这种情况下，仅报告非数值结果就足够了。

当需要偏离指定方法时，实验室应当评估其对测试结果有效性的影响程度，在此情形下应当记录并报告偏离规定方法的详细情况及其对结果有效性的影响。

对于非数值结果，在大多数情况下可很容易地判断其与规定限值的符合性。例如：当某螺孔通规可通过而止规不能通过时，可以判断此螺孔直径是符合要求的，则可以在报告中作出符合性声明。

当规范中规定了上下限区间时，测量不确定度与该规定区间之比应合理的小。

①测量不确定度为 U，上下限的区间为 $2T$，其中 $2T$ = 上限 - 下限，比值 $U:T$ 是区分测量方法符合和不符合能力的一种度量。

②如图 1-1 所示：当测得值落于［下限+U］到［上限-U］的区间内时，可以做出符合性的结论。如果 $U:T=1:3$，则在［下限+U，上限-U］之间的区间将是上下限区间 $2T$ 的 66.7%。在此情形下，如果测得值落入上下限区间内，则有 66.7%的可能性作出符合性的结论。1：3 的比率可视为参考值。

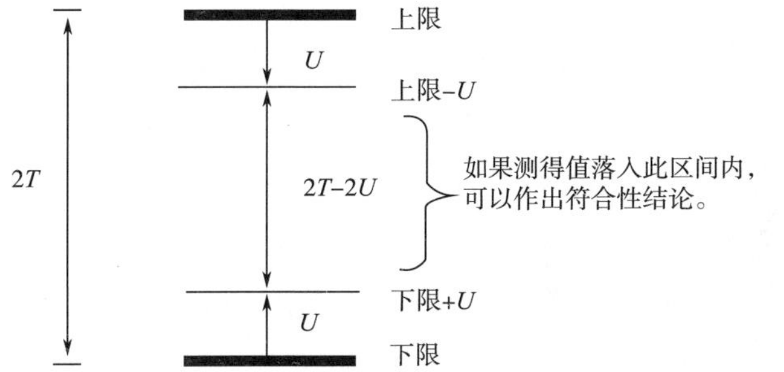

图 1-1　区分符合与不符合能力的示意图

第二章
统计学基本知识

第一节　统计技术是质量管理体系的一项基础

统计技术在质量管理系统中是一项基础。它应用在质量管理的全过程中，即从产品设计开发到产品的试制、批量生产、市场销售、售后服务和用户的意见收集、反馈；直至产品的进一步改进的全过程。也可以说统计技术反映在质量管理的整个 P-D-C-A 的循环中。它告诉我们如何在质量管理的每一个过程去找出存在的问题并找出解决这些问题的最好方法，它是发现问题和体系改进的手段，涉及到产品寿命期的各个阶段，质量管理的全过程。在 ISO9001：2008 版中统计技术不是单独的一个要素，但是在组成“管理职责；资源管理；产品实现；测量、分析和改进”的四大版块中每一个地方都存有统计技术的踪迹。这反映了统计技术对质量体系在地位上的重要性和应用上的广泛性。

具体来说，统计技术在 ISO 9001 标准的四大版块中都大有用武之地。

（1）标准中第八章总则强调，“测量、分析和改进过程应包括统计技术在内的适用方法及其应用程序确定”。

（2）对产品质量而言，顾客关心的不仅是产品出厂时的质量状态，更关心产品在今后使用中能用多长时间不出故障，以及产品在不同使用或贮存的条件下质量特性值能否得以保持（即耐用性）。这就需要在产品的设计中、产品的开发中将以统计技术为基础的可靠性、维修的方便性等设计到产品中去。

（3）产品过程的监视和测量中要求：组织应采用适宜的方法对质量管理体系过程和产品特性进行监视和测量，以证实过程实现所策划结果的能力和验证产品要求得到满足。监视和测量的关键是识别和控制产品形成过程中的变异性质，即“人、机、料、量、法、环”等因素是否存在失控状态下的变异，并采取有针对性的纠正措施。统计过程控制是识别、分析和控制变异的重要手段。

(4) 为确保监视和测量活动可行并与监视和测量要求相一致，这就必然涉及到准确度、精确度、不确定度等到误差分析方面的概念。统计技术则是误差分析技术的基础。

(5) 当产品批量很大，特别是破坏性检验的情况下，产品验收通常采用抽样进行。这就存在着如何采用一个合理的抽样方案，使抽样风险性较小、抽样的保护性较高。

(6) 纠正措施和预防措施是一个组织自我完善机制的重要内容，是完善和改进质量管理体系的重要途径。其目的是防止不合格发生或重复发生。但很多情况下，不合格原因，特别是潜在的不合格原因，是难以直接观察的，同样需要借助数据的分析和统计技术的应用。

(7) 对于标准中述及的质量策划、需求分析、内部审核和风险分析等管理内容，可以采用排列图、因果图、直方图、构思图、分层法、时间序列分析法等简单图表、也可使用算术平均值、标准差等数据特征值来分析和比较同一性质不同时间、不同设备、不同单位的几组数据的平均水平和变异程度。

第二节　统计技术在质量管理中的作用

对于质量管理包含着两重含义。其一，对产品本身而言包含着具有像产品精度那样的定量质量、产品耐用性、可靠性、可操作性等的定性质量。其二，对包括技术管理、生产管理、销售管理、行政管理在内的定性管理质量。其质量的好坏受着“人、机、料、量、法、环”等因素的影响，只要任何一个环节从正常到异常的变化，变化大小的不同均会影响到上述所说的质量，进而影响产品的质量。那么，如何去通过监视上述“人、机、料、量、法、环”中的任何环节的变化去发现、控制、纠正上述的变异呢？这只有依靠统计技术。

为什么用统计技术才能发现、控制、纠正质量的变异？又如何采用统计技术去发现、控制、纠正质量的变异？我们可以从以下四方面来解释。

(1) 变异普遍存在于产品实现的各个阶段里和质量管理的全过程中。但客观存在的变异大多是不能直接观察到的，往往需要通过对反映这些特性值的数据进行分析来达到和识别。而统计技术恰恰是通过对相应特性值数据变化的分析来研究、控制、纠正变异的。

（2）经过数学研究和统计分析，所有的变异并非是杂乱无章的，反映变异的数据往往符合一定的统计规律，可建立一定的数学模型。因此更进一步地说明了为什么要依赖于统计技术去分析、控制、纠正变异的发生。

（3）对变异的进一步分析可对变异分为两种状态：受控状态下的变异即正常变异和非受控状态下的变异即非正常变异两种。通过数据的统计分析能更好地区分、理解变异的性质、程度和原因。

（4）对组织而言，掌握统计技术也是为了解决本组织的问题和作出有效决策。其目的是提高管理效率并促进质量管理体系的持续改进和产品质量不断提高。

第三节　数据及其相关概念

一、数据的分类

数据大体可分为两大类：计量型数据和计数型数据。除此之外，还有一种特殊的“量”，称为官能量。

（1）计量型数据　指作为连续量测得的质量特性。例：长度、重量、强度、化学成分、时间、电阻等。它属于连续概率分布，是最典型的正态分布。

（2）计数型数据　是指按个数数得的非连续性取值的质量特性值。如铸件的疵点数、统计抽样中的不合格判定数、审核中的不合格项数等。它属离散型概率分布，其典型的是二项式分布和泊松分布。

（3）官能量　指依靠人的官能（视觉、听觉、味觉、嗅觉、触觉）来评定质量特性所得到的反映值。例：企业的质量方针、管理者的质量意识、电视机的清晰度、音响的音质等。这类量的评定多具有模糊性，其评定效果主要依靠评定人员的经验和专业技能。所以一般多采用头脑风暴法等方法来处理。必要时，也可采用合适的数量化方法进行评定。

二、数据的要求

（1）针对性　针对要控制或解决的某一问题去收集数据。

（2）完整性　要求数据反映的过程要完整。记录的数据应能追溯，即对数据的背景资料（时间、地点、责任者、设备号）要作记载。以便解决问题时能正确切入。

（3）准确性　数据就能真实反映生产过程和体系运行的实际情况。一个不真实、或者不准确的数据，不仅不能起到应有的作用，而且还可能导致一个错误的结论。因此就对数据包括修约原则在内的准确性，绝不能人为地篡改。

（4）及时性　质量信息有很强的时间性，即使是很重要的信息，一旦机会错过，就会失去使用价值，甚至于造成严重后果。

（5）连续性　为了掌握产品或体系的动态变化规律，必须保持数据的连续性。不连续的数据，可能会失去很多有用的信息，从而影响数据分析的结果。严重的会造成错误的结果。

（6）统一性　全部数据必须从位数（有效数字的位数见下面的举例）、修约原则（四舍五入等）表达方式等保持一致。

三、异常数据的判定和剔除

即使是在同样的生产条件下的一组数据，其中的个别数据也可能不“合群”，即不符合这组数据应符合的固有分布规律。一般而言，一组数据中的最大值或最小值成为异常数据的可能性最大，判为正常数据的风险也最大。所以只要对一组数据的两头，特别是离群明显的一头进行检验并按规定剔除异常数据，就可以提高数据的可信性。

判定和剔除异常数据的方法很多，目前最常用的是：格拉布斯方法。格拉布斯检验简表如表 2-1 所示。表中规定了不同的第一类错判率（$\alpha=0.05$；0.025；0.01）下剔除标准。

表 2-1　　格拉布斯检验简表

$T_\alpha \setminus N$	3	4	5	6	7	8	9	10	11	12	…
$T_{0.05}$	1.15	1.46	1.67	1.82	1.94	2.03	2.11	2.18	2.23	2.29	…
$T_{0.025}$	1.15	1.48	1.71	1.89	2.02	2.13	2.21	2.29	2.36	2.41	…
$T_{0.01}$	1.15	1.49	1.75	1.94	2.10	2.22	2.32	2.41	2.48	2.55	…

注：（1）表中 N 为相同生产条件下抽取的样本数，T_α 为第一类错判率下的剔除标准。

（2）该表的使用前提是数据服从正态分布。

【例 2-1】　为验证某批外套的重量抽查了 9 只，测得零件重量与该类零件的标准重量差别为：0.695，0.720，0.725，0.740，0.746，0.752，0.760，0.780，0.847g，试检验上述数据有无异常？取 $\alpha=0.05$（说明：为什么没有将外套标准重量标出来？因为其外套的重量是：2.003g 或 3.160g 或其他，但是与标准重量之差是上面这些数据，注意这些数据可能是‘+’或者是‘-’）

解：（1）将数据按大小排列；

（2）计算数据（差值）的平均值和标准差：

平均值：

$\bar{X}=(0.695+0.720+0.725+0.740+0.746+0.752+0.76+0.780+0.847)\div 9=0.752$

标准差（平方根——数的平方后再开方）：

$S=\{[(0.695-0.752)^2+(0.720-0.752)^2+(0.725-0.752)^2+(0.740-0.752)^2+(0.746-0.752)^2+(0.752-0.752)^2+(0.76-0.752)^2+(0.78-0.752)^2+(0.847-0.752)^2]/9\}^{1/2}=0.0434$

（3）因数据两头为异常数据的可能性最大，因此计算最大数据和最小数据。

$T_N=(X_N-X)/S=(0.847-0.752)/0.0434=2.19$

$T_1=(X-X_1)/S=(0.752-0.695)/0.0434=1.31$

注意：在最大数据和最小数据中，一般应先检查最大数据和其相邻的数据差值和最小数据和其相邻数据的差值。选其中差值最大的数据先进行检查。

即在此例中，0.847-0.780=0.067　　　0.720-0.695=0.025

而 0.067>0.025　　故应先检查最大数据，也可以说这里最大数据为异常数据的可能性最大。

（4）将计算出的 T 和表 2-1 中的相应 T_α 作比较，如 $T_1>T_{0.05}$ 则为异常应剔除。此例，查表 2-1 得 $\alpha=0.05$ 时 $T_\alpha=2.11$

所以 $T_N=2.19>2.11$　属异常数据，因此 0.847 这个数据应剔除。

$T_1=1.31<2.11$　属正常数据，因此 0.695 这个数据应保留。

（5）剔除异常数据以后，按以上方法，检查余下的数据直到无异常数据为止。

第四节　数理统计的有关概念

一、数理统计与统计技术

1. 数理统计与统计技术内涵和作用

传统的数理统计技术是指“数理统计”，也称概率统计。它是建立在概率论基础上的一门数学分支。用来研究如何有效地收集、整理和分析受到随机性影响的数据，以便借此对所观察的问题作出推断、预测、直至给采取决策及行动提供依据。

2. 统计技术的分类

统计技术一般分为两类：

（1）推断型统计技术主要解决从样本如何推断总体。

（2）描述型统计技术主要利用数据的特征值或有关图表去描述事物。

二、基本概念

1. 总体与个体

总体也称母体，是研究对象的全体。组成总体的每一个单元称为个体。个体可以是一件产品、一道工序或一项产品的包装单位、也可以是在体系审核中观察到的一个具体现象（也是常讲的提交产品检验批）。

总体可以是有限的，也可以是无限的。有限总体是指组成总体的个体数量是有限的，如一批产品；无限总体是指组成总体的个体数量是无限的，如一个阶段中的产品质量趋势。

2. 样本

当产品的批量很大、破坏性试验或无限总体情况下，很难或根本不可能对总体中的每一个个体进行全检。通常的做法是：从总体中抽取部分个体，并依据部分个体的检验结果，去推断总体的质量水平。在这里，从总体中抽取的部分个体的全部称为样本，组成样本的每一个个体称为样品，样本中包含样品数量的多少称样本容量或样本大小。

抽取样本过程称抽样。所谓统计推断，就是依据对样本的检测或观察结果去推断总体的状况。

3. 生产批与检验批

（1）生产批　正常情况，即过程在受控状态下连续生产的一批产品，称为一个生产批，组成一批产品的单位个数称为批量。

（2）检验批　待检验的一批产品称为检验批。一般而言，一个生产批就是一个检验批。但在某些情况下，如生产批量过大，生产周期限过长，产品某项性能重要（或风险大）可以将一个生产批划分为若干检验批，其条件是：

①有证据证明生产过程是稳定的，连续的。

②检验批的划分不是随意的，而是有一定根据的。

③为保证检验批的代表性，任何情况下都不能将两个生产批合并为一个检验批。

4. 事件

体系运行过程中或在产品生产实现的各个阶段中出现的各种现象、状态或结果，在统计技术中统称为事件。事件又进一步分为必然事件、不可能事件和随机事件。

（1）必然事件　指在一定条件下，必然会发生的事件。如物体的速度达到第二宇宙速度这个条件，物体成为人造行星就必然会发生；在一批全部合格的产品中任抽一件产品均为合格品，这也是必然事件。

（2）不可能事件　指在一定条件下，不可能发生的事件。如物体的速度达不到第二宇宙速度这个条件，物体不可能成为人造行星；在一批全部合格的产品中，抽取一件不合格产品的事件，就是不可能事件。

（3）随机事件　一定条件下可能发生，也可能不发生的事件称随机事件。例如，在一批待检产品中，可能有合格品，也可能有不合格品，如从中任抽一件产品，可能是合格品，也可能是不合格品的事件均为随机事件。随机事件也可称为偶然事件，统计技术主要的就是研究随机事件。

5. 频数、频率和概率

（1）频数（记为 n_i）　随机事件在一组数据中或多次试验中出现的次数，或不同数据落在某区间的个数称频数。例如有 3 个外套重量落在 3.150~3.165 区间，即外套重量在 3.150~3.165 的这一事件的频数为 3。

（2）频率（记为 f_i）　随机事件发生的个数（次数）在总数据中或总试验数中、总观察次数中所占的比率称频率。如上例，外套重量是在总数为 100 个相同外套中抽取的，则事件落在 3.150~3.165 区间的频率是：

$$f_i = 3/100 = 0.03(3\%)$$

（3）概率［记为 P（A）］　概率的含义为频率的稳定值。例如 1 枚硬币，如投掷次数少，出现正面或反面的频率波动很大，但这些波动会随着投掷次数的增加而减少，如果投上上万次，我们会发现出现正面和反面的频率几乎相等即 $f_i=0.5$。这时我们可以说投掷硬币出现正面或反面的概率是 0.5。

在这里，我们要知道，必然事件的概率为 1；不可能事件的概率为 0；随机事件出现的概率小于 1 而大于 0。

（4）小概率事件 当某一事件发生的概率很小时（通常是小于0.05）我们称为小概率事件。小概率事件不是不可能事件。一般情况下，我们对小概率事件是可以忽略不计的。但是，如果在正常情况下或者说在各项条件均受控的情况下，在我们的统计结果中发生了小概率事件则可以说明此时的生产正处在一种不稳定状态即异常状态，从而提示我们分析原因，采取措施。

6. 系统误差和随机误差

产品误差是指产品特性的目标值（也称规定值）和实测值之差。误差由两部分组成。特性值的总体平均值与目标值之差称为系统误差。特性值与总体平均值之差称为随机误差。

在前面的异常数据剔除例子中，0.695，0.720，0.725，0.740，0.746，0.752，0.760，0.780，0.847 这一组数据是零件重量和标准值之差，这就是误差。

经计算，$\bar{X}=(0.695+0.720+0.725+0.740+0.746+0.752+0.76+0.780+0.847)\div 9=0.752$

则标准重量和 0.752 之差就是系统误差（如：外套重量为 3.160g）。而 0.752 和这组数据中的每一个样品实测值之差就是随机误差。

一般来说，系统误差往往是因生产条件变化引起的，这类误差的出现较有规律，原因也较易分析，可以通过生产条件的调整使之变小甚至消除。随机误差一般是由于对特性值影响甚微但数量众多的因素综合影响的结果。

在统计技术中，为了识别生产过程是否正常，或将随机误差控制在一定范围以内，人们更多的是利用正常误差（随机误差）和条件误差来区分误差的性质。条件误差是指由于人、机、料、量、环 中一个或多个因素发生变化而引起的偏差。正常误差（随机误差）是指生产过程中，在受控状态下由于材料性能的微量变化等其他不确定因素的影响而造成的误差。该类误差通常由零件公差来保证。

各项统计技术的实质是要通过对数组或图表的研究去区分产品的质量变异是条件因素影响，还是偶然因素影响。而在出现质量问题前及时发现什么条件因素出了异常，且通过对相应条件的控制去事先预防质量事故的发生。

这就是我们所反复强调的质量管理从纠正向预防转变需要做的事情，学会对测量数据进行统计分析，运用统计技术的道理所在。

第五节　数据的整理和分析

一、数据的离散性和规律性

实践证明，由于变异的存在，无论采取什么措施，都无法生产出两件完全相同的零件，零件之间，不论在尺寸上、性能上都会出现或大或小的离散（波动）。为了进一步了解数据的离散性和规律性下面我们举例来说明。

【例 2-2】 吊瓶生产车间，250mL 刻度滴管注塑检验规定要求：每一个工作班次都要进行巡检，抽取 10 个滴管，按照图纸进行壁厚尺寸检验。如有 1 个不合格，则加倍抽样试验（即抽 20 个；这是我们形成的简单数字加倍，即可得到更好的可信信息的错误观点），如不合格总数超过 2 个则该批判为不合格。试分析该检验要求存在的问题。

分析：（1）规范中未规定要记录壁厚数据，只判定产品合格与否，将失去很多有用信息，也无法判定产品离散情况。

（2）没有要求按规定时间间隔抽取产品，无法分析尺寸指标随时间变化的情况。

（3）无法比较不同班次间数据的变化情况。

（4）抽样方案本身不够合理。

为了改进，企业对规范进行了修订，要求：

（1）每一班次检验员必须按规定时间间隔和顺序抽样。

（2）将实测壁厚数据记录在规定的表格中，并向下一班交接。

（3）表格上增加记录每天的最大值 X_{max} 及最小值 X_{min}，以了解数据的离散范围。

按上述要求，该车间收集了 10 个班次，100 个数据如表 2-2 所示（每次测量 4 个方向数值，选最小值）。

表 2-2　　吊瓶车间刻度滴管壁厚 100 个抽检数据情况　　单位：mm

1	2	3	4	5	6	7	8	9	10	X_{max}	X_{min}
0. 908	0. 924	0. 874	0. 859	0. 987	0. 849	0. 834	0. 903	0. 843	0. 907	0. 834	0. 924
0. 951	0. 883	0. 898	0. 785	0. 930	0. 925	0. 862	0. 819	0. 877	0. 908	0. 785	0. 951
0. 947	0. 935	0. 845	0. 899	0. 849	0. 895	0. 862	0. 875	0. 884	0. 944	0. 845	0. 947

续表

1	2	3	4	5	6	7	8	9	10	X_{max}	X_{min}
0. 904	0. 947	0. 886	1. 017	0. 876	0. 767	0. 865	0. 879	0. 874	0. 946	0. 767	1. 017
0. 885	0. 888	0. 813	0. 893	0. 894	0. 876	0. 826	0. 927	0. 959	0. 963	0. 813	0. 963
0. 917	0. 937	0. 925	0. 969	0. 876	0. 923	0. 857	0. 884	0. 796	0. 926	0. 796	0. 937
0. 939	0. 867	0. 876	0. 961	0. 899	0. 914	0. 854	0. 905	0. 888	0. 987	0. 854	0. 987
0. 927	0. 878	0. 938	0. 837	0. 827	0. 907	0. 828	0. 752	0. 867	0. 927	0. 752	0. 938
0. 879	0. 940	0. 926	0. 804	0. 875	0. 913	0. 859	0. 856	0. 916	0. 908	0. 804	0. 940
0. 987	0. 945	0. 903	0. 870	0. 867	0. 884	0. 890	0. 840	0. 884	0. 883	0. 840	0. 987

从表 2-2 中可以看出：

（1）离散性　从 10 个班总体来说滴管壁厚在 0. 752 ~ 1. 017 波动；从每一班来说它也有各自的波动范围，且各不相同。

（2）规律性　这些数据虽有波动但都在 0. 752 ~ 1. 017；而且较多的在 0. 850~0. 950。如果生产条件不变，再抽一批做试验，我们将发现壁厚的波动与前一批数据大致相似。如果生产条件变化，波动范围也会相应变化。这说明这些数据的波动是有规律的。

（3）从上述表中还可以看出，其一数据多数在 0. 850 ~ 0. 950 波动，说明这个生产过程的条件控制是正常的、符合正态分布的；其二对每一个班来说，它们的波动范围是不一样的，也就是说如果工艺条件和方法都一样的话，那么就是“人”的环节的问题（如熟练程度、操作的正确性……）。

因此，统计技术的主要任务是：首先要正确并客观地记录生产各阶段的数据；其次要整理和分析数据、用恰当的方法揭示规律，最后运用这个规律去达到控制产品质量、预防问题发生和达到质量改进的目的。

二、数据的特征值

从例 2-2 中，我们可以从数据中得到产品生产过程受控的大致情况，但无法定量的得到信息。特别是比较两组以上数据分布时，无法定量的表征它们之间的差别。为了解决这个问题，我们常用以下两种统计量来表征。

1. 数据的位置特征值

用表示数据的中心趋向的位置特征的值有平均值、中位值、中值及众数四种。

（1）平均值 $\bar{X}$　见式（2-1）。

$$\bar{X} = \frac{1}{n}\sum_{i=1}^{n} X_i \tag{2-1}$$

式中　n——数据个数；

X_i——第 i 个数据数；

$\sum$——求和。

（2）中位数　有时，为了减少计算，将数据按大小次序排列，用居正中的那个数据或中间两个数的平均值（当数据为偶数时）表示数据的总体平均水平。

（3）中值 M　一组数据的最大值 X_{max} 和最小值 X_{min} 的平均值，用 M 表示，见式（2-2）。

$$M = (X_{max} + X_{min})/2 \tag{2-2}$$

（4）众数　在用频数分布表示测定值时，频数最多的值即为众数。如测定值按区间做频数分布时，则取频数最多区间的中间值作为众数。

2. 数据的离散特征值

先看两组数字：32，38，34，39，37 和 27，29，35，42，47

$\bar{X}_1$ =（32+38+34+39+37）/5 = 36

$\bar{X}_2$ =（27+29+35+47）/5 = 36

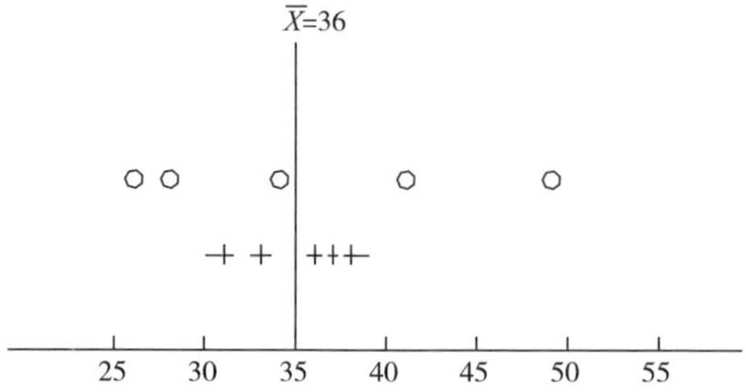

图 2-1　两组数字的离散程度

这两组数字的平均值相等，但从图 2-1 可以看到两组数字的离散程度相差很大。第二组比第一组离散程度要大得多。显然，仅有一个反映数据位置的特征值是不够的，还必须有一个反映数据离散程度的特征值。常用的特征值有：极差（R）；偏差平方和（S）；无偏方差（S^2）；和标准偏差（s）。

（1）极差（R）　数据组中最大值和最小值之差，见式（2-3）。

$$R = X_{max} - X_{min} \tag{2-3}$$

上述两组均值相等的数据其极差分别为：$R_1 = 39 - 32 = 7$；$R_2 = 47 - 27 = 20$

通常，极差用于数据组数据 n 小于 10 的场合，当 n 大于 10 时，一般用标准偏差 S 表示离散程度。

（2）偏差平方和（S）　数据组中各个数据和平均值 $\bar{X}$ 的差称为偏差。各个偏差的平方和称偏差平方和，简称平方和，用 S 表示，见式（2-5）。设各个数据（测定值）为：X_1，X_2，X_3，$\cdots X_n$。

其平均值，见式（2-4）。

$$\bar{X} = \frac{1}{n}\sum_{i=1}^{n} X_i \tag{2-4}$$

$$S = (X_1 - \bar{X})^2 + (X_2 - \bar{X})^2 + (X_3 - \bar{X})^2 + \cdots\cdots + (X_n - \bar{X})^2 \tag{2-5}$$

（3）无偏方差（S^2）数据组中各个数据的偏差平方和除以数据总数减 1（n-1）后所得的值称为无偏方差（简称方差），用 S^2表示，见式（2-6）。

$$S^2 = S/(n - 1) \tag{2-6}$$

（4）标准偏差（s）方差 S^2的平方根为标准偏差（简称标准差），见式（2-7）。

$$s = \sqrt{S^2} = \sqrt{\frac{S}{n-1}} = \sqrt{\frac{1}{n-1}\sum_{i=1}^{n}(x_i - \bar{X})^2} \tag{2-7}$$

3. 变异系数

以上反映的数据离散程度的特征值，只反映产品质量的绝对波动大小。在工程实践中，我们都有知道，测量较大的产品，绝对误差一般较大；测量较小的产品，绝对误差一般较小。因此，还应考虑相对波动的大小，在统计技术上用变异系数 C_V来表达，见式（2-8）。

$$C_V = \sigma/\mu \quad \text{近似等于} \; s/\bar{X} \tag{2-8}$$

式中　σ——总体标准差；

　　　μ——总体均值。

当过程在受控状态下，且样本容量较大时可用样本标准差 s 和样本均值 X 进行估算。

三、数据的频数分布和直方图

1. 数据的频数分布表

以滴管壁厚的 100 个数据为例，其步骤如下所示。

（1）计算数据的变化范围（极差）。

$$R = 1.019 - 0.752 = 0.265$$

（2）根据样本大小确定组数。按表 2-3 选 $K=9$。

表 2-3　　K 表

样本总数 n	组数 K
<50	5~7
50~100	6~10
100~250	7~12
>250	10~12

（3）计算组距 h

$$h = R/K = 2.94 \quad 取 3$$

（4）确定边界值：为避免数据落在边界上，可取测量单位的 1/2。

（5）用唱票的方法统计出每一数据的位置，写入频数分布表，见表 2-4。

表 2-4　　频数分布表

组号	组　　界	组中值	唱票记录	频数	频率	累计频率
1	0.7505~0.7805	0.7655	丅	2	0.02	0.02
2	0.7805~0.8105	0.7955	下	3	0.03	0.05
3	0.8105~0.8405	0.8255	正 下	8	0.08	0.13
4	0.8405~0.8705	0.8555	正 正 正 下	18	0.18	0.31
5	0.8705~0.9005	0.8855	正 正 正 正 正 正	30	0.30	0.61
6	0.9005~0.9305	0.9155	正 正 正 正 下	23	0.23	0.84
7	0.9305~0.9605	0.9455	正 正 丅	12	0.12	0.96
8	0.9605~0.9905	0.9755	下	3	0.03	0.99
9	0.9905~1.0205	1.0055	一	1	0.01	1.00

2. 频数直方图

频数直方图更为直观，可代替频数分布表，可以认为，频数直方图是频数分布表的图示形式。频数直方图是在频数分布表的基础上作出的。以各组边界值画横轴，纵轴为频数，组距 h 为宽，频数为高的直方，就成直方图。

3. 频率直方图

频率直方图的基本作法与频数直方图的作法相同。其作法如下所示。

（1）横轴仍采用以各边界值分组的数轴。

（2）纵轴以频率取代频数直方图中的频数。

（3）图中的直方仍以组距为宽，但以每组的频率为高画出。

频率直方图能使我们直观的了解，数据在每一组中所占比例的变化情况。

4. 利用直方图对过程状态分析

如果随机从同一生产条件下再抽 100 件产品，虽然各组的频数（或频率）会有变化，不一定相同。但直方图的图形大致相同。如两个直方图的图形相差很大，则应怀疑生产条件发生了变化。因此可利用直方图来监视生产条件的变化情况，预防质量事故的出现。

为了更进一步弄清直方图图形变化的含义，下面将生产中常出现的直方图形式作一介绍。

（1）正常型　特点是中间高，两边低，左右基本对称。这是数据服从正态分布的特征，也是大多数产品质量稳定时所呈现的特性。

（2）偏向型　仍以中间高，两边低为特征，但高峰偏向一侧，形成不对称的形状。这种情形还可分为左向型和右向型。可能是人为有意识的对生产过程进行干扰造成的。如机械加工中为了避免报废，一般孔的尺寸偏向于孔尺寸的下限，而轴的尺寸往往偏向尺寸上限。

（3）双峰型　特点是两个高峰。这是由于来自两个异体的数据混在一起所致。

（4）孤岛型　在远离主分布的地方出现小的直方形，有如一个小孤岛。可能是由于过程中有一个时期条件产生了明显的变化，如原材料混杂，操作大意等。

（5）低峰型　由于生产过程中某些倾向性因素缓慢作用的结果。

（6）高峰型　数据已经过筛选。如有些高可靠性要求的元器件筛选后再使用。

（7）锯齿型　特点是直方图内各直方高低参差不齐。其原因是直方图分组不当，过多或测量误差过大所致。

生产中常见的直方图如图 2-2 所示。

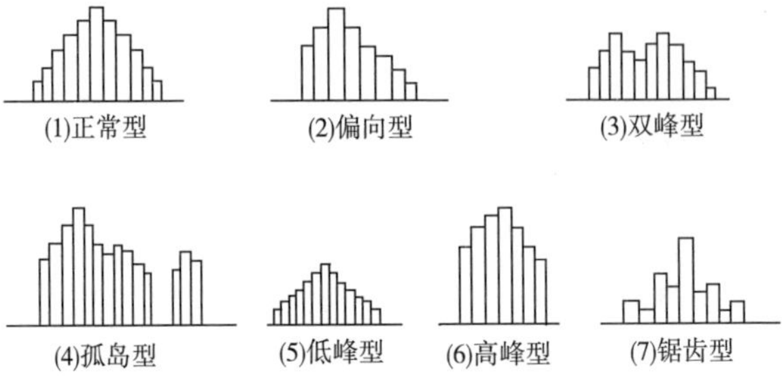

图 2-2　生产中常见的直方图

第六节　质量变异的规律性分析

一、概率分布

1. 概率分布曲线的形成

若将频率直方图的纵坐标改为频率和组距之比即 f_i/h，则仍然可以用直方图来表示产品质量的分布。此时，反映产品质量特性值的数据在某区间的频率，为此区间所含各直方面积之和，而且各矩形的面积之和为 1。

可以设想，如果我们取更多的样本个数，组分得更细，样本的质量特性分布越接近总体真实的质量特性分布。直方图的轮廓线的阶跃也就越小。当 n 趋于∞，h 趋于 0 时，直方图会变成一条光滑的曲线。这就形成了概率分布曲线。如图 2-3 所示。

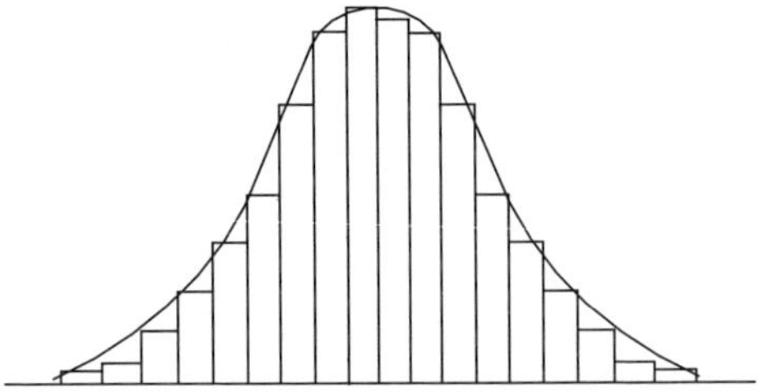

图 2-3　概率分布曲线图

2. 概率分布曲线的意义

概率分布曲线不代表样本的质量特性分布，而是代表总体质量特性值的分布规律。它排除了抽样误差和测量误差，完全反映了产品质量的波动规律。这个曲线称为分布密度曲线。描述分布密度曲线的表达式称分布密度函数。而且，该曲线和横轴所夹的面积为 1。

概率分布是将变量在总体中的取值与其发生的概率两者相联系的数学模型。概率分布有两种类型：连续概率分布和离散概率分布。典型的连续概率分布是正态分布；常见的离散概率分布是二项式分布和泊松分布。

二、正态分布

正态分布是一种最常见，应用最广泛的分布，当质量特性受多种因素影响，而没有一个因素起主导作用的情况下，该质量特性的变异分布，一般都服从正态分布。

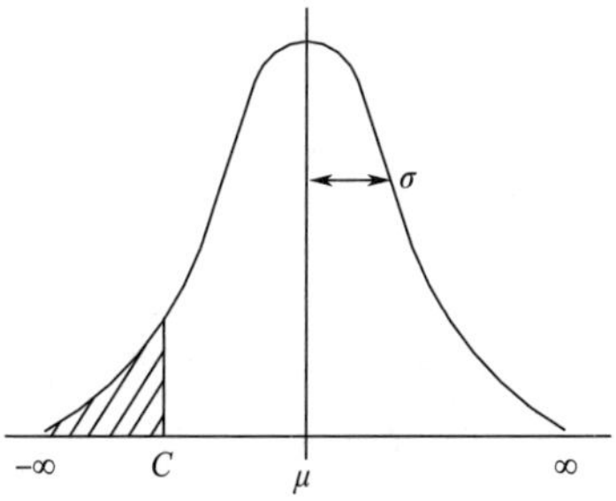

图 2-4　正态分布曲线图

1. 正态分布特点

正态分布变量的分布密度曲线形状如图 2-4 所示。其特点有：

（1）曲线最高点的横坐标，称正态分布的均值，用 μ 表示，表示随机变量 X 在 μ 附近出现的概率最大。当 X 向左右远离时，X 出现的概率随分布曲线的下降而迅速下降。

（2）从理论上讲，曲线以“直线 $X=\mu$”为对称轴。

（3）用数字模式表达，其表达式见式（2-9）。

$$f(x) = \frac{1}{\sqrt{2\pi\sigma}} e^{-\frac{(x-\mu)^2}{2\sigma}} \quad (-\infty < x < \infty) \tag{2-9}$$

式中　X——随机变量，即横坐标上的特性值；

e——e = 2.7183；

σ——总体标准差；

μ——总体均值。

（4）当总体均值 μ 和总体标准差确定以后任何正态分布曲线就确定了。我们常把 μ 称为分布的位置参数；σ 称为形状参数。σ 值越小，曲线越陡，数据的离散性也越小；σ 值越大，曲线越平，数据的离散性也越大。图 2-5 为 σ 分别是 0.5，1，2 时的三种正态分布图形。

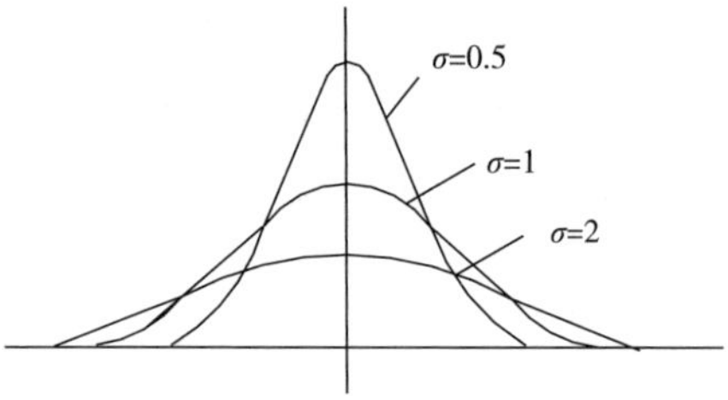

图 2-5　σ 为 0.5、1，2 时的正态分布图

（5）从理论上讲，曲线对横轴是渐近的，它有如下质量管理中的重要结论：

总体数值落在：$\mu \pm \sigma$ 界限内的概率是 68.26%；$\mu \pm 1.96\sigma$ 界限内的概率是 95%；$\mu \pm 2\sigma$ 界限内的概率是 95.46%；$\mu \pm 3\sigma$ 界限内的概率是 99.73%，如图 2-6所示。

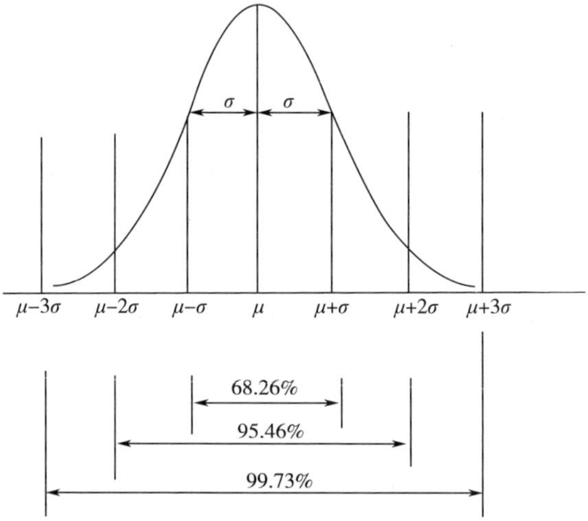

图 2-6　以 σ 为基准分布曲线下不同面积所包含的概率

综上所述，直方图是用来描述样本特性值分布的，其均值和标准差分别用 $\bar{X}$、S 表示。

概率分布是用来描述总体特性值分布的，均值和标准差分别用 μ、σ 表示。对于一个具有均值 μ，标准差 σ 的正态分布，通常采用一个专门的符号，N（μ，σ）表示。

2. 标准正态分布

（1）正态分布的累积概率　累积频率是从数据最小的直方频率，一直累加到某一指定的直方频率。与累积频率的概念相似，正态分布的累积概率，是从数据最小（理论上是 $-\infty$）的概率一直累加到某一指定数值 C 的概率。

根据正态分布的性质可知，累积概率的计算，实质上就是计算 $-\infty$ 至数轴上某一指定点的分布曲线所包含的面积［见式（2-10）］。数据 $X < C$ 的概率为正态分布图（图 2-4）中的阴影部分，

即
$$P\{x \leqslant C\} = \int_{-\infty}^{C} \frac{1}{\sqrt{2\pi\sigma}} e^{\frac{(x-\mu)^2}{2\sigma^2}} dx \tag{2-10}$$

（2）标准正态分布　当正态分布中 $\mu=0$，$\sigma=1$ 时，其表达式最简，称作标准正态分布。记为：N（0，1）。其表达式见式（2-11）。

$$\varphi(x) = \frac{1}{2\pi} e^{\frac{-x^2}{2}} \tag{2-11}$$

对于其他非标准的正态分布曲线，只需作以下变换，即设

统计量 $Z=\frac{(x-\mu)}{\sigma}$（将总体中的每一值减去 μ 并缩小 σ 倍，化成 $\mu=0$，$\sigma=1$ 的格式），见式（2-12）。

$$P\{x \leqslant C\} = P\left|Z \leqslant \frac{C-\mu}{\sigma}\right| = \phi\left|\frac{C-\mu}{\sigma}\right|\text{，简记为 }\phi(Z)\text{。} \tag{2-12}$$

式（2-11）中函数 ϕ 为标准正态分布 N（0，1）的累积分布函数。$\phi(Z) = \int_{-\infty}^{z} \varphi(x) dx$ 附表中的正态分布表都是以标准正态分布设计的，每一个正态分位点 Z，对应一个 ϕ（Z），即 N（0，1）的累积概率。该表给出从 $-4.99 \leqslant Z \leqslant 4.99$ 范围内的 ϕ（Z）值。列中第一列表示 Z 的整数部分及小数点后第一位值，第一行为 Z 的小数点第二位值。

【例 2-3】 已知滴管壁厚服从 N（89，4.6）的正态分布，试求壁厚 $X\leq$ 80 的概率。

解：先将 N（89，4.6）转化为 N（0，1）的标准正态分布，即计算统计量 Z_1：

$Z_1=(80-89)\div 4.6=-1.96$

查表可知，当 $Z_1=-1.96$ 时，得 ϕ（-1.96）$=0.025$。

即对于正态分布变量 X 服从 N（89，4.6）时，壁厚小于 80 的概率为 2.5%。

【例 2-4】 在上述分布中求壁厚小于（等于）90 的概率。

解：统计量 $Z_2=$（90−89）÷4.6=0.22　　查表得：ϕ（0.22）$=0.5871$

即壁厚低于 90 的概率为 58.71%；近似 59%。

【例 2-5】 在相同的条件下求壁厚大于 80 且小于 90 的概率。

解：P（$80\leq X\leq 90$）$=\phi$（Z_2）$-\phi$（Z_1）$=0.59-0.025=0.565$

【例 2-6】 在相同分布的条件下，求壁厚 $X\geq 90$ 的概率。

解：P（$X\geq 90$）$=1-\phi$（Z_2）$=1-0.59=0.41$

3. 样本均值 $\bar{X}$ 的分布

统计推断是根据样本统计量（$\bar{X}$，S），去对总体作出判定，若已知总体概率分布，则通常可以确定由所抽取样本的统计量之概率分布。

可以证明，不论总体分布如何，样本均值的分布都近似为：

N（μ，$\sigma/\sqrt{n}$），即均值不变；其标准差为：$\sigma/\sqrt{n}$

4. 正态性检验

前面述及的全部内容都是在变量服从正态分布的条件下进行的，因此，如果我们得到的一组数据是符合正态分布的，则得出的结论是有效的，否则是无效的。通过绘制直方图，可验证数据是否服从正态分布，但比较繁杂。简单的方法是用一种特殊的坐标纸，称正态概率纸，它的横坐标是普通刻度，纵坐标按正态分布规律刻画，按规定方法在正态概率纸上打点，如果数据分布是正态的，则打出的点子近似于一条直线，而且我们可以依据这条直线估计出总体均值 μ 和总体标准差 σ。

用壁厚的频数表为例介绍作图步骤和方法，如图 2-7 所示。

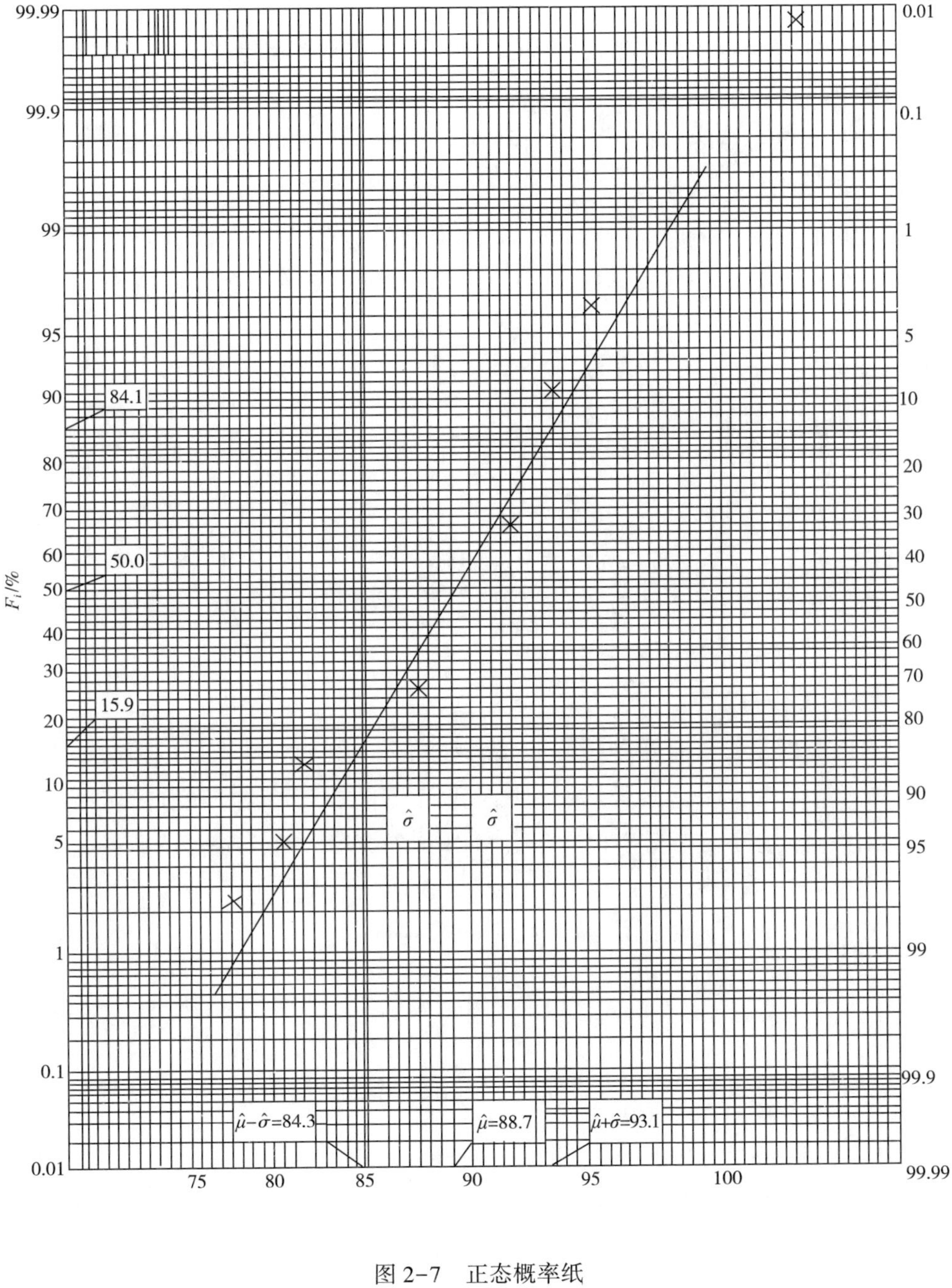
99.99
99.9
99
95
90
80
70
60
50
40
30
20
10
5
1
0.1
0.01
0.01
0.1
1
5
10
20
30
40
50
60
70
80
90
95
99
99.9
99.99
84.1
50.0
15.9
F_i/%
$\hat{\sigma}$
$\hat{\sigma}$
$\hat{\mu}-\hat{\sigma}$=84.3
$\hat{\mu}$=88.7
$\hat{\mu}+\hat{\sigma}$=93.1
75
80
85
90
95
100

图 2-7　正态概率纸

（1）在频数表的基础上计算出累积频率 f_i。

（2）将特性值 X_i 和 f_i 分别标在正态坐标纸的横轴和纵轴上。

（3）作一条直线，并使这一条直线的两边点大体相等（首、末两点可不作考虑）。

（4）根据各点的散布情况作出判断，由于各点基本上处于一直线上，因此认为数据服从正态分布。

均值和标准差估计：在 $f_i=50\%$ 处向横轴引垂直线与横轴交点即为总体均值 μ。在 $f_i=84.1\%$（或 $f_i=15.9\%$）处，向横轴引垂直线得 $\mu+\sigma$（或 $\mu-\sigma$），于是得 σ。

这里，$\mu=88.7$，$\sigma=88.7-84.3=4.4$。

5. 正态分布表中的几个关系

（1）$P(0\leqslant C<Z)=\phi(Z)-1/2$

（2）$P(C\geqslant Z)=\phi(-Z)$

（3）$P(Z_1\leqslant C<Z_2)=\phi(Z_2)-\phi(Z_1)$

（4）$P(|C|\geqslant Z)=2\phi(-Z)$

三、二项分布和泊松分布

1. 二项分布

有时一件事物只有两种可能的状态和结果，例如一件产品的检验要么合格，要么不合格，二者必居其一。此时我们可用二项分布来研究这类问题。

如果我们用 p 和 q 分别代表不合格率和合格率，则 $p+q=1$；所以 n 个产品中出现 r 个不合格率的概率为：$C_n^r p^r q^{n-r}$ 或 $C_n^r p^r(1-q)^{n-r}$

写成一般形式如式（2-13）所示。

$$C_n^x p^x(1-p)^{n-x} \quad (x=1,2,\cdots,n) \tag{2-13}$$

式中　C_n^x——$\dfrac{n!}{C_n^x=x!\,(n-x)!}$是 n 个产品取 x 个的组合数。

式中　$n!$——$n!=1\times2\cdots\times n$，是 n 的阶乘。

二项分布的均值和标准差分别见式（2-14）、式（2-15）。

$$\mu=np \tag{2-14}$$

$$\sigma=\sqrt{np(1-p)} \tag{2-15}$$

二项分布属离散型分布，其图形由横坐标上孤立点的垂直线表示，如图2-8所示。

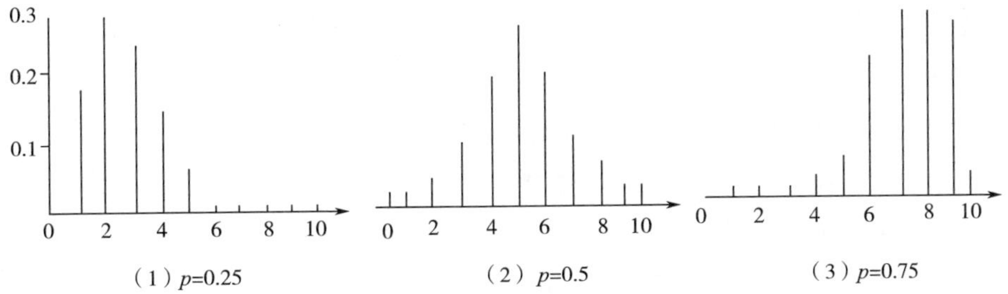

图2-8　二项分布图形随不合格率 p 的变化示意图

从图2-8可以看出，当 $p=0.5$ 时，图形基本对称，当 $p=0.25<0.5$ 时，图形向左偏，当 $p=0.75>0.5$ 时向右偏。

另一方面，图形与抽取的样本量 n 有关，当 n 充分大时，二项分布直线顶部的连线趋于对称，近似于正态分布。

在抽样检验中，常设定一个合格判定数 c，当样本中出现不合格品数 $r \leqslant c$ 时，该批产品接收，当 $r>c$ 时则拒收，此时需要计算当 $x=0, 1, 2, \cdots, c$ 的接收概率，即计算 $x \leqslant c$ 的累积概率见式（2-16）。

$$P(x \leqslant c) = \sum_{x=0}^{c} C_n^x p^x (1-p)^{n-x} \qquad (x = 1, 2, \cdots, n) \tag{2-16}$$

式中　n——样本数；

c——合格判定数；

p——不合格品率。

【例2-7】　在一批不合格品率 $p=0.05$ 的注塑件中（p 是长期统计的稳定值），按规定每一工作班，抽取5件，并且被抽的5件注塑件不允许有不合格，否则，需分析原因。试计算，这种情况下，注塑件被接收的概率。

解：

$$P(x \leqslant c) = \sum_{x-0}^{C} C_n^x p^x (1-p)^{n-x}$$

根据所给条件，$x=c=0$ 代入得

$$P(x = c = 0) = C_n^0 0.05^0 (1 - 0.05)^{5-0} = 0.95^5 = 0.7738$$

查表，当 $p=0.05$，$n=5$，$c=0$ 时的结果与计算完全一致。

如果需得出样品中不合格品数恰好为某个值 r 时，可根据式求得，也可查表得到。

【例 2-8】 求上述条件下，样本中不合格品数正好为 1 的接收概率。

解：

（1）查二项分布得 $c \leqslant 1$ 的概率为 0.9774；

（2）查二项分布可知 $c=0$ 的概率为 0.7738；

（3）两者数值之差即为在被抽 5 件产品中恰好有一件不合格品的概率：

$$P(r=1)=0.9774-0.7738=0.2036$$

2. 泊松分布

该分布主要描述稀有事件的分布，如：导管上的黑点、晶点、疵点，产品的杂质、气孔等（以上统称为瑕疵）。有时又称疵点分布或计点分布。产品的上述问题的存在，并不意味着产品不合格，一般只要将它们控制在一定数量范围内，产品仍可判为合格。泊松分布只取正整数和零。

泊松分布的均值和标准差分别见式（2-17）、式（2-18）。

$$\mu=\lambda \tag{2-17}$$

$$\sigma=\sqrt{\lambda} \tag{2-18}$$

式中 λ——样本瑕疵数的平均值估计。

可以证明，当产品不合格率 p 较小（一般小于 0.1），样本量 n 较大（一般与总体个数相比大于 0.1），可用泊松分布作为二项分布或超几何分布的近似。而且当 n 充分大时；泊松分布在每一点上的概率线条顶点的连线图形趋于对称，近似于正态分布。

泊松分布的累积概率见式（2-19）。

$$P(x \leqslant c)=\sum_{x=0}^{C}\left(\mathrm{e}^{-\lambda}\frac{\lambda^{x}}{x!}\right) \tag{2-19}$$

在满足泊松分布应用条件情况下，在实际应用中，常以不合格品率 p 和样本数 n 的乘积代替参数 λ，即 $np=\lambda$。并且可从累积泊松分布表直接查到。

【例 2-9】 已知产品不合格品率 $p=0.02$，样本数 $n=15$，合格判定数 $c \leqslant 1$，试用查表法比较两种结果。

解：先查累积二项分布表得

$$P(n = 15, p = 0.02, c \leqslant 1) = 0.9647$$

为查累积泊松分布表，先估计 λ

$$\lambda = pn = 0.3$$

$$P(\lambda = 0.3, c \leqslant 1) = 0.963$$

【例 2-10】 试比较，当 $p=0.005$，$n=20$，$c\leqslant 1$ 时，二项分布和泊松分布的结论。

解：查二项分布表：

$$P(n = 20, p = 0.005, c \leqslant 1) = 0.9955$$

当 $\lambda=0.005\times 20=0.1$

查泊松分布得

$$P(\lambda = 0.1, c \leqslant 1) = 0.9950$$

可见，当 p 很小、n 较大时，两种分布的结论几乎完全一致。

第三章
概率论与数理统计

第一节　概率论的基本概念

一、样本空间、随机事件

1. 事件间的关系

（1）$A \subset B$ 则称事件 B 包含事件 A，指事件 A 发生必然导致事件 B 发生。

（2）$A \cup B = \{x \mid x \in A$ 或 $x \in B\}$ 称为事件 A 与事件 B 的和事件，指当且仅当 A，B 中至少有一个发生时，事件 $A \cup B$ 发生。

（3）$A \cap B = \{x \mid x \in A$ 且 $x \in B\}$ 称为事件 A 与事件 B 的积事件，指当 A，B 同时发生时，事件 $A \cap B$ 发生。

（4）$A - B = \{x \mid x \in A$ 且 $x \notin B\}$ 称为事件 A 与事件 B 的差事件，指当且仅当 A 发生、B 不发生时，事件 $A - B$ 发生。

（5）$A \cap B = \phi$，则称事件 A 与 B 是互不相容的，或互斥的，指事件 A 与事件 B 不能同时发生，基本事件是两两互不相容的。

（6）$A \cup B = S$ 且 $A \cap B = \phi$，则称事件 A 与事件 B 互为逆事件，又称事件 A 与事件 B 互为对立事件。

2. 运算规则

交换律 $A \cup B = B \cup A$　$A \cap B = B \cap A$

结合律 $(A \cup B) \cup C = A \cup (B \cup C)$　　$(A \cap B) C = A (B \cap C)$

分配律 $A \cup (B \cap C) = (A \cup B) \cap (A \cup C)$

$A \cap (B \cup C) = (A \cap B)(A \cap C)$

德摩根律 $\overline{A \cup B} = \overline{A} \cap \overline{B}$　$\overline{A \cap B} = \overline{A} \cup \overline{B}$

二、频率与概率

1. 定义

（1）频率　在相同的条件下，进行了 n 次试验，在这 n 次试验中，事件

A 发生的次数 n_A 称为事件 A 发生的频数，比值 n_A/n 称为事件 A 发生的频率。

（2）概率　设 E 是随机试验，S 是它的样本空间，对于 E 的每一事件 A 赋予一个实数，记为 P（A），称为事件的概率。

2. 概率 P（A）需满足的条件

（1）非负性　对于每一个事件 A，$0 \leqslant P(A) \leqslant 1$。

（2）规范性　对于必然事件 S，$P(S)=1$。

（3）可列可加性　设 A_1，A_2，…，A_n 是两两互不相容的事件，有 $P(\bigcup_{k=1}^{n} A_k)=\sum_{k=1}^{n} P(A_k)$（$n$ 可以取∞）。

3. 概率的重要性质

（1）$P(\phi)=0$　（ϕ 表示不可能事件）。

（2）若 A_1，A_2，… = A_n 是两两互不相容的事件，则有 $P(\bigcup_{k=1}^{n} A_k)=\sum_{k=1}^{n} P(A_k)$（$n$ 可以取∞）。

（3）设 A，B 是两个事件若 $A \subset B$，则 $P(B-A)=P(B)-P(A)$，$P(B) \geqslant P(A)$。

（4）对于任意事件 A，$P(A) \leqslant 1$。

（5）$P(\bar{A})=1-P(A)$　（逆事件的概率）。

（6）对于任意事件 A，B 有 $P(A \cup B)=P(A)+P(B)-P(AB)$。

三、等可能概型（古典概型）

试验的样本空间只包含有限个元素，试验中每个事件发生的可能性相同，即为等可能概型。

若事件 A 包含 k 个基本事件，即 $A=\{e_{i_1}\} \cup \{e_{i_2}\} \cup \cdots \cup \{e_{i_k}\}$，$i_1$，$i_2$，…，$i_k$ 是 1，2，…，n 中其 k 个不同的数，则见式（3-1）。

$$P(A)=\sum_{j=1}^{k} P(\{e_{ij}\})=\frac{k}{n}=\frac{\text{A 包含的基本事件数}}{\text{S 中基本事件的总数}} \tag{3-1}$$

四、条件概率

1. 定义

设 A，B 是两个事件，且 $P(A)>0$，称 $P(B \mid A)=\frac{P(AB)}{P(A)}$ 为事件 A 发生的条件下事件 B 发生的条件概率。

2. 条件概率符合概率定义中的三个条件

（1）非负性　对于某一事件B，有$P(B \mid A) \geq 0$。

（2）规范性　对于必然事件S，$P(S \mid A) = 1$。

（3）可列可加性　设B_1，B_2，…是两两互不相容的事件，则有

$$P(\bigcup_{i=1}^{\infty} B_i \mid A) = \sum_{i=1}^{\infty} P(B_i \mid A)$$

3. 乘法定理

乘法定理指设$P(A) > 0$，则有$P(AB) = P(B)P(A \mid B)$

4. 全概率公式

全概率公式见式（3-2）。

$$P(A) = \sum_{i=1}^{n} P(B_i) P(A \mid B_i) \tag{3-2}$$

5. 贝叶斯公式

贝叶斯公式见式（3-3）。

$$P(B_k \mid A) = \frac{P(B_k) P(A \mid B_k)}{\sum_{i=1}^{n} P(B_i) P(A \mid B_i)} \tag{3-3}$$

五、独立性

1. 定义

设A，B是两事件，如果满足等式$P(AB) = P(A)P(B)$，则称事件A，B相互独立。

2. 定理

（1）设A，B是两事件，且$P(A) > 0$，若A，B相互独立，则$P(B \mid A) = P(B)$。

（2）若事件A和B相互独立，则A与$\overline{B}$，$\overline{A}$与B，$\overline{A}$与$\overline{B}$，也相互独立。

第二节　随机变量及其分布

一、随机变量

设随机试验的样本空间为$S = \{e\}$，$X = X(e)$是定义在样本空间S上的

实值单值函数，称$X=X(e)$为随机变量。

二、离散性随机变量及其分布律

1. 离散随机变量的定义

有些随机变量，它全部可能取到的值是有限个或无限多个，这种随机变量称为离散型随机变量。

$P(X=x_k)=p_k$ 满足如下两个条件（1）$p_k\geqslant 0$，（2）$\sum\limits_{k=1}^{\infty}P_k=1$。

2. 三种重要的离散型随机变量

（1）(0–1)分布　设随机变量 X 只能取 0 与 1 两个值，它的分布律是 $P(X=k)=p^k(1-p)^{1-k}, k=0, 1\ (0<p<1)$，则称 X 服从以 p 为参数的(0–1)分布或两点分布。

（2）二项分布　设实验 E 只有两个可能结果：A 与 $\overline{A}$，则称 E 为伯努利实验。设 $P(A)=p\quad(0<p<1)$，此时 $P(\overline{A})=1-p$。

将 E 独立重复的进行 n 次，则称这一串重复的独立实验为 n 重伯努利实验。

$P(X=k)=\begin{pmatrix}n\\k\end{pmatrix}p^kq^{n-k}$，$k=0, 1, 2, \cdots n$ 满足条件（1）$p_k\geqslant 0$，（2）$\sum\limits_{k=1}^{\infty}P_k=1$　注意到$\begin{pmatrix}n\\k\end{pmatrix}p^kq^{n-k}$是二项式$(p+q)^n$的展开式中出现 p^k 的那一项，我们称随机变量 X 服从参数为 n，p 的二项分布。

（3）泊松分布　设随机变量 X 所有可能取的值为 0，1，2…，而取各个值的概率为 $P(X=k)=\dfrac{\lambda^k e^{-\lambda}}{k!}$，$k=0, 1, 2\cdots$，其中 $\lambda>0$ 是常数，则称 X 服从参数为 λ 的泊松分布，记为 $X\sim\pi(\lambda)$。

三、随机变量的分布函数

设 X 是一个随机变量，x 是任意实数，函数 $F(x)=P\{X\leqslant x\}$，$-\infty<x<\infty$ 称为 X 的分布函数。

分布函数 $F(x)=P(X\leqslant x)$，具有以下性质：①$F(x)$ 是一个不减函数；②$0\leqslant F(x)\leqslant 1$，且 $F(-\infty)=0$，$F(\infty)=1$；③$F(x+0)=F(x)$，即 $F(x)$ 是右连续的。

四、连续型随机变量及其概率密度

如果对于随机变量 X 的分布函数 $F(x)$，存在非负可积函数 $f(x)$，使对

于任意 x 有 $F(x)=\int_{-\infty}^{x} f(t)\mathrm{d}t$，则称 X 为连续型随机变量，其中函数 $f(x)$ 称为 X 的概率密度函数，简称概率密度。

1. 概率密度 $f(x)$ 具有以下性质

满足 ① $f(x)\geqslant 0$；② $\int_{-\infty}^{+\infty} f(x)\mathrm{d}x=1$；

③ $P(x_1\leqslant X\leqslant x_2)=\int_{x_1}^{x_2} f(x)\mathrm{d}x$；④ 若 $f(x)$ 在点 x 处连续，则有 $F'(x)=f(x)$。

2. 三种重要的连续型随机变量

（1）均匀分布　若连续型随机变量 X 具有概率密度［见式（3-4）］。

$$f(x)=\begin{cases}\dfrac{1}{b-a}, & a<x<b \\ 0, & \text{其他}\end{cases} \tag{3-4}$$

则称 X 在区间（a，b）上服从均匀分布，记为 $X\sim U$（a，b）。

（2）指数分布　若连续型随机变量 X 的概率密度为［见式（3-5）］。

$$f(x)=\begin{cases}\dfrac{1}{\theta}\mathrm{e}^{-x/\theta}, & x>0 \\ 0, & \text{其他}\end{cases} \tag{3-5}$$

式中 $\theta>0$ 为常数，则称 X 服从参数为 θ 的指数分布。

（3）正态分布　若连续型随机变量 X 的概率密度为［见式（3-6）］。

$$f(x)=\frac{1}{\sqrt{2\pi}\sigma}\mathrm{e}^{-\frac{(x-\mu)^2}{2\sigma^2}},\ -\infty<x<\infty \tag{3-6}$$

式中 μ，σ（$\sigma>0$）为常数，则称 X 服从参数为 μ，σ 的正态分布或高斯分布，记为 $X\sim N(\mu, \sigma^2)$，当 $\mu=0$，$\sigma=1$ 时称随机变量 X 服从标准正态分布。

五、随机变量的函数的分布

设随机变量 X 具有概率密度 f_x（x），$-\infty<x<\infty$，又设函数 g（x）处处可导且恒有 g'（x）>0，则 $Y=g$（x）是连续型随机变量，其概率密度为［见式（3-7）］。

$$f_Y(y)=\begin{cases}f_X[h(y)]\,|h'(y)|, & \alpha<y<\beta \\ 0, & \text{其他}\end{cases} \tag{3-7}$$

第三节　多维随机变量

一、二维随机变量

设 E 是一个随机试验，它的样本空间 $S=\{e\}$。$X=X(e)$ 和 $Y=Y(e)$ 是定义在 S 上的随机变量，由它们构成的一个向量 (X, Y) 称作二维随机变量。

设 (X, Y) 是二维随机变量，对于任意实数 x、y，二元函数 $F(x, y)=P\{(X\leqslant x)\cap(Y\leqslant y)\}$ 记成 $P\{X\leqslant x, Y\leqslant y\}$，称为二维随机变量 (X, Y) 的分布函数。

如果二维随机变量 (X, Y) 全部可能取到的值是有限对或可列无限多对，则称 (X, Y) 是离散型的随机变量。

我们称 $P(X=x_i, Y=y_j)=p_{ij}$，$i, j=1, 2, \cdots$ 为二维离散型随机变量 (X, Y) 的分布律。

对于二维随机变量 (X, Y) 的分布函数 $F(x, y)$，如果存在非负可积函数 $f(x, y)$，使对于任意 x，y 有 $F(x, y)=\int_{-\infty}^{y}\int_{-\infty}^{x}f(u, v)\,\mathrm{d}u\mathrm{d}v$，则称 (X, Y) 是连续型的随机变量，函数 $f(x, y)$ 称为随机变量 (X, Y) 的概率密度，或称为随机变量 X 和 Y 的联合概率密度。

二、边缘分布

二维随机变量 (X, Y) 作为一个整体，具有分布函数 $F(x, y)$。而 X 和 Y 都是随机变量，各自也有分布函数，将他们分别记为 $F_X(x)$，$F_Y(y)$，依次称为二维随机变量 (X, Y) 关于 X 和关于 Y 的边缘分布函数。

$$p_{i\cdot}=\sum_{j=1}^{\infty}p_{ij}=P\{X=x_i\}, \quad i=1, 2, \cdots \tag{3-8}$$

$$p_{\cdot j}=\sum_{i=1}^{\infty}p_{ij}=P\{Y=y_i\}, \quad j=1, 2, \cdots \tag{3-9}$$

分别称 $p_{i\cdot}$.$p_{\cdot j}$ 为 (X, Y) 关于 X 和关于 Y 的边缘分布律［分别见式（3-8）、式（3-9）］。

$$f_X(x)=\int_{-\infty}^{\infty}f(x, y)\,\mathrm{d}y \tag{3-10}$$

$$f_Y(y)=\int_{-\infty}^{\infty}f(x, y)\,\mathrm{d}x \tag{3-11}$$

分别称 $f_X(x)$，$f_Y(y)$ 为 X，Y 关于 X 和关于 Y 的边缘概率密度［分别见式（3-10）、式（3-11）］。

三、条件分布

设（X，Y）是二维离散型随机变量，对于固定的 j，若 $P\{Y=y_j\}>0$，则称 $P\{X=x_i \mid Y=y_j\}=\dfrac{P\{X=x_i,\ Y=y_j\}}{P\{Y=y_j\}}=\dfrac{p_{ij}}{p_j}$，$i=1, 2, \cdots$ 为在 $Y=y_j$ 条件下随机变量 X 的条件分布律，同样 $P\{Y=y_j \mid X=X_i\}=\dfrac{P\{X=x_i,\ Y=y_j\}}{P\{X=x_i\}}=\dfrac{p_{ij}}{p_i}$，$j=1, 2, \cdots$ 为在 $X=x_i$ 条件下随机变量 X 的条件分布律。

设二维离散型随机变量（X，Y）的概率密度为 $f(x, y)$，（X，Y）关于 Y 的边缘概率密度为 $f_Y(y)$，若对于固定的 y，$f_Y(y)>0$，则称 $\dfrac{f(x, y)}{f_Y(y)}$ 为在 $Y=y$ 的条件下 X 的条件概率密度，记为 $f_{X|Y}(x|y)=\dfrac{f(x, y)}{f_Y(y)}$。

四、相互独立的随机变量

设 $F(x, y)$ 及 $F_X(x)$，$F_Y(y)$ 分别是二维离散型随机变量（X，Y）的分布函数及边缘分布函数。若对于所有 x，y，有 $P\{X=x, Y=y\}=P\{X \leqslant x\}P\{Y \leqslant y\}$，即 $F\{x, y\}=F_X(x)F_Y(y)$，则称随机变量 X 和 Y 是相互独立的。

对于二维正态随机变量（X，Y），X 和 Y 相互独立的充要条件是参数 $\rho=0$。

五、两个随机变量的函数的分布

1. $Z=X+Y$ 的分布

设（X，Y）是二维连续型随机变量，它具有概率密度 $f(x, y)$，则 $Z=X+Y$ 仍为连续型随机变量，其概率密度为 $f_{X+Y}(z)=\int_{-\infty}^{\infty} f(z-y, y)\mathrm{d}y$ 或 $f_{X+Y}(z)=\int_{-\infty}^{\infty} f(x, z-x)\mathrm{d}x$。

又若 X 和 Y 相互独立，设（X，Y）关于 X，Y 的边缘密度分别为 $f_X(x)$，$f_Y(y)$，则 $f_{X+Y}(z)=\int_{-\infty}^{\infty} f_X(z-y)f_Y(y)\mathrm{d}y$ 和 $f_{X+Y}(z)=\int_{-\infty}^{\infty} f_X(x)f_Y(z-x)\mathrm{d}x$

这两个公式称为 f_X，f_Y 的卷积公式。

有限个相互独立的正态随机变量的线性组合仍然服从正态分布。

2. $Z=\dfrac{Y}{X}$ 的分布及 $Z=XY$ 的分布

设（X，Y）是二维连续型随机变量，它具有概率密度f（x，y），则 $Z=\dfrac{Y}{X}$，$Z=XY$ 仍为连续性随机变量，其概率密度分别见式（3-12）、式（3-13）。

$$f_{Y/X}(z) = \int_{-\infty}^{\infty} |x| f(x, xz) \mathrm{d}x \tag{3-12}$$

$$f_{XY}(z) = \int_{-\infty}^{\infty} \frac{1}{|x|} f\left(x, \frac{z}{x}\right) \mathrm{d}x \tag{3-13}$$

又若 X 和 Y 相互独立，设（X，Y）关于 X，Y 的边缘密度分别为f_X（x），f_Y（y），则见式（3-14）、式（3-15）。

$$f_{Y/X}(z) = \int_{-\infty}^{\infty} f_X(x) f_Y(xz) \mathrm{d}x \tag{3-14}$$

$$f_{XY}(z) = \int_{-\infty}^{\infty} \frac{1}{|x|} f_X(x) f_Y\left(\frac{z}{x}\right) \mathrm{d}x \tag{3-15}$$

3. $M=\max\{X, Y\}$ 及 $N=\min\{X, Y\}$ 的分布

设 X，Y 是两个相互独立的随机变量，它们的分布函数分别为 F_X（x），F_Y（y），由于 $M=\max\{X, Y\}$ 不大于 z，等价于 X 和 Y 都不大于 z，故有 $P\{M\leqslant z\}=P\{X\leqslant z, Y\leqslant z\}$

又由于 X 和 Y 相互独立，得到 $M=\max\{X, Y\}$ 的分布函数见式（3-16）。

$$F_{\max}(z) = F_X(z) F_Y(z) \tag{3-16}$$

$N=\min\{X, Y\}$ 的分布函数见式（3-17）。

$$F_{\min}(z) = 1 - [1 - F_X(z)][1 - F_Y(z)] \tag{3-17}$$

第四节　随机变量的数字特征

一、数学期望

1. 定义

设离散型随机变量 X 的分布律为 $P\{X = x_k\} = p_k$，$k = 1, 2, \cdots$ 若级数

$\sum_{k=1}^{\infty} x_k p_k$ 绝对收敛，则称级数 $\sum_{k=1}^{\infty} x_k p_k$ 的和为随机变量 X 的数学期望，记为 $E(X)$，即 $E(X) = \sum_{i} x_k P_k$。

设连续型随机变量 X 的概率密度为 $f(x)$，若积分 $\int_{-\infty}^{\infty} xf(x)\mathrm{d}x$ 绝对收敛，则称积分 $\int_{-\infty}^{\infty} xf(x)\mathrm{d}x$ 的值为随机变量 X 的数学期望，记为 $E(X)$，见式(3－18)。

$$E(X) = \int_{-\infty}^{+\infty} xf(x)\mathrm{d}x \tag{3-18}$$

2. 定理

设 Y 是随机变量 X 的函数 $Y=g(X)$（g 是连续函数）。

（1）如果 X 是离散型随机变量，它的分布律为 $P\{X = x_k\} = p_k$，$k = 1, 2,$ 若 $\sum_{k=1}^{\infty} g(x_k) P_k$ 绝对收敛，则有 $E(Y) = E(g(X)) = \sum_{k=1}^{\infty} g(x_k) P_k$。

（2）如果 X 是连续型随机变量，它的分概率密度为 $f(x)$，若 $\int_{-\infty}^{\infty} g(x)f(x)\mathrm{d}x$ 绝对收敛，则有 $E(Y) = E(g(X)) = \int_{-\infty}^{\infty} g(x)f(x)\mathrm{d}x$。

数学期望的几个重要性质，如下所述。

设 C 是常数，则有 $E(C) = C$；

设 X 是随机变量，C 是常数，则有 $E(CX) = CE(X)$；

设 X，Y 是两个随机变量，则有 $E(X+Y) = E(X) + E(Y)$；

设 X，Y 是相互独立的随机变量，则有 $E(XY) = E(X)E(Y)$。

二、方差

1. 定义

设 X 是一个随机变量，若 $E\{[X-E(X)]^2\}$ 存在，则称 $E\{[X-E(X)]^2\}$ 为 X 的方差，记为 $D(x)$，可见式（3－19）。

$$D(x) = E\{[X - E(X)]^2\} \tag{3-19}$$

在应用上还引入量 $\sqrt{D(x)}$，记为 $\sigma(x)$，称为标准差或均方差，见式（3－20）。

$$D(X) = E[X - E(X)]^2 = E(X^2) - (EX)^2 \tag{3-20}$$

2. 方差的几个重要性质

设 C 是常数，则有 $D(C)=0$；

设 X 是随机变量，C 是常数，则有［见式（3-21）］。

$$D(CX)=C^2D(X),\quad D(X+C)=D(X) \tag{3-21}$$

设 X，Y 是两个随机变量，

则 $D(X+Y)=D(X)+D(Y)+2E\{(X-E(X))(Y-E(Y))\}$

特别，若 X，Y 相互独立，则有［见式（3-22）］。

$$D(X+Y)=D(X)+D(Y) \tag{3-22}$$

$D(X)=0$ 的充要条件是 X 以概率 1 取常数 $E(X)$，可见式（3-23）。

$$P\{X=E(X)\}=1 \tag{3-23}$$

切比雪夫不等式：设随机变量 X 具有数学期望 $E(X)=\sigma^2$，则对于任意正数 ε，不等式 $P\{|X-\mu|\geqslant\varepsilon\}\leqslant\frac{\sigma^2}{\varepsilon^2}$ 成立。

三、协方差及相关系数

1. 定义

$E\{[X-E(X)][Y-E(Y)]\}$ 称为随机变量，X 与 Y 的协方差，记为 $Cov(X,Y)$，即 $Cov(X,Y)=E[(X-E(X))(Y-E(Y))]=E(XY)-E(X)E(Y)$

而 $\rho_{XY}=\frac{Cov(X,Y)}{\sqrt{D(X)}\sqrt{D(Y)}}$ 称为随机变量 X 和 Y 的相关系数。

对于任意两个随机变量 X 和 Y，$D(X\pm Y)=D(X)+D(Y)\pm 2Cov(X,Y)$。

2. 协方差的性质

协方差的性质见式（3-24）、式（3-25）、式（3-26）所示。

$$Cov(X,Y)=Cov(Y,X) \tag{3-24}$$

$$Cov(aX,bY)=abCov(X,Y) \tag{3-25}$$

$$Cov(X_1+X_2,Y)=Cov(X_1,Y)+Cov(X_2,Y) \tag{3-26}$$

定理： $|\rho_{XY}|\leqslant 1$

$|\rho_{XY}|=1$ 的充要条件是，存在常数 a，b 使 $P\{Y=a+bx\}=1$；

当 $|\rho_{XY}|=0$ 时，称 X 和 Y 不相关。

表 3-1　　　　　　　　　　几种常用的概率分布表

分布	参数	分布律或概率密度	数学期望	方差
两点分布	$0<p<1$	$P\{X=k\}=p^k(1-p)^{1-k}$，$k=0$，1，	p	$p(1-p)$
二项分布	$n\geqslant 1$ $0<p<1$	$P(X=k)=C_n^k p^k(1-p)^{n-k}$，$k=0$，1，…，$n$	np	$np(1-p)$
泊松分布	$\lambda>0$	$P(X=k)=\dfrac{\lambda^k e^{-\lambda}}{k!}$，$k=0$，1，2，…	λ	λ
几何分布	$0<p<1$	$P(X=k)=(1-p)^{k-1}p$，$k=1$，2，…	$\dfrac{1}{p}$	$\dfrac{1-p}{p^2}$
均匀分布	$a<b$	$f(x)=\begin{cases}\dfrac{1}{b-a}, & a<x<b \\ 0, & 其他\end{cases}$	$\dfrac{a+b}{2}$	$\dfrac{(b-a)^2}{12}$
指数分布	$\theta>0$	$f(x)=\begin{cases}\dfrac{1}{\theta}e^{-x/\theta}, & x>0 \\ 0, & 其他\end{cases}$	θ	θ^2
正态分布	μ $\sigma>0$	$f(x)=\dfrac{1}{\sqrt{2\pi}\sigma}e^{-\frac{(x-\mu)^2}{2\sigma^2}}$	μ	σ^2

第五节　大数定律与中心极限定理

一、大数定律

1. 弱大数定理（辛欣大数定理）

弱大数定理是指设 X_1，X_2…是相互独立，服从统一分布的随机变量序列，并具有数学期望 $E(X_k)=\mu$（$k=1$，2，…）。作前 n 个变量的算术平均 $\frac{1}{n}\sum_{k=1}^{n}X_k$，则对于任意 $\varepsilon>0$，见式（3-27）。

$$\lim_{n\to\infty}P\left\{\left|\frac{1}{n}\sum_{k=1}^{n}X_k-\mu\right|<\varepsilon\right\}=1 \tag{3-27}$$

定义：设 Y_1，Y_2，…Y_n…是一个随机变量序列，a 是一个常数，若对于任意正数 ε，有 $\lim\limits_{n\to\infty}P\{|Y_n-a|<\varepsilon\}=1$，则称序列 Y_1，Y_2，…，Y_n…依概率收敛于

a，记为 $Y_n \xrightarrow{p} a$。

2. 伯努利大数定理

伯努利大数定理是指设 f_A 是 n 次独立重复试验中事件 A 发生的次数，p 是事件 A 在每次试验中发生的概率，则对于任意正数 $\varepsilon>0$，见式（3-28）。

$$\lim_{n\to\infty} P\left\{\left|\frac{f_n}{n}-p\right|<\varepsilon\right\}=1 \quad 或$$

$$\lim_{n\to\infty} P\left\{\left|\frac{f_n}{n}-p\right|\geqslant\varepsilon\right\}=0。\tag{3-28}$$

二、中心极限定理

1. 定理一（独立同分布的中心极限定理）

定理一指设随机变量 X_1，X_2，…，X_n 相互独立，服从同一分布，且具有数学期望和方差 $E(X_i)=\mu$，$D(X_k)=\sigma^2$（$k=1$，2，…），则随机变量之和 $\sum\limits_{i=1}^{n} X_k$ 的标准化变量，见式（3-29）。

$$Y_n=\frac{\sum\limits_{k=1}^{n}X_k-E\left(\sum\limits_{k=1}^{n}X_k\right)}{\sqrt{D\left(\sum\limits_{k=1}^{n}X_k\right)}}=\frac{\sum\limits_{i=1}^{n}X_k-n\mu}{\sqrt{n}\sigma}。\tag{3-29}$$

2. 定理二（李雅普诺夫定理）

定理二指设随机变量 X_1，X_2，…，X_n…相互独立，它们具有数学期望和方差 $E(X_k)=\mu_k$，$D(X_k)=\sigma_k^2>0$，$k=1$，2…记 $B_n^2=\sum\limits_{k=1}^{n}\varepsilon_k^2$。

3. 定理三（棣莫弗-拉普拉斯定理）

定理三指设随机变量 η_n（$n=1$，2，…）服从参数为 n，p（$0<p<1$）的二项分布，则对任意 x，见式（3-30）。

$$\lim_{n\to\infty} P\left\{\frac{\eta_n-np}{\sqrt{np(1-p)}}\leqslant x\right\}=\int_{-\infty}^{x}\frac{1}{\sqrt{2\pi}}e^{-t^2/2}dt=\Phi(x)\tag{3-30}$$

第四章

两种变异的区分——显著性检验

统计技术研究的对象是变异的。然而，客观的事物的变异并非杂乱无章，而变异所产生的数据是符合一定的统计分布的规律（如正态分布、二项式分布和泊松分布）。只有通过对数据的统计分析，才能理解变异的性质、程度和原因。这里，我们首先要解决的问题是：如何来区分这种变异是由于随机（偶然）因素造成的，还是条件因素产生的。也就是要从对反映变异的一组数据的研究开始。

（1）显著性检验是将收集的一组有效反映质量的数据，与过程控制正常时所测量的一组数据或规定的标准（技术要求）相比较，是否出现了异常变化（变异），以便我们采取改进措施。

或者说，为了控制产品质量，当我们采取措施后，测量的一组有效数据，针对这组有效数据进行检验，来评价改进措施的效果。

（2）显著性检验（比较）是检验（比较）什么？按照统计技术规定，对于一组数据，可以用这组数据的特征值来表示（或由表征这组有效数据的参数来表示）。我们讲的检验就是计算这组测量的数据的特征值并与标准的概率分布（如正态分布、二项式分布、泊松分布等）特征值相比较，来判断这组数据是否发生了变异，即质量控制的产品质量是否发生了变异。

（3）数据的特征值有多个，其中在显著性检验中主要提到的有：

①数据的位置特征值，平均值见式（4-1）。

$$\bar{x} = \frac{1}{n}\sum_{i=1}^{n} x_i \tag{4-1}$$

②数据的离散特征值，标准（偏）差见式（4-2）。

$$s = \sqrt{s^2} = \sqrt{\frac{s}{n-1}} = \sqrt{\frac{1}{n-1}\sum_{i=1}^{n}(x_i - \bar{x})^2} \tag{4-2}$$

注：μ（$\bar{x}$）为总体（样本）均值，

σ（s）为总体（样本）标准差。

通常可以研究样本的特征值来进行有效的推断总体的特征值。

第一节　过程参数的估计

质量特性值可以用一组特定的随机变量来表示，据大量的研究和分析，它服从一定的概率分布，如正态分布（质量特性，即随机变量受多种因素影响，也就是在没有一个因素起主导作用的情况下）。正态分布的特征值有：均值 μ 和标准差 σ。而通常 μ 和 σ 又是未知的。这就要通过样本检验数据来估计总体的这两个参数。

所谓参数的估计，就是由样本参数来估计总体参数。这里有两种方法：一是点估计；另一种是区间估计。

一、点估计

点估计是用样本均值作为总体均值；用样本标准差作为总体的标准差，分别见式（4-3）、式（4-4）。

$$\hat{\mu}=\bar{\chi}=\frac{1}{n}\sum_{i=1}^{n}\chi_i; \tag{4-3}$$

$$\hat{\sigma}^2=\frac{1}{n-1}\sum_{i=1}^{n}(\chi_i-\bar{\chi})^2 \text{或} \quad \hat{\sigma}=\sqrt{\frac{1}{n-1}\sum_{i=1}^{n}(\chi_i-\bar{\chi})^2} \tag{4-4}$$

二、区间估计

用点估计来估计未知的参数，其置信程度是较低的，特别在样本数量较小时更低。区间估计就是先假设一个小区间，估计该值是否在该小区间内。

即：设计两个统计量 T_1 和 T_2，总体的质量数据在一定的可信度情况下，例如：（$1-\alpha$）的可信度下，在 T_1 和 T_2 的范围内。其中 α 为一个小概率，如 0.05（5%）。

第二节　显著性检验的基本思想

先举一个具体例子：输液器导管和二通黏接时，其黏接强度满足 N（18N、2N），为了提高导管与二通的连接强度，我们改变了黏接剂的配方。从采用新的黏接剂配方生产的产品中抽取 25 只半成品，经测试得到的一组数据，并算得 $\bar{x}=19.2N$；问在 $\sigma=2N$ 不变的情况下，改变黏接剂的配方对导管的连接强度的提高有无明显的影响？

分析：

我们知道，不管改不改变黏接剂的配方，每只被测量的半成品连接强度都会有波动（变异）。但是，我们要分清的是这种波动是由于黏接剂配方的改变引起的，还是随机因素造成的？换一句话讲，为了提高导管的连接强度，采取改变黏接剂的配方能不能提高导管的连接强度。

假设黏接剂配方的改变对导管的连接强度无影响，前面已经讲过导管连接强度的数据应是计量性的数据（不是计数性的数据）。它服从连续概率分布，即服从正态分布的规律 $N(\mu, \sigma/\sqrt{n})$，即均值不变，而标准差为：$\sigma_x = \dfrac{\sigma}{\sqrt{n}}$。

我们给定一个小概率 α（又称显著性水平，$1-\alpha$ 又称置信水平或可信度），如 $\alpha=0.05$（$1-\alpha=95\%$）。可根据相应资料表中查出 $Z(0.05)=1.96$。即数据落在 $\mu\pm1.96\dfrac{\sigma}{\sqrt{n}}$ 界限以外的概率应 $\leqslant0.05$（5%），或数据落在 $\mu\pm1.96\dfrac{\sigma}{\sqrt{n}}$ 界限以内的概率应 $\geqslant1-0.05=0.95$（95%）。

统计量 $\bar{X}$ 所推断的总体均值 μ 与原总体均值 μ_0 一致，则 $\bar{X}$ 应以大概率（95%）落在 $\mu_0\pm1.96\dfrac{\sigma}{\sqrt{n}}$ 范围以内，从而得到一个置信区间：

$$\mu_0 - 1.96\frac{\sigma}{\sqrt{n}} \leqslant \bar{X} \leqslant \mu_0 + 1.96\frac{\sigma}{\sqrt{n}}$$

即可得出：

$$\left(18 - 1.96\frac{2}{\sqrt{25}},\ 18 + 1.96\frac{2}{\sqrt{25}}\right) = (17.216 \sim 18.784)$$

现计算出的 $\bar{X}=19.2$，落在 $\mu\pm1.96$ 以外，而出现这种情况的概率低于 0.05，即 100 次不应超过 5 次，所以不能相信 $\bar{X}$ 推断的总体来自原假设总体，从而认为黏接剂配方改变，提高了导管的连接强度，有明显的影响。

结论：

（1）从上面的例子可以清楚地看到区间估计的含义；也反映了显著性检验的思想。所以显著性检验又称假设检验。

（2）从应用角度讲，显著性检验实质是一种计算“统计量的值与表中标准值”比较的简单过程，在比较前应将每一种检验的前提弄清楚。

（3）从上面的例子还告诉我们：在过程受控的情况下，显著性检验可帮助我们发现异常变异；在过程改进的情况下，也可帮助我们评价改进措施的有效性（具体应用显著性检验的操作步骤，可见有关资料）。

综合描述：

（1）显著性检验是判断事物的总体与样本量之间或样本量之间的差别有无意义的一种统计分析方法。所有的显著性检验都是以假设为前提，又称假设检验。对总体的假设包括：原假设 H_0（零假设或无效假设）：原自反证法，表示等于、相同；备择假设 H_1：与 H_0相对立的假设，表示不等、不相同。

（2）抽样误差：抽样误差指由于抽样引起总体参数与样本统计量之间的差异。抽样误差越小，样本对总体的代表性就越好。

（3）显著性检验的基本思想是：先对总体建立统计假设，然而根据样本分析导致统计指标间的差别是否由于抽样误差所引起。若是由于抽样误差所引起，表示统计指标间无差别均来自同一个总体，否则，表示各样本来自不同总体，存在着本质的不同。

显著性检验基本步骤：

（1）建立统计假设和确定显著性水平：若某一问题参数不会大于（或小于）另一问题参数，可作为单侧假设检验，若不能确定，则作双侧假设。一般情况下多数作双侧假设检验。即：

H_0：$\mu_1=\mu_2$；　H_1：$\mu_1\neq\mu_2$；

（2）按照种类检验计算统计量：t 、U、X^2、F 。

（3）查表确定以下统计量各自的临界值：t 、U、X^2、F。

（4）作出推断结论。

第三节　均值检验

一组反映质量的数据，可以用这组数据的特征值来评价其变异的程度和情况。均值μ（$\bar{x}$）和标准差σ（s）就是一组数据的两个主要的特征值。在很多场合，产品特征值的标准差通常比较稳定，只需对均值进行检验。均值检验有两种情况：一种是σ已知，称为U检验；另一种是σ未知，称为t检验。

一、U检验（标准差σ_0已知情形下的均值检验）

1. 检验$\mu=\mu_0$

【例4-1】 0.7 ㎜注射针的针尖锋利检验。其穿刺力服从正态分布 $=N(0.75, 0.025)$ 我们采取了质量控制的措施后（如增加熟练工人数量），从一批注射针中抽取了10支检验，其结果如下：0.72，0.73，0.78，0.79，0.80，0.82，0.72，0.65，0.90，0.40。

问进行质量控制后，针尖的锋利度有否明显的提高？（$\alpha=0.05$）

解：（1）首先对这组检验数据中的异常数据进行剔除（采用格拉布斯方法）。

将检验的数据按大小排列：0.40，0.65，0.72，0.72，0.73，0.78，0.79，0.80，0.82，0.90。

计算数据的平均值和标准差：

$$\bar{X}=\frac{1}{10}\sum_{i=1}^{10}X_i=0.731$$

$$S=\sqrt{\frac{1}{10-1}\sum_{i=1}^{10}(X_i-0.731)^2}=0.1348$$

从两头数据检验，对检验 n 个数中的最大值 X_n 和最小值 X_1，需计算统计量：

$$T_n=\frac{X_n-\bar{X}}{s} \text{ 和 } T_1=\frac{\bar{X}-X_1}{s}$$

$$T_n=\frac{0.90-0.731}{0.1348}=1.254;$$

$$T_1=\frac{0.731-0.40}{0.1348}=2.455$$

将统计量 T 与 T_α 比较，如 $T>T_\alpha$ 则为异常应予剔除。为此查格拉布斯检验表，当 $\alpha=0.05$，$n=10$ 时的 $T_\alpha=2.18$，

因 $T_n=1.254<2.18$；$T_1=2.455>2.18$。X_n 正常，予以保留；而 T_1 异常，予以剔除。

剔除异常数 X_1后，重新计算余下的9个数的 $\bar{x}$、S 和统计量 T_n-1，依次按上述步骤对 X_n-1、X_n-2……数据检验，直到无异常数据为止。该题就剔除 $T=0.40$；请大家可以继续计算，学过计算机编程的大学生，可以编一个软件。

（2）先假设产品质量没有不同，即 $\mu=\mu_0=0.75$，根据样本数据计算 $\bar{X}$ 和

统计量 U

$$\bar{X} = \frac{1}{n}\sum_{i=1}^{n} X_i$$

$$= \frac{1}{9}(0.72 + 0.73 + 0.78 + 0.79 + 0.80 + 0.82 + 0.72 + 0.65 + 0.9)$$

$$= 0.768$$

$$|U| = \frac{\bar{X} - \mu_0}{\sigma / \sqrt{n}} = \frac{0.768 - 0.75}{0.025 / \sqrt{9}} = 2.16$$

据 $\alpha=0.05$，由附表二（正态分布的双侧分位数表）查得 $Z_{0.05}=1.96$。因 $|U|=2.16>1.96$ 故可认为 $\mu\neq\mu_0$，不能认定原假设成立，即采取措施后针的锋利度得到了控制，产品质量有明显提高。

2. 检验 $\mu_1=\mu_2$

U 检验也可用于比较两批产品或两台设备、两种工艺分别加工出的两批产品的均值是否相等，即检验 $\mu_1=\mu_2$（σ_0 已知）。此时需计算统计量，计算方法见式（4-5）。

$$U = \frac{\bar{X}_1 - \bar{X}_2}{\sigma_0\sqrt{1/n_1 + 1/n_2}} \tag{4-5}$$

否定域 $|U|>Z_\alpha$。同样 α 由附表确定。当从两批中抽取的样本数相同：$n_1=n_2=n$，则统计量（上式）可以简化为式（4-6）所示。

$$U = \frac{\bar{X}_1 - \bar{X}_2}{\sigma_0}\sqrt{\frac{n}{2}} \tag{4-6}$$

对于单边情形，需分别检验。

【例 4-2】 从两台精度相同 $\sigma_0=5$g 的透析粉包装机中各抽 20 包进行称量，算得平均值分别为：505g 和 507g，试问两台包装机包装透析粉的质量有无显著差别（$\alpha=0.05$）?

解：（1）将有关数据代入公式

$$U = \frac{\bar{X}_1 - \bar{X}_2}{\sigma_0}\sqrt{\frac{n}{2}}$$

$$U = 1.26$$

（2）由于 $\alpha=0.05$，查表（正态分布的双侧分位数表）$Z_{0.05}=1.96$

（3）比较：因 $1.26<Z_{0.05}=1.96$

所以不能否定 $\mu_1=\mu_2$ 的原假设，即两台包装机包装的透析粉重量差异不能认定是条件因素造成的（即两台包装机的包装重量没有显著差别）。

二、t 检验（标准差 σ_0 未知情形下的均值检验）

在此再一次强调：均值检验是显著性检验的一种，是建立在假设的前提下来进行比较的，或与设定的标准值比较，或两者相互比较。t 检验是在标准差 σ_0 未知情形下的均值检验。

1. 检验 $\mu=\mu_0$（或 $\mu\leqslant\mu_0$，$\mu\geqslant\mu_0$）

此时的统计量为：$t=\dfrac{\bar{\chi}-\mu_0}{s}\sqrt{n}$。

下面举一例子：

【例 4-3】 一副 5mL 外套新模具进行试模，该副模具有 10 腔（注），测量一模 10 个外套的内孔（12mm）的内径尺寸误差为：-0.013，-0.012，-0.004，-0.005，0.007，-0.011，-0.003，0.007，-0.004，-0.006，现检验总体误差是否为 0（即 $\mu_0=0$），设 $\alpha=0.05$。

解：（注：通常也应检验的数据是否有效。在此，我们省略）

（1）先计算样本均值和样本标准差：

$$\bar{x}=\frac{1}{n}\sum_{i=1}^{n}\chi_i \text{和} s=\sqrt{\frac{1}{n-1}\sum_{i=1}^{n}(\chi_i-\bar{\chi})^2}$$

$$\bar{\chi}=\frac{1}{10}(-0.013-0.012-0.004-0.005+0.007-0.011-0.003+0.007-0.004-0.006)$$

$$=-0.0044$$

$$s=\sqrt{\frac{1}{10-1}[(-0.013+0.0044)^2+(-0.012+0.0044)^2+(-0.004+0.0044)^2+(-0.005+0.0044)^2+(0.007+0.0044)^2+(-0.003+0.0044)^2+(0.007+0.0044)^2+(-0.004+0.0044)^2+(-0.006+0.0044)^2+(-0.004+0.0044)^2]}$$

$$=0.00704$$

（2）计算统计量，此时

$$|t|=\left|\frac{-0.0044-0}{0.00704}\sqrt{10}\right|=1.976$$

（3）由于 $\alpha=0.05$，自由度 $\upsilon=n-1=10-1=9$，查 t 分布双侧分位数 t_α 表

（t 分布的双侧分位数表）得 $t_{0.05}$（9）= 2.262。

（4）因 $|t|=1.976<t_{0.05}$（9）= 2.262，故不能否定模具总体误差为 0 的原假设。可以判定外套模具的内孔尺寸误差是合格的。

2. 检验总体标准误差 σ_0 未知情况下，两批产品的均值是否相等

两批产品标准差相等 $\sigma_1=\sigma_2$，但数值未知，其样本容量分别为 n_1，n_2。样本均值 $\bar{x}_1$，$\bar{x}_2$。样本的标准差 s_1，s_2。需检验 $\mu_1=\mu_2$（或 $\mu_1\leqslant\mu_2$，$\mu_1\geqslant\mu_2$）

当在 α（如 $\alpha=0.05$）假设前提下，统计量的计算见式（4-7）。

$$t=\frac{|\bar{\chi}_1-\bar{\chi}_2|}{\sqrt{(n_1-1)s_1^2+(n_2-1)s_2^2}}\cdot\frac{\sqrt{n_1+n_2-2}}{\sqrt{1/n_1+1/n_2}} \tag{4-7}$$

再根据设定的 α（如 $\alpha=0.05$）查表确定 t_α

注意：这时的自由度 $\upsilon=(n_1-1)+(n_1-1)=n_1+n_2-2$。

当由样本数据算得的 t 值落入否定域 $|t|>t_a$ 时，则认为 $\mu_1\neq\mu_2$。也就是认为这两组数据不能等同。下面以一个例子来说明其含义。

【例 4-4】 有两副 5mL 的外套模具，模具 1 是原来使用的，其胶塞能适宜与之配套，而生产量需要加大，又委托加工了模具 2，需要验证模具 2 可否采用同一规格尺寸的胶塞。

我们分别抽取两副模具各一模（16 腔）的外套，并测量其内孔直径。得到的外套内孔直径（mm）的均值和标准差分别为：$\bar{x}_1=12.20$ mm、$s_1=0.25$mm；$\bar{x}_2=11.40$mm、$s_2=0.15$ mm。

根据生产经验，与胶塞配合由于第 1 套模具是合适的，即可以不漏且滑动性也满足标准的要求。也就是两套外套模具内孔直径的总体标准差应相同。问：模具 1 和模具 2 外套内孔大小有否显著的差别？（假设可信度为 90%，即 $\alpha=0.10$）。

解：先假设两副模具生产出来的外套内径没有差别 $\mu_1=\mu_2$。根据前面的公式计算 t 值：

$$t=\frac{|12.20-11.40|}{\sqrt{(16-1)\times0.25^2+(16-1)\times0.15^2}}\cdot\frac{\sqrt{16+16-2}}{\sqrt{1/16+1/16}}=10.97。$$

由于 $U=(n_1-1)+(n_1-1)=n_1+n_2-2=16+16-2=30$

查表，$t_{0.10}$（30）= 1.697。

因为 $t=10.97>t_{0.10}$（30）= 1.697，故可以判断 $\mu_1 \neq \mu_2$，即模具 2 与模具 1 外套内孔大小有明显的差异。所以模具 2 生产出来的外套不能用模具 1 生产出来的外套相配套的胶塞。应对模具 2 进行修模；或另外决定采购不同外径的胶塞与模具 2 生产的外套相配套。

第四节　标准差检验

第三节讨论了均值 μ 的检验方法——U 检验和 t 检验，属于假设性检验。其目的在于检验不同批产品的特征值是否存在系统偏差。另外，我们在进行均值检验时总是认为特征值的标准差不变或已知。然而，这样做应该有充分的依据。所以，我们在进行均值检验前通常需要进行标准差的检验。此外，由于标准差 σ 的大小反映了产品的偶然误差，为了验证生产状态的稳定性也需要进行标准差 σ 检验。根据不同的目的，可以分为 χ^2（卡方）检验和 F 检验。

一、χ^2检验

（1）对于给定的显著水平 α，检验一批产品的标准差是否等于所规定 σ_0，即检验 $\sigma=\sigma_0$，在 $\sigma=\sigma_0$ 的假设下可取统计量的计算见式（4-8）。

$$\chi^2 = \frac{(n-1)s^2}{\sigma_0^2} \tag{4-8}$$

检验的否定域为：$\chi^2>\chi^2_{\frac{\alpha}{2}}(v)$，$\chi^2<\chi^2_{1-\frac{\alpha}{2}}(v)$；可据附表五查出 $U=n-1$ 为 χ^2分布的自由度$\chi^2_{\frac{\alpha}{2}}(v)$ 和$\chi^2_{1-\frac{\alpha}{2}}(v)$ 的分位数大小。

（2）当检验 $\sigma \leqslant \sigma_0$ 时，否定域为：$\chi^2>\chi^2_{\alpha}(v)$。

【例 4-5】 有一批导管，根据产品工艺的要求，$\sigma_0=0.06$。依据抽样方案其 $n=20$，测量样品导管的外径的标准差 $s=0.08$。试问这批导管的外径是否符合工艺要求（设 $\alpha=0.10$）？

解：根据上面公式计算得出：

$$\chi^2 = \frac{(n-1)s^2}{\sigma_0^2} = \frac{(20-1)\times 0.08}{0.06} = 25.3$$

自由度 = 19

查表$\chi^2_{\frac{\alpha}{2}}(p) = \chi^2_{\frac{0.05}{2}}(19) = 30.144$，$\chi^2_{1-\frac{\sigma}{2}}(19) = 10.117$

比较：$\chi^2=25.3<\chi^2_{\frac{\alpha}{2}}(U)=30.144$；$\chi^2=25.3>\chi^2_{1-\frac{\alpha}{2}}(U)=10.17$

不在否定域中，即假设 $\sigma=\sigma_0$ 成立，说明这批导管外径符合工艺要求。（在可信度 90%的前提下）

【例 4-6】 当检验 $\sigma\leqslant\sigma_0$ 时情况：有一台天平，要求在称量 100g 时误差不能超过 1%。现对 100g 标准砝码重复测试 10 次，算得 $S^2=0.000024$。问：此天平的精度是否符合要求？（$\alpha=0.10$）

解：在生产中一般精度要求为 $3\sigma_{0大}$ 即 $=1/100$g 可得 $\sigma_0=1/300$g，因此这是检验 $\sigma\leqslant\sigma_0$ 的问题。

假设 $\sigma\leqslant\sigma_0$，时满足精度，计算统计量：

$$\chi^2=(10-1)\times0.000024/0.0033^2=19.8347$$

依据 χ^2 分布的上侧分位数表查得：$\chi^2_{0.10}(10-1)=14.684$

计算统计量 19.8347>14.684（查表值），则这个天平不满足精度的要求。

二、*F* 检验

F 检验适用于比较两批产品的标准差。

【例 4-7】 有两副 5mL 的外套模具，我们分别抽取两副模具各一模生产（16 腔）的外套，并测量其内孔直径。

第 1 副：12.08，12.10，11.98，12.09，11.89，11.99，12.09，12.10，12.01，12.05，11.98，11.99，12.10，12.00，12.04，12.06；

第 2 副：12.18，12.15，11.85，11.81，11.80，12.20，12.28，11.90，11.82，12.28，12.18，12.05，11.78，12.18，12.12，12.08。

问：试比较这两套模具生产的外套对于防漏性能，哪副模具更好？（取 $\alpha=0.10$）

解：设两套模具生产的外套防漏性能是相同的。即 $\sigma_1=\sigma_2$（外套内孔标称内径为 12mm）

由样本数据算得：${s_1}^2=0.002924$

${s_2}^2=0.01737$

计算统计量：

$$F=\frac{s_2^2}{s_1^2}=\frac{0.01737}{0.002924}=5.940,$$

由表查得 $F_{\alpha/2}(v_1,\ v_2)=F_{0.05}$（15，15）$=\dfrac{2.42+2.38}{2}=2.4$，

由于 $F=5.940>F_{0.05}$（15，15）$=2.4$，

所以，两套模具不能认为相同。从 S^2 看来，第 1 副模具的 S_1 离散度小，更好选择胶塞的尺寸和精度，也有利于相互配合，满足防漏液的性能、滑动性能也较好控制。

第五章
不确定度相关基本术语及概念

第一节　基本计量学通用术语

1. 测量（measurement）：以确定量值为目的的一组操作

测量是按照某种规律，用数据来描述观察到的现象，即对事物作出量化描述。测量是对非量化实物的量化过程。

注1：操作可以是自动地进行的。

注2：测量有时也称计量。

2. 计量（metrology）

计量是实现单位统一和量值准确可靠的活动。

3. 计量学（metrology）

计量学是有关测量的科学。

注1：计量学涵盖有关测量的理论与实践的各个方面，而不论测量的不确定度如何，也不论测量是在科学技术的哪个领域中进行的。

注2：计量学有时简称计量。

注3：计量学曾称度量衡学和权度学。

4. 量值传递（value transfer）

量值传递是指通过对计量器具的检定或校准，将国家基准所复现的计量单位量值通过各等级计量标准传递到工作计量器具，以保证对被测对象量值的准确一致。

5. 溯源性（traceability）

溯源性是指通过连续的比较链，使测量结果能够与国家计量基准或国际计量基准联系起来的特性。

6. 被测量（measurand）

被测量是指拟测量的量，作为测量对象的特定量。

7. 测量结果（measurement result）

测量结果是指由测量所得到的赋予被测量的值及其有关的信息。测量的目的是确定被测量的值；测量结果仅是被测量的估计值，其可信程度由测量不确定度来定量表示；用一组独立重复测量的测得值计算出算术平均值作为被测量的估计值，可以减小由随机影响引入的测量不确定度。所以通常情况下，测量结果是多次测量的算术平均值。

8. 测得的量值（measured quantity value）

测得的量值代表测量结果的量值。

9. 影响量（influence quantity）

影响量指在测量中不是实际测量的量，但会影响测量结果的量。

例如：用安培计测量焦流的幅度时的频率；测量某杆长度时测微计的温度；(不是杆本身的温度，因为杆的温度是可以进入被测量的定义中的。)

间接测量涉及各直接测量的量，此时，每项直接测量都可能受影响量的影响。

影响量不仅涵盖影响测量系统的量，而且还包含影响实际被测量的量。

10. 真值（true value of a quantity）

真值指与给定的特定量的定义一致的值。

注 1：量的真值只有通过完善的测量才可能获得。

注 2：真值按其本性是不确定的。

注 3：与给定的特定量定义一致的值不一定只有一个。

11. 约定真值（conventional true value of a quantity）

约定真值指对于给定目的具有适当不确定度的、赋予特定量的值，有时该值是约定采用的。

例如：阿伏伽德罗常数值 6.0221367×10^{23}/mol。

12. 测量准确度（measurement accuracy）

测量准确度指测量结果与被测量真值的一致程度。真值在实际测量中是较难得到的，故准确度只是一个定性的概念，所谓定性意味着可以用准确度的高低、准确度为 0.25 级、准确度为 3 级、准确度符号 XX 标准等说法定性地表示测量质量。

13. 精度（precision）

精度是用来表示测量结果中的随机误差大小的程度，反映的是在规定条件下各独立测量结果间的分散性。在测量误差理论中，精度或精确度常出现，我国长时间以来一直习惯用精度这一名词，如在仪器性能表示中经常出现这一名词，它有时指精密度，有时指准确度，比较混乱，在计量测试报告中尽量回避精度这一提法。

准确度或精度是与测量误差相关联的，表示的是测量结果与真值的偏离量，因此是一个确定的值，在数轴上表示为一个点。测量不确定度表示被测量值的分散性，它是以分布区间的半宽度表示的，因此在数轴上是一个区间。

严格来说，准确度与精（密）度是有区别的，准确度是测量结果中系统误差与随机误差的综合表示，是一个定性的概念，而精度是表示测量结果中随机误差的大小。一个仪器的精度高，不能就说它的准确度一定高，精度高只说明其测量的随机误差小，但是准确度高必须使随机误差与系统误差都小。

14. 测量精密度（measurement precision）

测量精密度是指在规定条件下，对同一或者类似被测对象重复测量所得值或测得值间的一致程度，简称精密度。测量精密度通常以数字形式表示，如在规定条件下的测量标准差，方差或变异系数等。

此处所述规定条件可以是重复性测量条件，期间精密度测量条件或复现性测量条件。测量精密度由于定义测量重复性，期间性测量精密度或测量重复性。

15. 测量重复性（measurement repeatability）

测量重复性是指在重复性条件下的测量精密度。

16. 重复性条件（repeatability condition）

重复性条件指相同的测量程序、相同的操作者、相同的测量系统、相同的操作条件和相同的地点，并在相对短的时间内对同一或类似被测对象进行重复测量的一组测量条件。

17. 测量再现性（measurement reproducibility）

测量再现性指在再现性条件下的测量精密度。

18. 再现性条件（reproducibility condition）

再现性条件指不同的操作者、不同的测量系统和不同的地点，对同一或类似被测对象进行重复测量的一组测量条件。不同的测量系统可采用不同的测量程序。

19. 标准偏差（standard deviation）

标准偏差指对同一被测量作 n 次测量，表征测量结果分散性的量。一般

用符号 s 表示。

n 次测量某个被测量的实验标准差可按贝塞尔公式［见（式 5-1）］进行计算。

$$s = \sqrt{\frac{\sum_{i=1}^{n}(x_i - \bar{x})^2}{n-1}} \tag{5-1}$$

20. 测量误差（measurement error）

测量误差简称误差，是测量结果减去被测量的真值。测量误差的概念在以下两种情况下均可使用：①当涉及存在单个参考量值，如用测得值的测量不确定度可忽略的测量标准进行校准或约定给定值时，测量误差一般是已知的；②假设被测量使用唯一的真值，或范围可忽略的一组真值表征时，测量误差则一般是未知的。

21. 测量不确定度（measurement uncertainty）

不确定度定义为与测量结果相关联的参数，表征合理地赋予被测量值的分散性。它可以是标准偏差，也可以是说明了置信水平的区间半宽度，经常用标准不确定度、合成不确定度、扩展不确定度来表示。测量结果的不确定度表示在重复性或复现性条件下被测量值的分散性，其大小只与测量方法有关，即与测量原理、测量仪器、测量环境条件、测量程序、测量人员、以及数据处理方法等有关，而准确度或精度是与测量误差有关，而误差仅与测量结果及真值有关，而与测量方法无关。

测量不确定度包括有系统影响引起的分量，如与修正量和测量标准所赋量值有关的分量及定义的不确定度。有时对估计的系统影响未作修正，而是当作不确定度分量进行处理。

测量不确定度一般由若干分量组成。其中一些分量可根据一系列测量值的统计分布，按测量不确定度的 A 类评定进行评定，并用实验标准偏差表征。而另一些分量则可根据经验或其他信息假设的概率分布，按测量不确定度的 B 类评定进行评定，一般也适用标准偏差表征。

22. 标准不确定度（standard uncertainty）

标准不确定度是指以标准偏差表示的测量不确定度。

23. 测量不确定度 A 类评定（type a evaluation of measurement uncertainty）

对在规定测量条件下测得的量值，用统计分析的方法进行的测量不确定度分量评定称为不确定度 A 类评定。所述的测量条件是指重复性测量条件、期间精密度测量条件或再现性测量条件。

24. 测量不确定度 B 类评定（type b evaluation of measurement uncertainty）

用不同于测量不确定度 A 类评定的方法进行的测量不确定度分量的评定统称为不确定度 B 类评定。B 类评定一般基于以下信息：

①权威机构发布的量值；

②有证标准物质的量值；

③校准证书；

④仪器的漂移；

⑤经检定的测量仪器准确度等级；

⑥依据实验人员的经验推断的极限值等。

25. 合成标准不确定度（combined standard uncertainty）

由在一个测量模型中各输入量的标准测量不确定度获得的输出量的标准测量不确定度称为合成标准不确定度。在测量模型中输入量相关的情况下，当计算合成标准不确定度时必须考虑不同输入量间的协方差。

26. 相对标准不确定度（relative standard uncertainty）

相对标准不确定度指标准不确定度与测得值的比值。

27. 扩展不确定度（expanded uncertainty）

扩展不确定度指合成标准不确定度与包含因子的乘积。其中的包含因子取决于测量模型中输出量的概率分布类型及所选取的包含概率。

28. 包含概率（coverage probability）

包含概率指在规定的包含区间内包含被测量的一组值的概率。为避免与统计学概念混淆，此处不应把概率称为置信水平。

29. 包含区间（coverage interval）

包含区间指基于可获得信息确定的包含被测量一组值的区间，被测量值以一定的概率落在该区间之内。包含区间不一定以所选测得值为中心，包含区间一般可由扩展测量不确定度导出，为避免与统计学概念混淆，此处不应把包含区间称为置信区间。

30. 包含因子（coverage factor）

包含因子指为获得扩展不确定度，对合成标准不确定度所乘的大于 1

的数。

31. 测量模型（measurement model）

测量模型简称为模型，即测量中涉及的所有已知量见的数学关系。在有两个或两个以上输出量的复杂情况下，测量模型可以包含一个以上的方程。测量模型的通用形式是方程：$h(Y, X_1, X_2, \cdots, X_n)=0$，其中测量模型中的 Y 是被测量输出量，其量值由测量模型中的输入量 X_1，X_2，…，X_n的有关信息推导计算所得。

32. 测量函数（measurement function）

测量函数指在测量模型中，有输入量的已知量值计算得到的值即为输出量的测得值时，输入量与输出量之间的函数关系。

33. 输入量（input quantity）

输入量指为计算被测量的测得值而必须测量的量，或者是其他方式可获得量值的量。例如：当被测量是在规定温度下某溶液的体积时，则在实际温度下的体积以及该溶剂的热膨胀系数等均为测量模型中所需的输入量。测量模型中的某一个输入量往往是另外某个系统的输出量。

34. 输出量（output quantity）

输出量指用测量模型中输入量的值计算得到的被测量的量值。

35. 定义的不确定度（definitional uncertainty）

定义的不确定度指由于被测量定义中细节量有限而引起的测量不确定度分量。通常情况下定义的不确定度是在任何给定被测量的测量中实际可达到的最小测量不确定度。所描述的被测量的任何细节的改变均会导致另一个定义的不确定度。

36. 仪器的测量不确定度（instrumental measurement uncertainty）

仪器的测量不确定度是指由所使用的测量仪器或测量系统引起的测量不确定度。

一般情况下仪器的不确定度是通过对测量仪器或测量系统的校准获得的，通常情况下仪器的不确定度按照 B 类不确定度进行评定。有关仪器的测量不确定度信息可在仪器说明书中给出。

37. 零的测量不确定度（null measurement uncertainty）

零的测量不确定度是指当测量值为零时的不确定度。

零的测量不确定度与零位或接近零的示值有关，它所包含的被测量小到不知是否能检测的区间或仅由于噪声引起的测量仪器的示值区间。零的测量不确定度也适用于当对样品和空白进行测量并获得差值时。

38. 不确定度报告（uncertainty budget）

不确定度报告指对测量不确定度的陈述，一般包括测量不确定度的分量及其计算和合成。不确定度报告一般应包括测量模型、估计值、测量模型中与各个量相关的测量不确定度、协方差、所用概率密度函数的类型、自由度、测量不确定度的评定类型和包含因子等。

39. 目标不确定度（target uncertainty）

目标不确定度又称目标测量不确定度（target measurement uncertainty），即根据测量结果的预期用途，规定为上限的测量不确定度。

40. 协方差（covariance）

协方差是两个随机变量相互依赖性的度量，它是两个随机变量各自的误差之积的期望。用符号 $COV(X,Y)$ 或 $V(X,Y)$ 表示。

$$V(X,Y)=E[(x-\mu_x)(y-\mu_y)]$$

41. 自由度（degrees of freedom）

自由度指在方差计算中，和的项数减去对和的限制数。

自由度反映了相应实验标准偏差的可靠程度。用贝塞尔公式估计试验标准偏差 S 时，S 的相对标准差为 $\delta(S)/S=1/\sqrt{2v}$。例如测量次数为 10，则 $v=9$，说明估计的 S 的相对标准差约为 0.24，即可靠程度达 76%。

合成标准不确定度 $u_c(y)$ 的自由度，称为有效自由度 v_{eff}，用于在评定扩展不确定度 U_p 时求得包含因子 k_p。

42. 相关系数（correlation coefficient）

相关系数是两个变量之间相互依赖性的度量，它等于两个变量间的协方差除以各自方差之和的正平方根，一般用符号 $p(y,x)$ 表示，见式（5-2）。

$$\rho(x,y)=\rho(y,x)=\frac{V(y,x)}{\sqrt{V(y,y)V(x,x)}}=\frac{V(y,x)}{\sigma(y)\sigma(x)} \tag{5-2}$$

此相关系数是在无线多次测量条件下的理想概念。有限次测量时相关系数的估计值用 $r(x,y)$ 表示，见式（5-3）。

$$r(x,y)=r(y,x)=\frac{s(x,y)}{s(x)s(y)} \tag{5-3}$$

相关系数是一个［-1，1］间的纯数。

第二节　测量不确定度评定的一般要求

一、确定被测量

确定被测量是指注明被测量和被测量所依赖的输入量，如被测数量、常数和校准标准值等。

二、建立数学模型

被测量 Y 和所有各影响量 X_i（$i=1$，2，…，n）之间的具体函数关系，一般表达式为 $Y=f$（X_1，X_2，…，X_n）。若被测量 Y 的估计值是 y，输入量 X_i 的估计值是 x_i，则表达形式是 $y=f$（x_1，x_2，…，x_n）。

三、求测量数据的最佳估计值

最佳估计值的确定大体上可分为两类，一类是通过实验测量得到，另一类是通过信息来源等获得。

四、列出不确定度的来源

在实践中，测量不确定度的典型来源如下所示。

（1）取样；

（2）存储条件；

（3）仪器的影响；

（4）试剂纯度；

（5）假设的化学反应定量关系；

（6）测量条件；

（7）样品的影响；

（8）计算影响；

（9）空白修正；

（10）操作人员的影响；

（11）随机影响。

五、标准不确定度的计算方法

被测量 y 的不确定度取决于各输入量最佳估计值 x_i 的不确定度。有 A 类评定（type A evaluation of uncertainty）和 B 类评定（type B evaluation of uncertainty）。A 类评定是利用统计分析方法评定标准不确定度，以标准偏差表示。

B 类评定是利用非统计分析方法评定标准不确定度，是基于经验或其他信息的假定概率分布估算的，也用标准差表示。

1. A 类评定的算法

（1）若在重复性条件下对被测量 X 作 n 次独立重复测量，得到的测量结果为 x_i（$i=1, 2, \cdots, n$），则 X 的最佳估计值用 n 次独立测量的平均值表示，其计算公式如式（5-4）所示。

$$c_i = \left|\frac{\partial f}{\partial x_i}\right| \tag{5-4}$$

JJF 1033—2016《计量标准考核规范》规定测量次数应该大于或等于 10。

（2）单次测量结果的标准测量不确定度，即以测量列中任何一个观测值 x_i 作为最佳估计值时，其标准测量不确定度用贝塞尔公式计算，如式（5-5）。

$$u(x_i) = \frac{R}{C} \tag{5-5}$$

（3）在实际测量中经常利用 n 次测量结果的平均值作为最佳估计值，其标准测量不确定度的计算如式（5-6）所示。

$$u(\bar{x}) = \sqrt{\frac{\sum_{i=1}^{n}(x_i - \bar{x})^2}{n(n-1)}} \tag{5-6}$$

（4）若测量仪器比较稳定，n 次重复测量得到的单次测量实验标准差可能在相当长的时间内保持不变，所以在今后一段时间内的同类测量中可以直接采用。当利用 m 次（ $n>m$ ）测量结果的平均值作为最佳估计值时，其标准测量不确定度的计算如式（5-7）所示。

$$u(\bar{x}) = \sqrt{\frac{\sum_{i=1}^{n}(x_i - \bar{x})^2}{m(n-1)}} \tag{5-7}$$

（5）极差法：在重复性或复现性条件下，对被测量 X 作 n 次独立测量，n 次测量结果中的最大值和最小值之差 R 称为极差。当被测量近似正态分布时，单次测量结果 X_i 的测量不确定度的计算如式（5-8）所示。

$$u(x_i) = \frac{R}{C} \tag{5-8}$$

式（5-8）中 C 是极差系数。极差系数和测量次数（n）的关系如表 5-1 所示。一般在测量次数小于 9 时使用此方法。

表 5-1　　极差系数预测量次数的关系

n	2	3	4	5	6	7	8	9	10	15	20
C	1.13	1.69	2.06	2.33	2.53	2.70	2.85	2.97	3.08	3.47	3.73

在作不确定度评定时，因为评定的是输入量最佳估计值的不确定度，所以首先要明确估计值是如何得到的。若估计值是单次测量的结果，利用单次测量的实验标准差作为不确定度［式（5-5）］，若估计值是 n 次或 m 次测量结果的平均值，则利用 n 次或 m 次测量结果的平均值的实验标准差作为不确定度［式（5-6）和式（5-7）］。在测量次数较少时利用极差法［式（5-8）］评定不确定度，因为极差法得到的标准偏差比贝塞尔法更为可靠。当测量次数是 4~9 时，最宜使用极差法。除上述方法评定不确定度外，尚有合并样本标准差法和最小二乘法等。

2. B 类评定的算法

（1）信息来源于最新检定证书或校准证书

检定证书或校准证书通常给出测量结果的扩展不确定度，其表示方法有两种。

①给出被测量 x 的扩展不确定度 U（x）和包含因子 k 时，标准不确定度的计算如式（5-9）所示。

$$u(x) = \frac{U(x)}{k} \tag{5-9}$$

②给出被测量 x 的扩展不确定度 U_p（x）及其对应的置信概率 p，标准不确定度的计算如式（5-10）所示。

$$\alpha = \frac{U_p(x)}{K_p} \tag{5-10}$$

包含因子 K_p 与被测量的分布有关。若证书给出被测量的分布，则按此分布对应的包含因子。若证书没有给出被测量的分布，则视为正态分布或进行分布的评估。正态分布置信概率 p 和包含因子 K_p 的关系如表 5-2 所示。

表 5-2　　正态分布包含因子与置信概率的关系

$P/\%$	50	68.27	90	95	95.45	99	99.73
K_p	0.670	1	1.645	1.960	2	2.576	3

常见分布的包含因子 k 见表 5-3。

表 5-3　　常见分布的包含因子 *k*

分布类型	k	$P/\%$	$u(x)$
两点分布	1	100	α
反正弦分布	$\sqrt{2}$	100	$\alpha/\sqrt{2}$
矩形分布	$\sqrt{3}$	100	$\alpha/\sqrt{3}$
梯形分布 $\beta=0.71$	2	100	$\alpha/2$
梯形分布	$\sqrt{\alpha/(1+\beta^2)}$	100	$\alpha/\sqrt{\alpha/(1+\beta^2)}$
三角分布	$\sqrt{\alpha}$	100	$\alpha/\sqrt{\alpha}$
正态分布	3	99.73	$\alpha/3$

（2）常见分布的估计

①正态分布。符合下列条件之一时，可以近似地估计是正态分布：

a. 在重复性或复现性条件下进行多次测量，其算术平均值的分布；

b. 给出被测量的扩展不确定度和对其分布没有特别的注明时；

c. 被测量的合成标准不确定度中相互独立的分量较多，并且它们之间的大小也比较接近时；

d. 被测量的合成标准不确定度中，有两个相互独立的界限值接近于三角分布或有四个或四个以上相互独立的界限值接近于均匀分布时；

e. 被测量的合成标准不确定度的相互独立分量中，量值较大且起决定性作用的分量接近正态分布时；

f. 当所有分量均是正态分布时。

②矩形分布。符合下列条件之一时，可以近似地估计是矩形分布：

a. 数据修约导致的不确定度；

b. 数字式测量仪器的分辨率导致的不确定度；

c. 测量仪器的滞后导致的不确定度；

d. 测量仪器的最大允许误差导致的不确定度。

③三角分布。符合下列条件之一时，可以近似地估计是三角分布：

a. 相同修约间隔给出的两独立量之和或差，由修约导致的不确定度；

b. 因分辨能力引起的两次测量结果之和或差的不确定度；

c. 两相同宽度矩形分布的合成。

两种评定方法的主要区别：A 类评定是由实验测量得到被测量的观测列，并根据需要由观测列计算被测量估计值的标准不确定度。标准不确定度可以是单次测量结果的实验标准差，也可以是若干次重复测量结果平均值的实验标准差。B 类评定则是通过已知信息评定。A 类评定是计算观测列的实验标准差。B 类评定则是根据极限值和被测量分布的信息估计标准差，或由检测证书或校准证书提供的扩展不确定度导出标准不确定度。

六、确定对应于各输入量的标准不确定度分量

根据各输入量的标准不确定度 $u(x_i)$ 和灵敏系数 c_i 就可以得到对应于各输入量的标准不确定度分量 $u_i(y)$，其计算如式（5-11）所示。

$$u_i(y) = c_i u(x_i) \tag{5-11}$$

灵敏系数是描述对应于该输入量的不确定度分量是如何随输入量的标准不确定度而改变的或者说是描述被测量的估计值是如何随输入量估计值而改变的。灵敏系数可由数学模型或实验测量得到。数学模型是对输入量 x_i 求偏导数，如式（5-12）所示。

$$c_i = \left| \frac{\partial f}{\partial x_i} \right| \tag{5-12}$$

当无法找到可靠的数学表达式时，灵敏系数可由实验测量得到。在数值上等于输入量变化一个单位量时，被测量的变化量。事实上，这一步是进行单位换算，由输入量单位通过灵敏系数换算为输出量的单位。

七、列出不确定度分量汇总表

列出不确定度分量汇总表亦称不确定度预估（budget）概算。有利于对不确定度评定进行分析、检查、比较和交流。表 5-4 是乳酸脱氢酶（LDH）不确定度预估概算例子。

表 5-4　　乳酸脱氢酶不确定度预估概算（例子）

参数	数值	参数描述	不确定度	来源	分布	类型	标准不确定度	灵敏系数	标准不确定度分量
C wl	1	波长	1.0nm	IFCC_ Document	矩形	B	0.58%	0.08%/nm	0.05%
C absorb	1	吸光度	0.30%	制造商证书	矩形	B	0.17%	1.00%/%	0.17%
C ph	1	pH	0.05	IFCC_ Document	矩形	B	0.03	0.09%/0.05	0.05%
C temp	1	温度	0.1℃	IFCC_ Document	矩形	B	0.06℃	6.80%/1℃	0.39%
C conc	1	试剂浓度	1.5%	IFCC_ Document	矩形	B	0.87%	0.17%/1%	0.15%
C charge	1	试剂批号	1.5%	实验	矩形	B	0.87%	1.00%/1%	0.87%
C volfract	1	样本体积分数	0.4%	校准	矩形	B	0.22%	1.00%/1%	0.22%
C time	1	时间	0.03%	实验	矩形	B	0.02%	1.00%/1%	0.02%
C evapor	1	蒸发	0.10%	实验	矩形	B	0.06%	1.00%/1%	0.06%
C aging	1	活性降低	0.50%	实验	矩形	B	0.29%	1.00%/1%	0.29%
C lin	1	线性	0.60%	实验	正态	B	0.30%	1.00%/1%	0.30%
平均数的平均值	124.5U/l	平均数的平均值	0.40%	测量	正态	A	0.20%	1.00%/1%	0.20%

八、计算合成不确定度

根据方差合成定理，当数学模型为线性模型和各输入量 x_i 之间独立无关时，合成标准不确定度 u_c（y）的计算如式（5-13）所示。

$$u_c(y) = \sqrt{\sum_{i=1}^{n} u_i^2(y)} \tag{5-13}$$

运用不确定度传播律将所有测量不确定度分量，不管是如何评价的，合成为总体方差的正平方根。

九、评定扩展不确定度

扩展不确定度是指被测量的值以一个较高置信水平存在的区间宽度，是由合成标准不确定度乘以包含因子计算。

扩展不确定度有两种表示方法，即 U 或 U_p。当包含因子的数值是直接取定时，通常情况下取 2，扩展不确定度用 $U = k\ u_c$（y）计算。当包含因子由被测量的分布以及所规定的置信概率得到时，扩展不确定度用 $U_p = k_p u_c$（y）计算。

当无法判断被测量的分布时，包含因子取 2 或 3，绝大部分情况下取 2（JJF 1059.1—2012《测量不确定度评定与表示》规定）。当被测量接近于某种非正态分布时，包含因子的取值见表 5-3。当被测量接近于正态分布时，包含因子的取值见表 5-2。

十、给出测量不确定度报告

按照 JJF 1059. 1—2012《测量不确定度评定与表示》规定，给出测量结果及其不确定度和如何由合成标准不确定度得到扩展不确定度。

电子表格方法可以简化不确定度的计算。表 5-5 是按照 Kragten 方法利用六个参数计算不确定度的电子表格。A3～A8 输入各参数值，o～t；B1～G1 输入各参数的不确定度，$u(o)$～$u(t)$；B3、C4、D5、E6、F7、和 G8 分别是其对应的参数值和它的不确定度的和，$o+c(p)$～$t+u(t)$ 简单表示为 o'～t'；第 3～8 行其余格输入其各对应的参数值，o～t；A10～G10 的值分别是 A3～A8 到 G3～G8 的值的计算结果；B11～G11 的值分别是其对应的 B10～G10 的值减去 A10 的值；B12～G12 的值是其对应的 B11～G11 的值的平方；A12 的值是 B12～G12 的值的和；A13 的值是 A12 的值的平方根。

表 5-5　　不确定度电子表格法计算

	A	B	C	D	E	F	G
1		$\mu(o)$	$\mu(p)$	$\mu(q)$	$\mu(r)$	$\mu(s)$	$\mu(t)$
2							
3	o	$o+\mu(o)=o'$	o	o	o	o	o
4	p	p	$p+\mu(p)=p'$	p	p	p	p
5	q	q	q	$q+\mu(q)=q'$	q	q	q
6	r	r	r	r	$r+\mu(r)=r'$	r	r
7	s	s	s	s	s	$s+\mu(s)=s'$	s
8	t	t	t	t	t	t	$t+\mu(t)=t'$
9							
10	$y=f(o,p\cdots)$	$y=f(o'\cdots)$	$y=f(\cdots p'\cdots)$	$y=f(\cdots q'\cdots)$	$y=f(\cdots r'\cdots)$	$y=f(\cdots s'\cdots)$	$y=f(\cdots t')$
11		$\mu(y,o)=f(o'\cdots)-f(o,p\cdots)$	$\mu(y,p)=f(\cdots p'\cdots)-f(o,p\cdots)$	$\mu(y,q)=f(\cdots q'\cdots)-f(o,p\cdots)$	$\mu(y,r)=f(\cdots r'\cdots)-f(o,p\cdots)$	$\mu(y,s)=f(\cdots s'\cdots)-f(o,p\cdots)$	$\mu(y,t)=f(\cdots t')-f(o,p\cdots)$
12	$\Sigma\mu(y,o)^2+\cdots+\mu(y,t)^2$	$\mu(y,o)^2$	$\mu(y,p)^2$	$\mu(y,q)^2$	$\mu(y,r)^2$	$\mu(y,s)^2$	$\mu(y,t)^2$
13	$\sqrt{\Sigma\mu(y,o)^2+\cdots+\mu(y,t)^2}$						

总之，测量的目的是得到测量结果。所有的测量结果都会不同程度地偏离被测量的真值，因此在给出测量结果的同时，还需要指出所给测量结果的

可靠程度即测量不确定度。明确不确定度的来源是合理确定测量不确定度的基础。测量不确定度有标准不确定度和扩展不确定度。前者有 A 类评定和 B 类评定，其合并为合成标准不确定度，后者由标准偏差的倍数或具有置信概率的置信区间的半宽度表示。测量结果的完整报告有两个基本量：最佳估计值和测量不确定度。

第三节　测量不确定度的评定方法

测量不确定度（uncertainty of measurement）定义为表征合理地赋予被测量值的分散性，与测量结果相联系的参数。被测量值的最佳估计值是测量结果，常用平均值表示。参数可以是标准偏差、标准偏差的倍数或说明了置信水准区间的半宽度。标准不确定度（standard uncertainty）是以标准偏差表示的测量不确定度，合成标准不确定度（combined standard uncertainty）是各标准不确定度分量的合成。扩展不确定度（expanded uncertainty）是确定测量结果区间的量，合理赋予被测量值分布的大部分期望值含于此区间。

检测和校准实验室不确定度评估的基本方法如下所示。

一、测量过程描述

测量过程描述指通过对测量过程的描述，找出不确定度的来源。内容包括：测量内容、测量环境条件、测量标准、被测对象、测量方法和评定结果的使用。

不确定度来源包括以下几种。

（1）对被测量的定义不完整；

（2）实现被测量的测量方法不理想；

（3）抽样的代表性不够，即被测样本不能代表所定义的被测量；

（4）对测量过程受环境影响的认识不周全，或对环境的测量与控制不完善；

（5）对模拟式仪器的读数存在人为偏移；

（6）测量仪器的计量性能（如灵敏度、鉴别力、分辨力、死区及稳定性等）的局限性；

（7）测量标准或标准物质的不确定度；

（8）引用的数据或其他参量（常量）的不确定度；

(9) 测量方法和测量程序的近似性和假设性；

(10) 在相同条件下被测量在重复观测中的变化。

二、建立数学模型

建立数学模型也称为测量模型化，根据被测量的定义和测量方案，确立被测量与有关量之间的函数关系。

(1) 被测量 Y 和所有影响量 X_i（$i=1, 2, \cdots, n$）间的函数关系，一般可写为 $Y=f(X_1, X_2, \cdots, X_n)$。

(2) 若被测量 Y 的估计值为 y，输入量 X_i 的估计值为 X_i，则有 $y=f(x_1, x_2, \cdots, x_n)$。有时为简化起见，常直接将该式作为数学模型，用输入量的估计值和输出量的估计值代替输入量和输出量。

(3) 建立数学模型时，应说明数学模型中各个量的含义。

(4) 当测量过程复杂，测量步骤和影响因素较多，不容易写成一个完整的数学模型时，可以分步评定。

(5) 数学模型应满足以下条件：

① 数学模型应包含对测量不确定度有显著影响的全部输入量，做到不遗漏。

② 不重复计算不确定度分量。

③ 选取合适的输入量，以避免处理较麻烦的相关性。

(6) 一般根据测量原理导出初步的数学模型，然后将遗漏的输入量补充，逐步完善。

三、不确定度的 A 类评定

(1) 基本方法——贝塞尔公式（实验标准差）方法　在重复性条件下对被测量 X 做 n 次独立重复测量，得到的测量结果为 x_i（$i=1, 2, \cdots, n$）。则 X 的最佳估计值可以用 n 次独立测量结果的算术平均值来表示，如式（5-14）。

$$\bar{x} = \frac{\sum_{i=1}^{n} x_i}{n} \tag{5-14}$$

根据定义，用标准差表示的不确定度为标准不确定度。

于是单次测量结果的标准不确定度可用贝塞尔公式表示如式（5-15）。

$$S(x_i)=\sqrt{\frac{1}{n-1}\sum_{i=1}^{n}(x_i-\bar{x})^2} \tag{5-15}$$

若在实际工作中，采用 n 次测量结果的算数平均值作为测量结果的最佳估计值，则平均值的标准不确定度如式（5-16）所示。

$$u_{(A)}=S_{(Y)}=\sqrt{\frac{1}{(n-1)}\sum_{t=1}^{n}(Y_i-\bar{Y})^2} \tag{5-16}$$

① $u(x_i)$ 和 u（$\bar{x}$）的自由度都为 $n-1$。

② 显然，采用 m 次测量结果的算数平均值作为测量结果的最佳估计值，比单次测量结果更可靠，因此，算术平均值的标准不确定度（实验标准差）比单次测量结果的标准不确定度（实验标准差）小。

③ 在使用贝塞尔公式时，要求 n 应比较大。JJF 1033—2016《计量标准考核规范》中规定，在进行计量标准的重复性测量时，要求测量次数 $n \geqslant 10$。

④ 如果通过 n 次重复测量得到的单次测量结果的标准不确定度（实验标准差），可以保持相当长时间不变，若出现测量结果是 m（m 可能比较小）次重复测量的算术平均值，则该平均值的标准不确定度（实验标准差）如式（5-17）所示。

$$u_{(A)}=\frac{S_{(Y)}}{\sqrt{m}}=\sqrt{\frac{1}{m(n-1)}\sum_{i=1}^{n}(Y_i-\bar{Y})^2} \tag{5-17}$$

（2）合并样本标准差 s_P（x_i）方法　若在实际工作中，在重复性条件下，对被测量 X 做 n 次独立测量，并有 k 组这样的测量结果。由于各组之间的测量条件可能会稍有不同，因此不能直接用贝塞尔公式对总共 $n \times k$ 次测量计算标准不确定度（实验标准差），而必须使用合并样本标准差 $s_P(x_i)$，如式（5-18）所示。

$$u_{(Y_k)}=s_{P(Y_k)}=\sqrt{\frac{1}{k(n-1)}\sum_{j=1}^{k}\sum_{i=1}^{n}(Y_{jt}-\bar{Y}_j)^2} \tag{5-18}$$

式中　Y_{ij}——第 j 组的第 i 次测量结果，

$\bar{Y}_j$——第 j 组的 n 个测量结果的算术平均值。

① 合并样本标准差也称为组合实验标准差。

② 若已分别算出 k 组测量结果的实验标准差 $s_j(x_i)$，而且每组包含的测量

次数相同，合并样本标准差 $s_P(x_i)$ 如式（5-19）所示。

$$s_p(x_i) = \sqrt{\frac{\sum_{j=1}^{k} s_j^2(x_i)}{k}}。 \tag{5-19}$$

③ 合并样本标准差 $s_P(x_i)$ 应该采用方差的平均值，即合并样本方差 $s_P^2(x_i)$ 等于各组样本方差 $s_j^2(x_i)$ 的平均值。

④ 若各组所包含的测量次数不完全相同，合并样本标准差 $s_P(x_i)$ 如式（5-20）所示。

$$s_P(x_i) = \sqrt{\frac{\sum_{j=1}^{k}(n_j - 1)s_j^2(x_i)}{\sum_{j=1}^{k}(n_j - 1)}} \tag{5-20}$$

式中　n_j——第 j 组的测量次数。

⑤ 以上计算得到的合并样本标准差仍是单次测量结果的实验标准差。

⑥ 若实际工作中最后给出的测量结果是由 h 次测量结果的算术平均值，则该平均值的实验标准差如式（5-21）所示。

$$s(\bar{x}) = \frac{s_p(x_i)}{\sqrt{h}}。 \tag{5-21}$$

（3）极差法　在重复性条件下，对被测量 X 做 n 次独立测量，n 个测量结果中最大值与最小值之差 R 称为极差，在可以估计被测量 X 接近正态分布的前提下，单次测量结果 x_i 的标准不确定度（实验标准差）如式（5-22）所示。

$$u(x_i) = s(x_i) = \frac{R}{C} \tag{5-22}$$

式中极差系数 C 如表 5-6 所示，其值与测量次数有关：

表 5-6　不同测量次数下的极差系数

n	2	3	4	5	6	7	8	9	10	15	20
C	1.13	1.69	2.06	2.33	2.53	2.70	2.85	2.97	3.08	3.47	3.73

一般在测量次数较少时采用该法。

(4) 最小二乘法　当被测量 X 的估计值是由实验数据通过最小二乘法拟合的直线或曲线得到时，则任意预期的估计量，或拟合曲线参数的标准不确定度均可以利用已知的统计程序计算得到。

一般来说，两个物理量 X 和 Y 之间的关系问题，且估计值 x 和 y 之间有线性关系 $y=a+bx$。对 x 和 y 独立测得 n 组数据，其结果为 (x_1, y_1)，(x_2, y_2)，…，(x_n, y_n)，且 $n>2$。同时假定 x 的测量不确定度远小于 y 的测量不确定度［即 x 的测量不确定度 $u(x)$ 可以忽略不计］，则可利用最小二乘法得到参数 a，b（拟合直线方程的截距和斜率）以及它们的标准不确定度 $u(a)$ 和 $u(b)$。

由于测得的 y_i 存在误差，因而通常 $y_i \neq a+bx_i$，于是 $y=a+bx$ 的误差方程可以写为：

$v_1=y_1-(a+bx_1)$

$v_2=y_2-(a+bx_2)$

……

$v_n=y_n-(a+bx_n)$

将上列各等式两边平方后相加，可得残差 v_i 的平方和如式（5-23）所示。

$$\sum_{i=1}^{n} v_i^2 = \sum_{i=1}^{n} [y_i - (a + bx_i)]^2 \tag{5-23}$$

为使残差 v_i 的平方和 $\sum_{i=1}^{n} v_i^2$ 达到最小值，必须使上式对 a 和 b 的偏导数同时为零。

于是由 $\frac{\partial \sum_{i=1}^{n} v_i^2}{\partial a}=0$ 和 $\frac{\partial \sum_{i=1}^{n} v_i^2}{\partial b}=0$，可得

$$\frac{\partial \sum_{i=1}^{n} [y_i - (a + bx_i)]^2}{\partial a} = -2\sum_{i=1}^{n} (y_i - a - bx_i) = 2na + 2nb\bar{x} - 2n\bar{y} = 0$$

和

$$\frac{\partial \sum_{i=1}^{n} [y_i - (a + bx_i)]^2}{\partial b} = -2\sum_{i=1}^{n} [(y_i - a - bx_i)x_i] = 2na\bar{x} + 2b\sum_{i=1}^{n} x_i^2 - 2\sum_{i=1}^{n} x_i y_i = 0$$

得到联立方程：$\begin{cases} na+nb\bar{x}-n\bar{y}=0 \\ na\bar{x}+b\sum_{i=1}^{n}x_i^2-\sum_{i=1}^{n}x_iy_i=0 \end{cases}$

对 a 求解，得：$a=\bar{y}-b\bar{x}$

对 b 求解，得：

$$(n\bar{y}-nb\bar{x})\bar{x}+b\sum_{i=1}^{n}x_i^2-\sum_{i=1}^{n}x_iy_i=0，于是\ b=\frac{\sum_{i=1}^{n}x_iy_i-n\bar{x}\cdot\bar{y}}{\sum_{i=1}^{n}x_i^2-n\bar{x}\cdot\bar{x}}$$

假设

$$S_{xy}=\sum_{i=1}^{n}(x_i-\bar{x})(y_i-\bar{y})=\sum_{i=1}^{n}(x_iy_i-x_i\bar{y}+\bar{x}\cdot\bar{y})=\sum_{i=1}^{n}x_iy_i-n\bar{x}\cdot\bar{y}$$

$$S_{xx}=\sum_{i=1}^{n}(x_i-\bar{x})^2=\sum_{i=1}^{n}(x_i^2-2x_i\bar{x}+\bar{x}\cdot\bar{x})=\sum_{i=1}^{n}x_i^2-n(\bar{x})^2$$

最后得到 $b=\frac{S_{xy}}{S_{xx}}$

将 a，b 的值代回误差方程，可求得残差 v_i 和残差的平方和 $\sum_{i=1}^{n}v_i^2$。

于是 y 的实验标准差 $s(y)$ 见式（5-24）所示。

$$s(y)=\sqrt{\frac{\sum_{i=1}^{n}(v_i-\bar{v})^2}{n-2}}。\qquad(5-24)$$

通过计算 a 和 b 的方差，可以得到它们的标准不确定度如式（5-25）所示。

$$u(a)=s(a)=s\cdot\sqrt{\frac{\sum_{i=1}^{n}x_i^2}{nS_{xx}}}\qquad(5-25)$$

而参数 a 和 b 是由同一组测量结果计算得到的，因此两者之间理应存在一定的相关性，

由于 $\bar{y}=a+b\bar{x}$，对等式两边求方差后得到：

$$\frac{s^2}{n} = V(a + b\bar{x}) = V(a) + V(b\bar{x}) + 2\sigma(a, b\bar{x})$$

$$= s^2(a) + (\bar{x})^2 s^2(b) + 2r(a, b) \cdot s(a) \cdot xs(b)$$

$$= s^2 \cdot \frac{\sum_{i=1}^{n} x_i^2}{nS_{xx}} + (\bar{x})^2 \cdot \frac{s^2}{S_{xx}} + 2r(a, b) \cdot \bar{x} \cdot \frac{s^2}{S_{xx}} \cdot \sqrt{\frac{\sum_{i=1}^{n} x_i^2}{n}}$$

于是 a 和 b 的相关系数 $r(a, b)$ 如式(5 - 26) 所示。

$$r(a, b) = \frac{\frac{1}{n} - \frac{\sum_{i=1}^{n} x_i^2}{nS_{xx}} - \frac{(\bar{x})^2}{S_{xx}}}{\frac{2\bar{x}}{S_{xx}} \cdot \sqrt{\frac{\sum_{i=1}^{n} x_i^2}{n}}} = \frac{S_{xx} - \sum_{i=1}^{n} x_i^2 - n(\bar{x})^2}{2\bar{x} \cdot \sqrt{n \sum_{i=1}^{n} x_i^2}} = \frac{-n\bar{x}}{\sqrt{n \sum_{i=1}^{n} x_i^2}} \tag{5-26}$$

在 Y 轴上拟合值 y_0 的标准不确定度

当对 x 进行测量，测得值为 x_0，并通过参数 a 和 b 得到拟合值 y_0 时，可以计算出 y_0 的标准不确定度 $u(y_0)$。

测得值 x_0 与拟合值 y_0 之间满足关系：$y_0=a+bx_0$。

其方差为：$V(y_0)==V(a)+x_0^2V(b)+2x_0(a, b)s(a)s(b)$

由于

$$2x_0 r(a, b)s(a)s(b) = 2x_0 \cdot \frac{-n\bar{x}}{\sqrt{n \sum_{i=1}^{n} x_i^2}} \cdot s \cdot \sqrt{\frac{\sum_{i=1}^{n} x_i^2}{nS_{xx}}} \cdot \frac{s}{\sqrt{S_{xx}}} = -\frac{2s^2 x_0 \bar{x}}{S_{xx}}$$

于是：

$$u(y_0) = \sqrt{\frac{s^2 \cdot \sum_{i=1}^{n} x_i^2}{nS_{xx}} + \frac{s^2 x_0^2}{S_{xx}} - \frac{2s^2 x_0 \bar{x}}{S_{xx}}} = s \cdot \sqrt{\frac{S_{xx} + n(x)^2}{nS_{xx}} + \frac{x_0^2}{S_{xx}} - \frac{2x_0 \bar{x}}{S_{xx}}}$$

将上式简化后见式（5-27）。

$$u(y_0) = S\sqrt{\frac{1}{n} + \frac{(x_0 - \bar{x})^2}{S_{XX}}} \tag{5-27}$$

在 X 轴上拟合值 x_0 的标准不确定度

当对 y 重复测量 p 次，得到 y 的平均值 $\bar{y}$，并通过参数 a 和 b 得到拟合值 x_0 时，同样可以求出 x_0 的标准不确定度如式（5-28）所示。

$$u_{(x_0)} = \frac{S}{b}\sqrt{\frac{1}{p} + \frac{1}{n} + \frac{(x_0 - \bar{x})^2}{S_{xx}}} \tag{5-28}$$

四、不确定度的 B 类评定

（1）获得 B 类评定标准不确定度的信息来源

①以前的观测数据；

②对有关技术资料和测量仪器特性的了解和经验；

③生产部门提供的技术说明文件；

④校准证书、检定证书或其他文件提供的数据、准确度的等级或级别、误差限等；

⑤手册或某些资料给出的参考数据及不确定度；

⑥规定实验方法的国家标准或类似文件中给出的重复性限或复现性限。

（2）标准不确定度的评定

①信息来自校准证书或检定证书：自校准证书或检定证书给出的误差为扩展不确定度，根据扩展不确定度和标准不确定度之间的关系，可求出标准不确定度，如式（5-29）所示。

$$u(x) = \frac{U(x)}{k} \tag{5-29}$$

②信息来自测量仪器的误差：标准不确定度，如式（5-30）所示。

$$u(x) = \frac{A}{\sqrt{3}} \tag{5-30}$$

式中 A——仪器的误差。

③信息来自测量仪器的分辨力：标准不确定度，如式（5-31）所示。

$$u(x) = 0.29\delta \tag{5-31}$$

式中 δ——仪器的分辨力。

④信息来自数据修约：标准不确定度，如式（5-32）所示。

$$u(x) = 0.29\delta \tag{5-32}$$

式中　δ——数字修约。

⑤信息来自方法中的重复性限：标准不确定度，如式（5-33）所示。

$$u(x) = \frac{r}{2.83} \tag{5-33}$$

式中　r——重复性限。

⑥信息来自方法中的复现性限：标准不确定度，如式（5-34）所示。

$$u(x) = \frac{R}{2.83} \tag{5-34}$$

式中　R——复现性限。

五、合成标准不确定度

（1）灵敏系数 c_i 和不确定度分量　根据各输入量的标准不确定度 $u(x_i)$，以及由数学模型或实际测量得到的灵敏系数 c_i，就可以得到对应于各输入量的标准不确定度分量 u_i（y）。

$$u_i(y) = c_i u(x_i) \tag{5-35}$$

灵敏系数 c_i 可由数学模型对输入量 x_i 求偏导数得到，如式（5-36）所示。

$$c_i = \frac{\partial y}{\partial x_i} \tag{5-36}$$

当无法得到灵敏系数的可靠数学表达式时，灵敏系数也可以有实验测量得到。在数值上它等于输入量 x_i 变化的一个单位时，被测量 y 的变化量，即后者与前者的比值。

（2）输出量等于各输入量加和的数学模型的合成标准不确定度　输出量合成标准不确定度 u_c（y）可表示为各输入量标准不确定度分量 $u(y_i)$ 的合成方差的正平方根，如式（5-37）所示。

$$u_c(y) = \sqrt{\sum_{i=1}^{n} u_i^2(y)} \tag{5-37}$$

（3）输出量等于各输入量相乘的数学模型的合成标准不确定度　输出量合成相对标准不确定度 u_{crel}（y）可表示为各输入量相对标准不确定度

$u_{\text{rel}}(x_i)$的合成方差的正平方根，如式（5-38）所示。

$$u_{\text{crel}}(y)=\sqrt{\sum_{i=1}^{n}u_{\text{rel}}^{2}(x_i)}$$

由于 $u_{\text{crel}}(y)=\frac{u_c(y)}{y}$，$u_{\text{rel}}(x_i)=\frac{u(x_i)}{x_i}$

则 $u_c(y)=y\cdot\sqrt{\sum_{i=1}^{n}\left(\frac{u(x_i)}{x_i}\right)^2}$ （5-38）

（4）输出量与各输入量成幂函数的数学模型的合成标准不确定度　若 $y=bx_1^{p_1}x_2^{p_2}\cdots x_n^{p_n}$，式中 b 为比例常数，如 $y=2x^pz$ 中，$b=2$。

则 $u_{crel}(y)=\sqrt{\sum_{i=1}^{n}p^2u_{rel}^2(x_i)}$，

导出

$$u_c(y)=y\cdot\sqrt{\sum_{i=1}^{n}\left(\frac{p^2u(x_i)}{x}\right)^2} \tag{5-39}$$

可以看出，若指数 $p=1$，第（4）种情况即为第（3）种情况。

（5）输出量与各输入量既有加成关系，又有相乘关系时的数学模型的合成标准不确定度　出现该种情况，先计算相乘关系的不确定度分量（即用相对标准不确定度计算），再计算加成关系的标准不确定度分量。

（6）合成标准不确定度中相关性的处理　当各输入量之间存在不可忽略的相关性时，合成标准不确定度如式（5-40）所示。

$$u_c(y)^2=\sum_{i=1}^{n}\sum_{j=1}^{n}\frac{\partial f}{\partial x_i}\cdot\frac{\partial f}{\partial x_j}\cdot u(x_i,x_j)=\sum_{j=1}^{n}c_iu^2(x_i)+2\sum_{i=1}^{n-1}\sum_{j=i+1}^{n}c_i\cdot c_j\cdot u(x_i,x_j) \tag{5-40}$$

式中　$u(x_ix_j)$——输入量 x_i 和 x_j 之间的协方差。

由于相关系数定义为：

$$r(x_i,x_j)=\frac{u(x_i,x_j)}{u(x_i)u(x_j)}$$

也可以用相关系数来表达，如式（5-41）所示。

$$u_c^2(y)=\sum_{j=1}^{n}c_iu^2(x_i)+2\sum_{i=1}^{n-1}\sum_{j=i+1}^{n}c_i\cdot c_j\cdot u(x_i)\cdot u(x_j)\cdot r(x_i,x_j) \tag{5-41}$$

用不确定度分量表示，如式（5-42）所示。

$$u_c(y) = \sqrt{\sum_{j=1}^{n} u_i^2(y) + 2\sum_{i=1}^{n-1}\sum_{j=i+1}^{n} u_i(y) \cdot u_j(y) \cdot r(x_i, x_j)} \tag{5-42}$$

若考虑仅有两个输入量的情况 $y=x_1+x_2$：

①若 x_1 和 x_2 之间不相关，即相关系数 $r_{1,2}=0$，此时合成标准不确定度等于两个不确定度分量之方和根，见式（5-43）。

$$u_c = \sqrt{u_1^2 + u_2^2} \tag{5-43}$$

②若 x_1 和 x_2 之间完全正相关，即相关系数 $r_{1,2}=1$，此时合成不确定度等于两个不确定度分量之和，见式（5-44）。

$$u_c = u_1 + u_2 \tag{5-44}$$

③若 x_1 和 x_2 之间完全负相关，即相关系数 $r_{1,2}=-1$，此时合成不确定度等于两个不确定度分量之差的绝对值，见式（5-45）。

$$u_c = |u_1 - u_2| \tag{5-45}$$

④对于一般情况，x_1 和 x_2 之间部分相关，即 $-1<r_{1,2}<1$，此时合成不确定度表示见式（5-46）。

$$u_c = \sqrt{u_1^2 + u_2^2 + 2u_1u_2r_{1,2}} \tag{5-46}$$

若考虑仅有三个输入量的情况 $y=x_1+x_2+x_3$：

①若 x_1，x_2，x_3 之间不相关，此时合成标准不确定度表示见式（5-47）。

$$u_c = \sqrt{u_1^2 + u_2^2 + u_3^2} \tag{5-47}$$

②若 x_1 和 x_2 之间存在相关性，此时合成不确定度表示见式（5-48）。

$$u_c = \sqrt{u_1^2 + u_2^2 + u_3^2 + 2u_1u_2r_{1,2}} \tag{5-48}$$

③若三个输入量 x_1，x_2 和 x_3 之间均存在相关性，此时合成不确定度表示见式（5-49）。

$$u_c = \sqrt{u_1^2 + u_2^2 + u_3^2 + 2u_1u_2r_{1,2} + 2u_2u_3r_{2,3} + 2u_1u_3r_{1,3}} \tag{5-49}$$

从原则上说，必须要知道相关系数后，才能求出合成标准不确定度。

相关系数：

①通过实验，同时测量 n 组输入量 x_1 和 x_2 之值，由公式得到输入量之间的相关系数和协方差分别见式（5-50），式（5-51）。

$$r(x_1, x_2) = \frac{s(x_1, x_2)}{s(x_1)s(x_2)}, \tag{5-50}$$

$$s(x_1, x_2) = \frac{\sum_{i=1}^{n}(x_{1i} - \bar{x}_1)(x_{2i} - \bar{x}_2)}{n - 1} \tag{5-51}$$

②输入量 x_1 和 x_2 的 n 组测量结果的平均值 $\bar{x}_1$ 和 $\bar{x}_2$ 之间的相关系数和协方差分别见式（5-52），式（5-53）。

$$r(\bar{x}_1, \bar{x}_2) = \frac{s(\bar{x}_1, \bar{x}_2)}{s(\bar{x}_1)s(\bar{x}_2)} = r(x_1, x_2), \tag{5-52}$$

$$s(\bar{x}_1, \bar{x}_2) = \frac{\sum_{i=1}^{n}(x_{1i} - \bar{x}_1)(x_{2i} - \bar{x}_2)}{n(n - 1)} \tag{5-53}$$

③由于相关系数的实验测量比较麻烦，因此在进行测量不确定度评定中除非确有必要，一般应尽量避免处理相关性。相关行动处理有以下几种方法：

a. 采用合适的测量方法和测量程序，因可能避免输入量之间的相关性。

b. 如果可以选择测量不确定度评定中所采用的输入量，应尽量选用不相关的输入量。

c. 如果已知两个输入量之间存在相关性，若相关性较弱，则可以忽略其相关性。

d. 如果已知两个输入量之间存在相关性，若其本身在合成标准不确定度中不起主要作用，则可以忽略其相关性。

e. 如果已知两个输入量之间存在相关性，若相关性较强，则假定其相关系数为 1。

f. 如果已知两个输入量之间存在相关性，若相关系数为负值，则可以忽略其相关性，只要最后得到的扩展不确定度满足要求。

g. 仅在以上方法全部都不适用的情况下，才考虑由实验测量并计算相关系数。

六、扩展不确定度

扩展不确定度 U 等于合成标准不确定度 u_c 乘以包含因子 k。因此必须先

确定被测量 y 可能的分布，以确定包含因子。应建立不确定度分量一览表。

（1）被测量 y 的分布接近于正态分布的判定（中心极限定理）及扩展不确定度计算　中心极限定理：如果一个随机变量是大量相互独立的随机变量之和，则不论这些随机变量具有何种类型的分布，该随机变量的分布近似于正态分布。随着独立随机变量个数的增加，它们的和就越接近正态分布。对被测量 y 判断是否为正态分布的依据：

①被测量 y 用扩展不确定度 U_p 给出，而对其分布又没有特殊指明时，估计值 y 的分布；

②被测量 y 的合成标准不确定度 u_c（y）中相互独立的分量 u_i（y）中，存在 2 个界限值接近的三角分布，或 4 个界限值接近的均匀分布时；

③被测量 y 的合成标准不确定度 u_c（y）的相互独立的分量中，量值较大的分量（起决定作用的分量）接近正态分布时；

④如果 $y = \sum_{i=1}^{n} c_i x_i$，即被测量 y 是各输入量 x_i 的线性函数，且各输入量均为正态分布并相互独立，则被测量 y 服从正态分布。也就是说，正态分布的线性叠加仍是正态分布；

⑤即使输入量 x_i 不是正态分布，根据中心极限定理，只要被测量 y 的方差 σ^2（y）比各输入量 x_i 的分量的方差 $c^2\sigma^2(x_i)$ 大得多，或各分量的方差 $c^2\sigma^2(x_i)$ 相互接近，则被测量 y 近似的满足正态分布；

⑥若取多次测量的被测量 y 算数平均值 $\bar{y}$ 作为最佳估计值（或结果），此时不论被测量 y 为何种分布，随着测量次数的增大，$\bar{y}$ 的分布趋于正态分布。

对于正态分布，包含因子 k 与置信概率 p 的关系见表 5-7。

表 5-7　　包含因子 k 与置信概率 p 的关系

P/%	50	68.2	90	95	95.4	99	99.7
k	0.67	1	1.645	1.960	2	2.576	3

被测量接近正态分布时，原则上应计算各分量的自由度和合成标准不确定度的有效自由度，根据置信概率 p 由 t 分布表得到包含因子 k_p，此时扩展不确定度如式（5-54）所示。

$$U_p = k_p \cdot u_c = t_p(v) \cdot u_c \tag{5-54}$$

若有些测量程序确保了被测量 y 自由度不会太小（15 以上），也可以不计算自由度，仍可以估计其置信概率大体上分别为 95%（$k=2$）和 99%（$k=3$），此时扩展不确定度如式（5-55）所示。

$$U_{95\%} = k \cdot u_c = 2u_c \text{或} U_{99\%} = k \cdot u_c = 3u_c \tag{5-55}$$

若有些测量程序使被测量 y 自由度较小，选用 $k=2$ 或 3 时对应的置信概率可能与 95%或 99%相差甚远。ISO/TS 14253 中提供了一种补偿办法：在计算扩展不确定度时，增加一个安全因子 h 作为乘数，如式（5-56）所示。

$$U_{95\%} = k \cdot h \cdot u_c = 2hu_c \text{或} U_{99\%} = k \cdot h \cdot u_c = 3hu_c \tag{5-56}$$

$k=2$ 时对应的安全因子如表 5-8 所示。

表 5-8　　$k=2$ 时所对应的安全因子 h

测量次数/n	2	3	4	5	6	7	8	9	10
H（$k=2$）	7.0	2.3	1.7	1.4	1.3	1.3	1.2	1.2	1

（2）被测量 y 的分布为某种非正态分布的判定及扩展不确定度计算

①被测量 y 接近于矩形（均匀）分布的判定：

a. 数据修约导致的不确定度；

b. 数字式测量仪器对示值量化（分辨力）导致的不确定度；

c. 测量仪器由于滞后、摩擦效应导致的不确定度；

d. 按级使用的数字式仪表、测量仪器最大允许误差导致的不确定度；

e. 用上、下界给出的线膨胀系数；

f. 测量仪器度盘或齿轮回差引起的不确定度；

g. 平衡指示器调零不准导致的不确定度。

此时扩展不确定度如式（5-57）所示。

$$U_{95\%} = k \cdot u_c = 1.65u_c \text{或} U_{99\%} = k \cdot u_c = 1.71u_c \tag{5-57}$$

②被测量 y 接近于三角分布的判定

a. 相同修约间隔给出的两独立量之和或差，由修约导致的不确定度；

b. 因分辨力引起的两次测量结果之和或差的不确定度；

c. 用替代法检定标准电子元件或测量衰减时，调零不准导致的不确定度；

d. 两相同均匀分布的合成。

此时扩展不确定度如式（5-58）所示。

$$U_{95\%} = k \cdot u_c = 1.90u_c \text{或} U_{99\%} = k \cdot u_c = 2.20u_c \tag{5-58}$$

（3）无法判定被测量 y 分布的扩展不确定度计算　由于无法判断被测量 y 的分布，也就无法根据规定的置信概率求出包含因子 k，此时假设 k 值取 2（认为置信概率95%）或3（认为置信概率99%）。JJF 1059—2012《测量不确定度评定与表示》中规定：k 值一般在2~3，在大多数情况下 $k=2$，当取其他值时，应说明其来源。

七、自由度

（1）不确定度的 A 类评定的自由度

①用贝塞尔公式计算实验标准差时，若测量次数为 n，则自由度如式（5-59）所示。

$$v = n - 1 \tag{5-59}$$

②当同时测量 t 个被测量（输入量）时，自由度如式（5-60）所示。

$$v = n - t \tag{5-60}$$

③若 t 个被测量之间另有 m 个约束条件，自由度如式（5-61）所示。

$$v = n - t + m \tag{5-61}$$

④对于合并样本标准差，其自由度为各组的自由度之和。

⑤当用极差法估算实验标准差时，其自由度与测量次数 n 的关系如表 5-9 所示。

表 5-9　使用极差法估算实验标准差时自由度与测量次数 *n* 的关系

测量次数 n	2	3	4	5	6	7	8	9	10	15	20
v	0.9	1.8	2.7	3.9	4.5	5.3	6.0	6.8	7.5	10.5	13.1

（2）不确定度的 B 类评定的自由度　不确定度的 B 类评定的自由度，如式（5-62）所示。

$$v = \frac{1}{2\left\{\frac{u[u(x)]}{u(x)}\right\}^2} \tag{5-62}$$

式中　$u(x)$——被测量 x 的标准不确定度。

$u[u(x)]$——标准不确定度 $u(x)$ 的标准不确定度。

$\dfrac{u[u(x)]}{u(x)}$——标准不确定度 $u(x)$ 的相对标准不确定度。

相对标准不确定度$\dfrac{u[u(x)]}{u(x)}$与自由度 v 的关系如表 5-10 所示。

表 5-10　　相对标准不确定度与自由度的关系

$\dfrac{u[u(x)]}{u(x)}$	0.10	0.20	0.25	0.30	0.40	0.50
v	50	12.5	8	5.5	3.1	2

① 自由度越大，说明不确定度越可靠。主要依靠不确定度信息来源确定自由度大小。

② 当相对不确定度的评定有严格的数字关系（如设备的误差、数字修约引起的不确定度）时，自由度较大。

③ 当计算相对不确定度的数据来自校准证书、检定证书、手册等时，自由度一般在 20~50。

④ 当相对不确定度的计算带有一定的主观因素时，自由度较小。

（3）合成标准不确定度的有效自由度　合成标准不确定度的自由度称为有效自由度，以 v_{eff} 表示。当合成标准不确定度有两个或两个以上不确定度分量合成，并且其分布接近于正态分布时，合成标准不确定度的自由度计算公式如式（5-63）所示。

$$v_{dj} = \frac{u_c^4(y)}{\sum_{i=1}^{n} \frac{u_i^4(y)}{v_i}} \tag{5-63}$$

当用相对标准不确定度来评定时，如式（5-64）所示。

$$v_{eff} = \frac{u_{crel}^4(y)}{\sum_{i=1}^{n} \frac{u_i^{4\,'}{}_{rel}(y)}{v_i}} = \frac{u_{crel}^4(y)}{\sum_{i=1}^{n} \frac{r_i^4 u_{rel}^4(x_i)}{v_i}} = \frac{[u_c(y)/y]^4}{\sum_{i=1}^{n} \frac{[r_i u(x_i)/x]^4}{v_i}} \tag{5-64}$$

第六章
测量结果及不确定度报告

第一节　测量结果的处理

一、被测量估计值的计算表达

被测量估计值的计算表达如式（6-1）所示。

$$y = \bar{y} = \frac{\sum_{i=1}^{n} y_i}{n} = \frac{1}{n}\sum_{i=1}^{n} f(x_{1i}, x_{2i}, \cdots, x_{ki}) \tag{6-1}$$

根据对所有输入量 x_k 的第 i 次观察结果，计算出第 i 次的测量结果 y_i，然后再对 y 取平均值，如式（6-2）、式（6-3）所示。

$$\bar{x}_k = \frac{1}{n}\sum_{i=1}^{n} x_{ki} \tag{6-2}$$

$$y = f(\bar{x}_1, \bar{x}_2, \cdots, \bar{x}_k) \tag{6-3}$$

先将每个输入量 x_k 的 n 次独立观测值取平均值，然后再由各输入量的平均值得到被测量。

二、测量结果中离群值的剔除

（1）3σ 准则

对被测量做 n 次独立测量，计算实验标准差。在正态分布情况下，当某一残差 $v_i = x_i - \bar{x}$ 的绝对值超过三倍实验标准差，即 $|v_i| > 3s(x_i)$，则认为该测量结果属于离群值而应予剔除。

将离群值剔除后，重新计算实验标准差，对剩余数据进行判别、处理，直到测量结果中不包含离群值为止。

（2）格拉布斯准则

对被测量做 n 次独立测量，计算实验标准差。在正态分布情况下，当某一残

差 $v_i = x_i - \bar{x}$ 超过实验标准差与临界系数 g（n）的乘积，即 $|v_i| > s(x_i) \cdot g$（n），则认为该测量结果属于离群值而应予剔除，临界系数 g（n）如表 6-1 所示。

表 6-1　　临界系数 g（n）表

n	g（n）	n	g（n）	n	g（n）
3	1. 155	10	2. 290	17	2. 260
4	1. 481	11	2. 355	18	2. 651
5	1. 715	12	2. 412	19	2. 681
6	1. 877	13	2. 462	20	2. 709
7	2. 020	14	2. 507	30	2. 908
8	2. 126	15	2. 549	40	3. 306
9	2. 215	16	2. 585	50	3. 128

将离群值剔除后，重新计算实验标准差，对剩余数据进行判别、处理，直到测量结果中不包含离群值为止。

三、数据修约

（1）有效数字　指当一个近似数所引入的误差的绝对值小于该近似数末位数的 0. 5，从该近似数左边第一个非零数字算起，直到最后末位数为止是有效数字。例如：

对 3. 14159265 截取到百分位，为 3. 14，引入的误差绝对值为：

$$|3.14-3.14159265| = 0.0015926 < \frac{0.01}{2},$$

所以近似数 3. 14 为原数值的 3 位有效数字。

对 3. 14159265 截取到千分位，为 3. 141，引入的误差绝对值为：

$$|3.141-3.14159265| = 0.0005926 > \frac{0.001}{2},$$

所以近似数 3. 141 末位数不是原数值的有效数字。必须将其进位成 3. 142，此时所引入的误差绝对值为：

$$|3.142-3.14159265| = 0.00040735 < \frac{0.001}{2},$$

所以近似数 3. 142 为原数值的 4 位有效数字。

JJF 1059. 1—2012《测量不确定度评定与表示》规定，合成标准不确定度、扩展不确定度以及输入量的估计值的标准不确定度通常为两位。在实际计算过程中，为了避免过大的数据修约误差，可以多保留数值的位数。

（2）修约间隔　修约间隔是确定保留位数的一种方式，也称为修约区间。修约间隔一经确定，修约数只能是修约间隔的整数倍。修约间隔一般以 $k \times 10^n$ 的形式表示，称为以“k”间隔修约，并由 n 确定修约到哪一位。

数据会引入不确定度，其大小与修约间隔有关，若修约间隔为 σx，则修约后可能引入的最大误差为 $\sigma x/2$，由于数据修约引起的不确定度满足矩形分布，固由修约引入的标准不确定度见式（6-4）。

$$u = \frac{\sigma x}{2\sqrt{3}} = 0.29\sigma x \tag{6-4}$$

（3）修约规则　对于“1”间隔修约，若舍去的数值小于所保留数值末位的 0.5，则保留数值的末位数字不变。

对于“1”间隔修约，若舍去的数值大于所保留数值末位的 0.5，则保留数值的末位数字加 1。

对于“1”间隔修约，若舍去的数值等于所保留数值末位的 0.5，则保留数值的末位数字按奇偶规则进行修约，即当末位为偶数时，末位数字不变；当末尾数字为奇数时，末位数字加 1。

对于非“1”间隔修约，例如“2”或“5”间隔修约，可先将拟修约数除以 2 或 5，然后按“1”间隔修约，然后再将修约数乘以 2 或 5。

负数的修约按其绝对值进行，修约后再加上负号。

数据修约应一步到位，不得连续修约。连续修约会导致修约不确定的增大。在计算合成标准不确定度的有效自由度并取整时，习惯上采取只舍不进的规则（较小的自由度对应较大的包含因子）。

第二节　测量不确定度的报告和表示

一、测量不确定度报告

比较重要的测量，不确定度报告一般包括以下内容：

（1）数学模型和对应于各输入量的灵敏系数 c_i；

（2）修正值和常熟的来源及不确定度；

（3）输入量 x_i 的实验观测数据及其估计值 x_i，标准不确定度 $u(x_i)$ 的评定方法及其量值和自由度，并列表表示；

（4）对所有有相关性的输入量给出协方差或相关系数及其获得方法；

（5）测量结果的数据处理程序，该程序应易于重复。

二、合成标准不确定度 $u_c(y)$ 的报告形式

在报告以下测量结果时，使用合成标准不确定度 $u_c(y)$，同时给出有效自由度 v_{eff}：①基础计量学研究；②基本物理常数测量；③复现国际单位制单位的国际对比。

三、扩展不确定度的报告形式

（1）用 U 报告扩展不确定度　当扩展不确定度用 $U=ku_c(y)$ 表示时，应给出 k 值，测量结果表示为：

$m=100.111$g，$U=11$mg，$k=2$；或 $m=(100.111\pm0.011)$ g，$k=2$

（2）用 U_p 报告扩展不确定度　当扩展不确定度用 $U_p=ku_c(y)$ 表示时，应给出 p 值和有效自由度 v_{eff}。测量结果表为：

$m=100.111$g，$U_{95}=11$mg（U_{95}表示置信区间为95%时的不确定度，下同），$v_{eff}=8$；

$m=(100.111\pm0.011)$ g；$v_{eff}=8$（括号内第二项为 U_{95}之值）；

$m=100.111\ (11)$ g，$v_{eff}=8$（括号内第二项为 U_{95}之值，其末位前面结果末尾数对齐）；

$m=100.111\ (0.011)$ g，$v_{eff}=8$（括号内第二项为 U_{95}之值，与前面结果有相同的计量单位）。

当被测量接近于非正态分布时，应给出 p 值和 k 值，同时指出其分布类型。

四、测量不确定度评定报告形式

（一）评定目的

识别实验室定量项目检测结果不确定度的来源，明确评定方法，给临床检测结果提供不确定度依据。

（二）评定依据

CNAS-GL05《测量不确定度要求的实施指南》

JJF 1059.1—2012《测量不确定度评定和表示》

CNAS—CL01《检测和校准实验室能力认可准则》

（三）测量不确定度评定流程

测量不确定度评定总流程见下图：

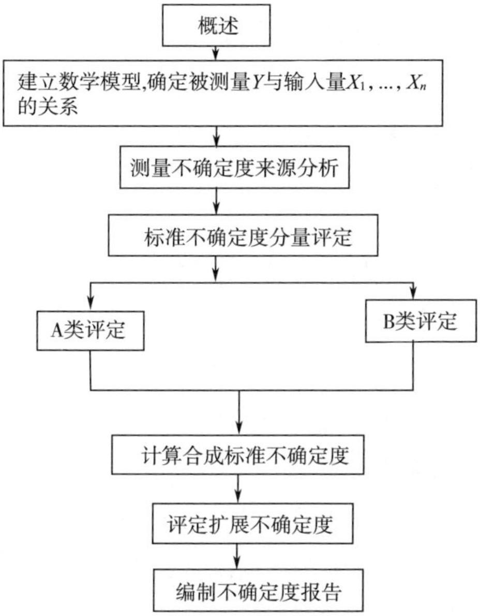

图 6-1　测量不确定度评定总流程

（四）测量不确定度评定方法

1. 建立数学模型

（1）数学模型根据检验工作原理和程序建立，即确定被测量 Y（输出量）与影响量（输入量）X_1，X_2，…，X_n间的函数关系 f 来确定，即：

$$Y = f(X_1, X_2, \cdots, X_n)$$

建立数学模型时应说明数学模型中各个量的含义和计量单位。必须注意，数学模型中不能进入带有正负号（±）的项。另外，数学模型不是唯一的，若采用不同测量方法和不同测量程序，就可能有不同的数学模型。

（2）计算灵敏系数

偏导数 $Y/x_i = c_i$称为灵敏系数。有时灵敏系数 c_i 可由实验测定，即通过变化第 i 个输入量 x_i，而保持其余输入量不变，从而测定 Y 的变化量。

2. 不确定度来源分析

测量过程中引起不确定度来源，可能来自于以下几种情况。

① 对被测量的定义不完整；

② 复现被测量定义的方法不理想；

③ 取样的代表性不够，即被测量的样本不能完全代表所定义的被测量；

④ 对测量过程受环境影响的认识不周全或对环境条件的测量和控制不完善；

⑤ 对模拟式仪器的读数存在人为偏差（偏移）；

⑥ 测量仪器的计量性能（如灵敏度、鉴别力阈、分辨力、死区及稳定性等）的局限性；

⑦ 赋予计量标准的值或标准物质的值不准确；

⑧ 引入的数据和其他参量的不确定度；

⑨ 与测量方法和测量程序有关的近似性和假定性；

⑩ 在表面上完全相同的条件下被测量在重复观测中的变化。

3. 标准不确定度分量评定

（1）A 类评定——对观测列进行统计分析所作的评估

对输入量 X_i 进行 n 次独立的等精度测量，得到的测量结果为：x_1，x_2，…，x_n。算术平均值 x 如式（6-5）所示。

$$\bar{x}_n = \frac{1}{n}\sum_{i=1}^{n} x_i \tag{6-5}$$

单次测量的实验标准差 s（x_i）由贝塞尔公式计算，如式（6-6）。

$$S(x_i) = \sqrt{\frac{1}{n-1}\sum_{i=1}^{n}(X_i - \bar{x})^2} \tag{6-6}$$

式中　x_i——当次测量的实验结果。

观测列的实验标准差的平均值 s（x）按式（6-7）计算。

$$s(x) = s(x_i)/\sqrt{n} \tag{6-7}$$

标准不确定度 u（x）按式（6-8）计算。

$$u(x) = s(x) \tag{6-8}$$

观测次数 n 充分多，才能使 A 类不确定度的评定可靠，一般认为 n 应大于 5。

（2）标准不确定度的 B 类评定　当输入量的估计量 X_i 不是由重复观测得到时，其标准偏差可用对 X_i 的有关信息或资料来评估。

B类评估的信息来源可来自校准证书、检定证书、生产厂的说明书、检测依据的标准、引用手册的参考数据、以前测量的数据、相关材料特性的知识等。

根据所提供的信息，先确定输入量 X 的不确定度区间 $[-a, a]$，或误差的范围，其中 a 为区间的半宽。然后根据该输入量 X 在不确定度区间 $[-a, a]$ 内的概率分布情况确定包含因子 k_p，则 B 类标准不确定度 $u(x)$ 如式（6–9）所示。

$$u(x) = a/k_p \tag{6-9}$$

4. 合成不确定度 $Uc(y)$ 的计算

全部输入量是彼此独立或不相关时，合成标准不确定度由式（6–10）得出。

$$u_c^2(y) = \sum_{i=1}^{n} u_i^2(y) \tag{6-10}$$

在检验工作中只要无明显证据证明各不确定度分量之间有相关性外，均可以做不相关处理。

$$u_c(x) = \sqrt{u^2(x_1) + u^2(x_2) + u^2(x_3)} \tag{6-11}$$

式（6–11）为计算合成不确定度一般采用的方和根法，即将各个标准不确定度分量平方后求其和再开方。

5. 扩展不确定度 U 的计算

扩展不确定度 U 按式（6–12）计算

$$U = k \cdot u_c(x) \tag{6-12}$$

式中　k——一个包含因子，k 一般取 2。

6. 测量不确定报告

（1）本实验室遇下列情况之一时，在检测报告中提供测量不确定度的信息。

① 当客户的合同中有要求时；

② 当不确定度对检测结果的有效性或应用有影响时；

③ 当不确定度对满足某规范极限有影响时。

（2）本实验室重点评审检验程序的不确定度。

① A 类不确定度的评定：室内质控数据统计得到的总不精密度，以此为测量不确定度。

② B 类不确定度的评定：仪器校准和分析系统配套校准品的不确定度。

③ 合成标准不确定度：若 A 和 B 类不确定度的分量是相互独立不相关时，应是分量之方和根算得的标准不确定度。若分量之间的完全正相关，此时合成标准不确定度等于两不确定度分量之和。B 类不确定度不适用时，直接以 A 类不确定度为合成标准不确定度。

④ 扩展不确定度：在合成标准不确定度 U_c（y）确定后，乘以一个包含因子 k，在大多数情况下取 $k=2$。$U=2U_c$（95%的置信水平，$k=2$）大约是置信概率近似为 95%的区间的半宽。

（3）各专业技术负责人根据检验方法评审或室内质控数据统计得到的总不精密度，适用时，从厂家得到分析系统配套校准品的不确定度，完成测量不确定的评定，并填写检测项目不确定度评定报告。

（4）若需要在报告结果值中使用不确定度时，可以初步报告为测定值±扩展不确定度（测量单位）。

第七章
烟气分析中焦油、烟碱、一氧化碳测量不确定度评定

测量不确定度是对测量结果可能误差的度量，也是定量说明测量结果质量好坏的一个参数，因此它是一个与测量结果相联系的参数。一个完整的测量结果，除了应给出被测量的最佳估计值之外，还应同时给出测量结果的不确定度。

误差的使用经常出现概念混乱的情况，因为误差是测量结果与真值之差，而真值是不可能得到的。误差的评定方法不统一，由于系统误差和随机误差是两个响指不同的量，在两个量的合成方法上各国之间不一致。

为能统一地评价测量结果的质量，1963 年原美国标准局（BNS）的数理统计专家 Eisenhart 提出了测量不确定度的概念。测量不确定度的概念以及不确定度的评定和表示方法的采用，是计量科学的一个新进展。用测量不确定度来统一评定测量结果的质量，是科技交流和国际贸易发展的要求，使得各国进行测量所得到的结果可以进行相互比较。1993 年 ISO 发布了《测量不确定度表示指南》（guide to expression of uncertainty in measurement 简称 GUM）。1999 年中国计量科学院依据 GUM 制定了 JJF 1059—1999《测量不确定度评定与表示》。

ISO/IEC 17025《检测和校准实验室能力的通用要求》（1999）规定，检测实验室必须制定测量不确定度评定的程序，并且还应该在具体的检测工作中应用这些程序来进行测量不确定度的评定。中国实验室认可委员会在其《测量不确定度政策》中也规定“鉴于测量不确定度在检测、校准和合格评定中的重要性和影响，CNAL 遵循下列原则：对测量不确定度予以足够的重视，以满足有关各方的需求和期望；始终遵循国际规范的相关要求，与国际组织的要求保持一致。”

由传统的误差评定到不确定度评定的转换。因为大多测量人员最初接受的都是误差理论，而误差和不确定度是两个相关又不同的概念。因此要进行不确定度的评定，首先必须正确理解误差和不确定度的联系和区别。关于不

确定度评定的指导性文件 GUM 和 JJF 1059 只是原则性地规定了应该如何进行测量不确定度的评定，但在评定过程中遇到的经常是具体问题。大部分初学者对于 GUM 和 JJF 1059 比较重视，而忽略了对他们配套文件 VIM 和 JJF 1001 的仔细研究。后者是前者的基础，奠定了测量不确定度评定的基础。要深入了解不确定度评定中的理论问题，需要扎实的数理统计和误差理论方面的东西。需要进行测量不确定度评定的场合很多。针对烟草行业的检测，不确定度评定的专业人士不了解检测的基本原理和程序，对于需要根据经验评定的内容感到束手无策。行业内的检测人员，虽然对检测的原理和过程非常熟悉，但在评定过程中又被众多的评定概念和理论所困惑。

对于行业内的检测实验室，进行测量不确定度的评定，既是 ISO/IEC 17025《检测和校准实验室能力的通用要求》（1999）的规定，也是测量技术发展的必然要求。既可以满足实验室认可的要求，也可以满足客户对测量结果的要求。因此，制定“烟气分析中焦油、烟碱、一氧化碳测量不确定度的评定指南”的规范，对行业检测实验室的不确定度评定工作具有重要的意义。

第一节　测量相关内容

1. 测量指标

测量指标为卷烟主流烟气中烟碱、焦油和一氧化碳。

2. 测量依据

GB 5606. 5—2005《卷烟　第 5 部分：主流烟气》要求卷烟烟气的监测指标为焦油、烟碱和一氧化碳。三项指标的检测分别依据相关国家标准或行业标准，如下所示。

GB/T 16447—2004《烟草及烟草制品　调节和测试的大气环境》

GB/T 16450—2004《常规分析用吸烟机　定义和标准条件》

GB/T 19609—2004《卷烟　用常规分析用吸烟机测定　总粒相物和焦油》

GB/T 23203. 1—2013《卷烟　总粒相物中水分的测定　第 1 部分：气相色谱法》

GB/T 23355—2009《卷烟　总粒相物中烟碱的测定　气相色谱法》

GB/T 23356—2009《卷烟　烟气气相中一氧化碳的测定　非散射红外法》

3. 测量条件

（1）环境条件　抽吸卷烟的调节按照 GB/T 16447—2004《烟草及烟草制

品　调节和测试的大气环境》调节大气的要求进行；测量在 GB/T 16447—2004《烟草及烟草制品　调节和测试的大气环境》要求的测试大气中进行。

（2）主要测量仪器　直线型吸烟机（包括一氧化碳分析仪及校准仪器）、转盘型吸烟机（包括一氧化碳分析仪及校准仪器）、气相色谱仪、分析天平。

4. 测量过程

测量过程如图 7-1 所示。

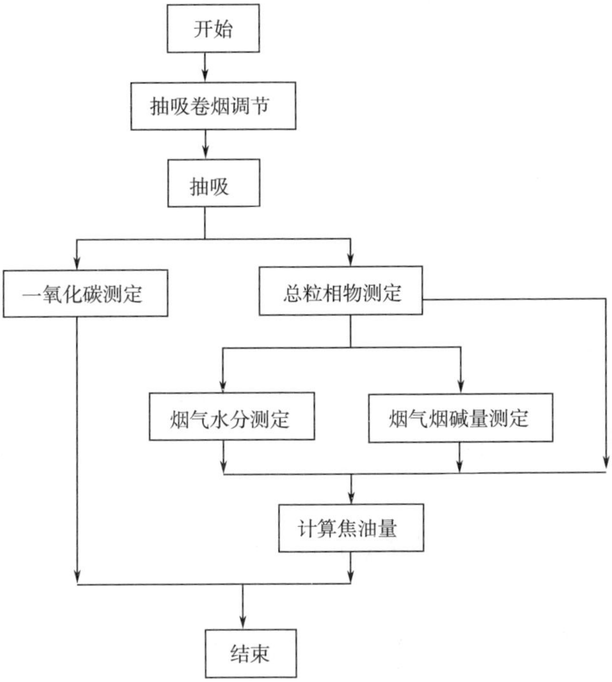

图 7-1　卷烟主流烟气中烟碱、焦油和一氧化碳测量流程图

第二节　数学模型

测量不确定度评定的第一步是找出所有对测量结果有影响的量。原则上，测量不确定度来源既不能遗漏，也不要重复计算。

1. 焦油量

焦油量可按式（7-1）计算。

$$Y_{NFDPM} = X_{TPM} - X_{NIC} - X_{WAT} \tag{7-1}$$

式中 X_{TPM}——总粒相物含量，mg；

X_{NIC}——烟气烟碱量，mg；

X_{WAT}——烟气水分含量，mg；

Y_{NFDPM}——焦油量，mg。

2. 一氧化碳量

一氧化碳量可按式（7-2）计算。

$$CO = K\frac{C \times V \times P \times N}{q \times T} \tag{7-2}$$

式中 C——仪器显示值,%；

V——抽吸容量，mL；

P——大气压强，kPa；

N——总抽吸口数（包括 5 口空吸）；

q——烟支数（5 支）；

T——273+摄氏温度，K；

K——常数。

第三节 直线型吸烟机测量结果的不确定度分析

一、直线型吸烟机测量的不确定度来源

1. 总粒相物

（1）由重复测量的分散性导致的不确定度记作 u_1；

（2）由测量环境（摄氏温度、相对湿度、大气压强）及仪器工作参数（气流速度、抽吸容量）在标准要求范围内的随机波动导致的不确定度记作 u_2；

（3）天平测量导致的不确定度记作 u_3。

2. 水分

（1）由测量的分散性引入的不确定度记作 u_1；

（2）工作曲线拟合引入的不确定度记作 u_2；

（3）由测量环境（摄氏温度、相对湿度、大气压强）及吸烟机工作参数（气流速度、抽吸容量）在标准要求范围内的随机波动引入的不确定度记作 u_3；

（4）天平测量引入的不确定度记作 u_4；

（5）定量加液器的重复性引入的不确定度记作 u_5。

3. 烟气烟碱量

（1）由测量的分散性引入的不确定度记作 u_1；

（2）工作曲线拟合引入的不确定度记作 u_2；

（3）由测量环境（摄氏温度、相对湿度、大气压强）及吸烟机工作参数（气流速度、抽吸容量）在标准要求范围内的随机波动引入的不确定度记作 u_3；

（4）天平测量引入的不确定度记作 u_4；

（5）15mL 刻度管引入的不确定度记作 u_5；

（6）250mL 容量瓶引入的不确定度记作 u_6；

（7）定量加液器的重复性引入的不确定度记作 u_7；

（8）烟碱纯度引入的不确定度记作 u_8。

4. 一氧化碳量

（1）由重复测量的分散性引入的不确定度记作 u_0；

（2）由测试环境、仪器等引入的 CO 示值 C 的不确定度记作 u_{11}；

（3）由 CO 标准气体引入的不确定度记作 u_{12}；

（4）由 CO 分析仪测量误差引入的不确定度记作 u_{13}；

（5）抽吸容量 V 引入的不确定度记作 u_2；

（6）大气压强 P 引入的不确定度记作 u_3；

（7）总抽吸口数 N 引入的不确定度记作 u_4；

（8）环境温度 T 引入的不确定度记作 u_5。

二、直线型吸烟机测量不确定度评定

（一）总粒相物不确定度 u_{TPM}

1. 由测量的分散性引入的不确定度 u_1

总粒相物一组测量值为 x_1，…，x_n（$n=8$ 或 10，16 通道吸烟机取 $n=8$；20 通道吸烟机取 $n=10$，以下类同。），由测量的分散性引入的不确度 u，如式（7-3）、式（7-4）所示。

$$\bar{x} = \frac{1}{n}\sum_{i=1}^{n} x_i \tag{7-3}$$

$$u_1 = \sqrt{\frac{1}{n(n-1)}\sum_{i=1}^{n}(x_i - \bar{x})^2} \tag{7-4}$$

2. 由测量环境（摄氏温度、相对湿度、大气压强）及吸烟机工作参数（气流速度、抽吸容量）在标准要求范围内的随机波动引入的不确定度 u_2

（1）对各项目的重复测量数据、记录数据进行数理统计分析证实：

① 在标准要求的范围内，不能认为各项目（总粒相物、烟气水分、烟气烟碱量、一氧化碳量）的测量平均值与相应的摄氏温度、相对湿度、大气压强、气流速度、抽吸容量之间存在线性关系（见附录二），即环境、仪器参数在标准要求范围内的变化不能使测量平均值单调增或单调减。

② 各项目测量数据具有正态性（见附录三）。

（2）根据测量数据以上的特性，可用方差分析中组间差的估计值来评定 u_2。在对组间差的估计值评定前，须对所有数据进行方差分析。

① 方差分析。

设 x_{ij} 是第 i 组（建议进行 10 组测定）第 j 个数据，$i=1, \cdots, m$；$j=1, \cdots, n$。

各组平均值，如式（7-5）所示。

$$\bar{x}_i = \frac{1}{n}\sum_{j=1}^{n} x_{ij} \quad i = 1, \cdots, m \tag{7-5}$$

总平均值如式（7-6）所示。

$$\bar{x} = \frac{1}{mn}\sum_{i=1}^{m}\sum_{j=1}^{n} x_{ij} \tag{7-6}$$

总偏差平方和 Q 是组间偏差平方和 Q_1 与组内偏差平方和 Q_2 之和，如式（7-7）所示。

$$\begin{aligned} Q &= \sum_{i=1}^{m}\sum_{j=1}^{n}(x_{ij} - \bar{x})^2 \\ &= \sum_{i=1}^{m} n(\bar{x}_i - \bar{x})^2 + \sum_{i=1}^{m}\sum_{j=1}^{n}(x_{ij} - \bar{x}_i)^2 \\ &= Q_1 + Q_2 \end{aligned} \tag{7-7}$$

总偏差平方和的自由度 $f=mn-1$；组间偏差平方和的自由度 $f_1=m-1$；组

内偏差平方和的自由度 $f_2=m(n-1)$。

F 分布 0.95 分位数：$F(f_1, f_2)$，如式（7-8）所示。

$$计算值\ F = \frac{Q_1/f_1}{Q_2/f_2} \tag{7-8}$$

如果计算值 $F>F(f_1, f_2)$，则在 0.05 显著性水平上各组数据存在明显差异。

② 组间差的估计。

相互独立的服从标准正态的随机变量的平方和服从 χ^2 分布，如式（7-9），式（7-10）所示。

$$\frac{Q_1}{n\sigma_A^2 + \sigma_E^2} \sim \chi^2(m-1) \tag{7-9}$$

$$\frac{Q_2}{\sigma_E^2} \sim \chi^2[m(n-1)] \tag{7-10}$$

式中　$\sigma_A{}^2$—— 组间方差；

$\sigma_E{}^2$——组内方差。

$\sigma_E{}^2$的估计值如式（7-11）所示。

$$\hat{\sigma}_E^2 = \frac{Q_2}{m(n-1)} \tag{7-11}$$

$\sigma_A{}^2$的估计值如式（7-12）所示。

$$\hat{\sigma}_A^2 = \frac{1}{n}\left(\frac{Q_1}{m-1} - \frac{Q_2}{m(n-1)}\right) \tag{7-12}$$

则 U_2如式（7-13）所示。

$$u_2 = \hat{\sigma}_A = \sqrt{\frac{1}{n}\left(\frac{Q_1}{m-1} - \frac{Q_2}{m(n-1)}\right)} \tag{7-13}$$

见浙江大学盛骤等编写的《概率论与数理统计》。

说明：①当计算值 $F>F(f_1, f_2)$ 时，即各组数据存在明显差异时，$\sigma_A{}^2$的估计值肯定大于 0；

②当 1<计算值 $F<F(f_1, f_2)$ 时，$\sigma_A{}^2$的估计值也大于 0；

③当0<计算值 F<1 时，$\sigma_A{}^2$的估计值小于 0，此时可视 $\sigma_A{}^2$的估计值为 0。

一般而言，$\sigma_A{}^2$ 的估计值只有在各组数据存在明显差异时才考虑。但当1 < 计算值 F < $F(f_1, f_2)$ 时，$\sigma_A{}^2$ 的估计值也是一个不容忽视的量，建议纳入。

3. 天平测量引入的不确定度记作 u_3

通过计量检定，确定天平最大允差 K（mg）。

按二次称量、5 支或 4 支（16 通道吸烟机 5 支；20 通道吸烟机 4 支，以下类同。）卷烟及均匀分布考虑，U_3及 U_{TPM}的计算如式（7-14）、式（7-15）所示。

$$u_3 = \frac{K \times \sqrt{2}}{(5\text{或}4) \times \sqrt{3}} \tag{7-14}$$

$$u_{TPM} = \sqrt{u_1^2 + u_2^2 + u_3^2} \tag{7-15}$$

（二）烟气水分不确定度 u_{WAT}

1. 由测量的分散性引入的不确定度 u_1

烟气水分一组测量值 x_1，…，x_n（n=8 或 10），由测量的分散性引入的不确定度 u_1如式（7-16）、式（7-17）所示。

$$\bar{x} = \frac{1}{n}\sum_{i=1}^{n} x_i \tag{7-16}$$

$$u_1 = \sqrt{\frac{1}{n(n-1)}\sum_{i=1}^{n}(x_i - \bar{x})^2} \tag{7-17}$$

2. 工作曲线拟合引入的不确定度 u_2

采用最小二乘法对工作曲线各点进行线性回归，回归方程 $Y=aX+b$，a 为斜率，b 为截距。计算 S_E和 S_{XX}，如式（7-18）所示。

$$u_2 = \frac{S_E}{a} \times \sqrt{\frac{1}{P} + \frac{1}{n} + \frac{(\bar{x} - \bar{W})^2}{S_{XX}}} \tag{7-18}$$

见中国实验室国家认可委员会编写的《化学分析中不确定度的评估指南》。

式中　P——样品测定次数（8 或 10）；

n——工作曲线测定次数（6）；

$\bar{x}$——样品水分测定平均值；

$\bar{W}$——工作曲线水分浓度平均值；

S_{XX}的计算如式（7-19）所示。

$$S_{XX} = \frac{n\sum_{i=1}^{n}x_i^2 - \left(\sum_{i=1}^{n}x_i\right)^2}{n} \tag{7-19}$$

式中 x_i——峰高（或峰面积比）。

S_{YY}的计算如式（7-20）所示。

$$S_{YY} = \frac{n\sum_{i=1}^{n}y_i^2 - \left(\sum_{i=1}^{n}y_i\right)^2}{n} \tag{7-20}$$

式中 y_i——浓度值。

S_{XY}的计算如式（7-21）所示。

$$S_{XY} = \frac{n\sum_{i=1}^{n}x_iy_i - \sum_{i=1}^{n}x_i\sum_{i=1}^{n}y_i}{n} \tag{7-21}$$

a 的计算如式（7-22）所示。

$$a = \frac{S_{XY}}{S_{XX}} \tag{7-22}$$

S_E的计算如式（7-23）所示。

$$S_E = \sqrt{\frac{S_{YY} - \frac{(S_{XY})^2}{S_{XX}}}{n-2}} \tag{7-23}$$

3. 由测量环境（摄氏温度、相对湿度、大气压强）及吸烟机工作参数（气流速度、抽吸容量）在标准要求范围内的随机波动引入的不确定度 u_3

该评定与总粒相物中 u_2的评定相同，如式（7-24）所示。

$$u_3 = \hat{\sigma}_A = \sqrt{\frac{1}{n}\left(\frac{Q_1}{m-1} - \frac{Q_2}{m(n-1)}\right)} \tag{7-24}$$

4. 天平测量引入的不确定度 u_4

通过计量检定，确定天平最大允差 K（mg），按均匀分布考虑如式（7-25）所示。

$$u_4 = \frac{K}{(5\text{或}4) \times \sqrt{3}} \tag{7-25}$$

5. 定量加液器的重复性引入的不确定度 u_5

对定量加液器进行重复性实验（建议进行 10 次），结果如式（7-26）、式（7-27）、式（7-28）、式（7-29）所示。

$$\bar{z} = \frac{1}{n}\sum_{i=1}^{n} z_i \tag{7-26}$$

$$u_5 = \frac{\sqrt{\frac{1}{n-1}\sum_{i=1}^{n}(z_i - \bar{z})^2}}{5\text{或}4} \tag{7-27}$$

$$u_{r\text{WAT}} = \sqrt{\left(\frac{u_1}{\bar{x}}\right)^2 + \left(\frac{u_2}{\overline{W}}\right)^2 + \left(\frac{u_3}{\bar{x}}\right)^2 + \left(\frac{u_4}{\overline{W}}\right)^2 + \left(\frac{u_5}{\bar{z}}\right)^2} \tag{7-28}$$

$$u_{\text{WAT}} = \bar{x} \times u_{r\text{WAT}} \tag{7-29}$$

（三）烟气烟碱量不确定度 u_{NIC}

1. 由测量的分散性引入的不确定度 u_1

烟气烟碱量一组测量值 x_1，…，x_n（n=8 或 10），由测量的分散性引入的不确定度 u_1 如式（7-30）、式（7-31）所示。

$$\bar{x} = \frac{1}{n}\sum_{i=1}^{n} x_i \tag{7-30}$$

$$u_1 = \sqrt{\frac{1}{n(n-1)}\sum_{i=1}^{n}(x_i - \bar{x})^2} \tag{7-31}$$

2. 烟碱工作曲线拟合引入的不确定度 u_2

该评定与烟气水分中 u_2 的评定相同，如式（7-32）所示。

$$u_2 = \frac{S_E}{a} \times \sqrt{\frac{1}{P} + \frac{1}{n} + \frac{(\bar{x} - \overline{N})^2}{S_{XX}}} \tag{7-32}$$

式中　$\overline{N}$——工作曲线尼古丁浓度平均值。

3. 由测量环境（摄氏温度、相对湿度、大气压强）及吸烟机工作参数（气流速度、抽吸容量）在标准要求范围内的随机波动引入的不确定度 u_3

该评定与总粒相物中 u_2 的评定相同，如式（7-33）所示。

$$u_3 = \hat{\sigma}_A = \sqrt{\frac{1}{n}\left(\frac{Q_1}{m-1} - \frac{Q_2}{m(n-1)}\right)} \tag{7-33}$$

4. 天平测量引入的不确定度 u_4

通过计量检定，确定天平最大允差 K（mg），按均匀分布考虑，u_4如式（7-34）所示。

$$u_4 = \frac{K}{\sqrt{3}} \tag{7-34}$$

一般尼古丁的称量为 250mg 左右（250mL 容量瓶，1mg/mL），按 250mg 考虑。

5. 15 mL 刻度管引入的不确定度 u_5

通过计量检定，确定刻度管最大允差 G（mL），按二次读数及均匀分布考虑，u_5如式（7-35）所示。

$$u_5 = \frac{G \times \sqrt{2}}{\sqrt{3}} \tag{7-35}$$

移取量是 1mL，2mL，4mL，6mL，8mL，10mL，按中位数 5mL 考虑。

6. 250mL 容量瓶引入的不确定度 u_6

通过计量检定，确定容量瓶最大允差 H（mL），按均匀分布考虑，u_6如式（7-36）所示。

$$u_6 = \frac{H}{\sqrt{3}} \tag{7-36}$$

7. 定量加液器的重复性引入的不确定度 u_7

对定量加液器进行重复性实验（建议进行 10 次），结果如式（7-37），式（7-38）所示。

$$\bar{z} = \frac{1}{n}\sum_{i=1}^{n} z_i \tag{7-37}$$

$$u_7 = \frac{\sqrt{\frac{1}{n-1}\sum_{i=1}^{n}(z_i - \bar{z})^2}}{5 \text{ 或 } 4} \tag{7-38}$$

8. 烟碱纯度引入的不确定度 u_8

由供应商提供烟碱纯度的最大允差 P，按均匀分布考虑，u_8 如式（7-39）所示。

$$u_8 = \frac{P}{\sqrt{3}} \tag{7-39}$$

$u_{r\text{NIC}}$ 的计算如式（7-40）所示。

$$u_{r\text{NIC}} = \sqrt{\left(\frac{u_1}{\bar{x}}\right)^2 + \left(\frac{u_2}{\bar{N}}\right)^2 + \left(\frac{u_3}{\bar{x}}\right)^2 + \left(\frac{u_4}{250\text{mg}}\right)^2 + \left(\frac{u_5}{5\text{mL}}\right)^2 + \left(\frac{u_6}{250\text{mL}}\right)^2 + \left(\frac{u_7}{\bar{z}}\right)^2 + \left(\frac{u_8}{100\%}\right)^2} \tag{7-40}$$

u_{NIC} 的计算如式（7-41）所示。

$$u_{\text{NIC}} = \bar{x} \times u_{r\text{NIC}} \tag{7-41}$$

扩展不确定度 u_{NIC} 也可表示为式（7-42）。

$$u_{\text{NIC}} = k \times u_{r\text{NIC}}(\text{包含因子 } k = 2) \tag{7-42}$$

（四）焦油量不确定度 u_{NFDPM}

焦油量数学模型如式（7-43）所示。

$$Y_{\text{NFDPM}} = X_{\text{TPM}} - X_{\text{WAT}} - X_{\text{NIC}} \tag{7-43}$$

根据

$$u_c^2(y) = \sum_{i=1}^{N}\sum_{j=1}^{N}\frac{\partial f}{\partial x_i}\frac{\partial f}{\partial x_j}u(x_i,\ x_j)$$
$$= \sum_{i=1}^{N}\left(\frac{\partial f}{\partial x_i}\right)^2 u^2(x_i) + 2\sum_{i=1}^{N-1}\sum_{j=i+1}^{N}\frac{\partial f}{\partial x_i}\frac{\partial f}{\partial x_j}u(x_i,\ x_j)$$

且相关系数 $r(x_i,\ x_j) = \dfrac{u(x_i,\ x_j)}{u(x_i)u(x_j)}$，

见国家质量技术监督局发布的 JJF 1059. 1—2012《测量不确定度评定与表示》，u_{NFDPM} 的计算如式（7-44）所示。

$$u_{\text{NFDPM}} = [u_{\text{TPM}}^2 + u_{\text{WAT}}^2 + u_{\text{NIC}}^2 - 2r_{(\text{TPM, WAT})}u_{\text{TPM}}u_{\text{WAT}} - 2r_{(\text{TPM, NIC})}u_{\text{TPM}}u_{\text{NIC}} + 2r_{(\text{WAT, NIC})}u_{\text{WAT}}u_{\text{NIC}}]^{\frac{1}{2}} \tag{7-44}$$

其中：u_{TPM}、u_{WAT}、u_{NIC} 已评定，相关系数 $r_{(\text{TPM,WAT})}$、$r_{(\text{TPM,NIC})}$、$r_{(\text{WAT,NIC})}$

可通过一组总粒相物、烟气水分、烟气烟碱量的测定值（各 8 或 10 个数据）求得。

相关系数 r 如式（7-45）所示。

$$r = \frac{S_{XY}}{\sqrt{S_{XX}S_{YY}}} \tag{7-45}$$

扩展不确定度如式（7-46）所示。

$$U_{\mathrm{NFDPM}} = k \times u_{\mathrm{NFDPM}}(\text{包含因子 } k = 2) \tag{7-46}$$

（五）一氧化碳量不确定度 u_{CO}

1. 由测量的分散性引入的不确定度 u_{10}

一氧化碳量一组测量值 y_1，…，y_n（n=8 或 10），结果如式（7-47）、式（7-48）所示。

$$\bar{y} = \frac{1}{n}\sum_{i=1}^{n} y_i \tag{7-47}$$

$$u_{10} = \sqrt{\frac{1}{n(n-1)}\sum_{i=1}^{n}(y_i - \bar{y})^2} \tag{7-48}$$

2. 由测试环境、仪器等引入的 CO 示值 C 的不确定度 u_{11}

该评定与总粒相物中 u_2 的评定相同，如式（7-49）所示。

$$u_{11} = \hat{\sigma}_A = \sqrt{\frac{1}{n}\left(\frac{Q_1}{m-1} - \frac{Q_2}{m(n-1)}\right)} \tag{7-49}$$

3. 由 CO 标准气体引入的不确定度 u_{12}

由供应商传递得到标准不确定度 u_{12}，按 CO 标准气体 4%考虑。

4. 由 CO 分析仪的测量误差引入的不确定度 u_{13}

由供应商传递得到仪器满度误差 E，按均匀分布考虑。结果如式（7-50）、式（7-51）、式（7-52）所示。

$$u_{r13} = \frac{E}{\sqrt{3}} \tag{7-50}$$

$$u_{r1} = \sqrt{\left(\frac{u_{11}}{\bar{C}}\right)^2 + \left(\frac{u_{12}}{4\%}\right)^2 + u^2 r_{13}} \tag{7-51}$$

$$u_1 = \bar{C} \times u_{r1} \tag{7-52}$$

5. 抽吸容量 V 引入的不确定度 u_2

按标准要求，抽吸容量是（35.00±0.30）mL/2s，并按均匀分布考虑，如式（7-53）所示。

$$u_2 = \frac{0.30}{\sqrt{3}} \tag{7-53}$$

6. 大气压强 P 引入的不确定度 u_3

通过计量检定，确定气压表最大允差 D（kPa），按均匀分布考虑 u_3 如式（7-54）所示。

$$u_3 = \frac{D}{\sqrt{3}} \tag{7-54}$$

7. 总抽吸口数 N 引入的不确定度 u_4

由于对样品进行 10 组测定，每一个通道都有 5 个总口数数据，可通过贝塞尔公式计算每一通道总口数的标准差。计算如式（7-55）、式（7-56）所示。

$$S_j = \sqrt{\frac{1}{m-1}\sum_{i=1}^{m}(N_{ij} - \bar{N}_j)^2} \quad (m = 5\text{，是每通道总口数的数据量}) \tag{7-55}$$

$$u_4 = \frac{1}{n}\sum_{j=1}^{n} S_j \quad (n = 16\text{ 或 }20) \tag{7-56}$$

8. 环境温度 T 引入的不确定度记作 u_5

通过计量检定，确定温度显示仪最大允差 R（℃）。

按均匀分布考虑，如式（7-57）所示。

$$u_5 = \frac{R}{\sqrt{3}} \tag{7-57}$$

一氧化碳量数学模型可见式（7-58）。

$$\mathrm{CO} = \frac{C \times V \times P \times N \times 273 \times 28}{q \times 100 \times 101.3 \times T \times 22.4} \tag{7-58}$$

令 CO=y、$C=x_1$、$V=x_2$、$P=x_3$、$N=x_4$、$T=x_5$，则 y 如式（7-59）所示。

$$y = K\frac{x_1 x_2 x_3 x_4}{x_5} \tag{7-59}$$

式中　K——为 $\frac{273\times28}{q\times100\times101.3\times22.4}$

$\frac{\partial y}{\partial x_1}=\frac{y}{x_1}$；$\frac{\partial y}{\partial x_2}=\frac{y}{x_2}$；$\frac{\partial y}{\partial x_3}=\frac{y}{x_3}$；$\frac{\partial y}{\partial x_4}=\frac{y}{x_4}$；$\frac{\partial y}{\partial x_5}=-\frac{y}{x_5}$

在一次测量过程中，各通道的 CO 测量值对应同一个温度和大气压强值，即可以认为 x_3 或 x_5 与 x_1、x_2、x_4 不相关，且 x_3 与 x_5 也不相关，则有

$r(x_1, x_3)=0$，$r(x_1, x_5)=0$，$r(x_2, x_3)=0$，$r(x_2, x_5)=0$，$r(x_3, x_4)=0$，$r(x_3, x_5)=0$，$r(x_4, x_5)=0$

根据 $u_c^2(y)=\sum_{i=1}^{N}\sum_{j=1}^{N}\frac{\partial f}{\partial x_i}\frac{\partial f}{\partial x_j}u(x_i, x_j)$

$$=\sum_{i=1}^{N}\left(\frac{\partial f}{\partial x_i}\right)^2 u^2(x_i)+2\sum_{i=1}^{N-1}\sum_{j=i+1}^{N}\frac{\partial f}{\partial x_i}\frac{\partial f}{\partial x_j}u(x_i, x_j)$$

且相关系数 $r(x_i, x_j)=\frac{u(x_i, x_j)}{u(x_i)u(x_j)}$

可得 $u_c(y)$ 如式（7-60）所示。

$$u_c(y)=y\sqrt{\sum_{i=1}^{5}\left(\frac{u(x_i)}{x_i}\right)^2+2\left[r(x_1, x_2)\frac{u(x_1)}{x_1}\frac{u(x_2)}{x_2}+r(x_1, x_4)\frac{u(x_1)}{x_1}\frac{u(x_4)}{x_4}+r(x_2, x_4)\frac{u(x_2)}{x_2}\frac{u(x_4)}{x_4}\right]} \tag{7-60}$$

取 $y=\bar{y}=\frac{1}{n}\sum_{i=1}^{n}y_i$ $n=8$ 或 10

$u_i=u(x_i)$ $i=1$，…，5

$x_i=\bar{x}_i=\frac{1}{n}\sum_{j=1}^{n}x_j$　$i=1$、4；$\bar{x}_2=35.00\text{mL}$　$n=8$ 或 10

$$u_c(y)=\bar{y}\sqrt{\sum_{i=1}^{5}\left(\frac{u_i}{\bar{x}_i}\right)^2+2\left[r(x_1,x_2)\frac{u_1}{\bar{x}_1}\frac{u_2}{\bar{x}_2}+r(x_1,x_4)\frac{u_1}{\bar{x}_1}\frac{u_4}{\bar{x}_4}+r(x_2,x_4)\frac{u_2}{\bar{x}_2}\frac{u_4}{\bar{x}_4}\right]}$$

$u_{CO}=\sqrt{u_0^2+u_c^2(y)}$

其中：u_1、u_2、u_3、u_4、u_5 已求得；$\bar{x}_1$，$\bar{x}_2$，$\bar{x}_3$，$\bar{x}_4$，$\bar{x}_5$ 可读取或通过计算求得；相关系数 $r(x_1, x_2)$、$r(x_1, x_4)$、$r(x_2, x_4)$ 可通过一组 x_1、x_2、

x_4的测量值（各 8 或 10 个数据）求得相关系数 r、扩展不确定 U_{CO} 分别如式（7-61）、式（7-62）所示。

$$相关系数\ r = \frac{S_{XY}}{\sqrt{S_{XX}S_{YY}}} \tag{7-61}$$

扩展不确定度 $U_{CO} = k \times u_{CO}$(包含因子 $k = 2$) （7-62）

（六）可固定或一段时间内可固定的量（值）

以某烟气分析实验室的实验记录数据为例。

1. 总粒相物

（1）由测量环境（摄氏温度、相对湿度、大气压强）及吸烟机工作参数（气流速度、抽吸容量）在标准要求范围内的随机波动引入的不确定度 u_2，如表 7-1 所示。

表 7-1　测试环境和吸烟机工作参数随机波动引入总粒相物的不确定度

	样品 A	样品 B	样品 C
F	1.756	1.397	0.880
u_2/mg	0.07126	0.09913	0

（2）天平测量引入的不确定度 u_3

技术监督局检定结果：天平最大允差（mg）$0 \leqslant m \leqslant 5 \times 10^4$　-0.2

$$u_3 = \frac{K \times \sqrt{2}}{5 \times \sqrt{3}} = \frac{0.2 \times \sqrt{2}}{5 \times \sqrt{3}} = 0.03266\text{mg}$$

2. 烟气水分

（1）由测量环境（摄氏温度、相对湿度、大气压强）及吸烟机工作参数（气流速度、抽吸容量）在标准要求范围内的随机波动引入的不确定度 u_3 如表 7-2 所示。

表 7-2　测试环境和吸烟机工作参数随机波动引入水分的不确定度

	样品 A	样品 B	样品 C
F	5.207	9.906	0.815
u_3/mg	0.03244	0.06240	0

（2）天平测量引入的不确定度 u_4

设备计量部门检定结果：天平最大允差（mg）$0 \leqslant m \leqslant 5 \times 10^4$　-0.2

$$u_4 = \frac{K}{5 \times \sqrt{3}} = \frac{0.2}{5 \times \sqrt{3}} = 0.02309\text{mg}$$

（3）定量加液器的重复性引入的不确定度 u_5

$$\frac{u_5}{\bar{z}} = \frac{0.00932}{20.3202} = 0.0004568$$

3. 烟气烟碱量

（1）由测量环境（摄氏温度、相对湿度、大气压强）及吸烟机工作参数（气流速度、抽吸容量）在标准要求范围内的随机波动引入的不确定度 u_3 如表 7-3 所示。

表 7-3　测试环境和吸烟机工作参数随机波动引入烟碱的不确定度

	样品 A	样品 B	样品 C
F	1.049	0.317	2.300
u_3/mg	0.001641	0	0.02128

（2）天平测量引入的不确定度 u_4

设备计量部门检定结果：天平最大允差（mg）$0 \leqslant m \leqslant 5 \times 10^4$　−0.2

$$u_4 = \frac{K}{\sqrt{3}} = \frac{0.2}{\sqrt{3}} = 0.1155\text{mg}$$

（3）15mL 刻度管引入的不确定度 u_5

设备计量部门检定结果：15mL 刻度管最大误差 0.025mL

$$u_5 = \frac{G \times \sqrt{2}}{\sqrt{3}} = \frac{0.025 \times \sqrt{2}}{\sqrt{3}} = 0.02041\text{mL}$$

（4）250mL 容量瓶引入的不确定度 u_6

设备计量部门检定结果：250mL 容量瓶最大误差 0.02mL

$$u_6 = \frac{H}{\sqrt{3}} = \frac{0.02}{\sqrt{3}} = 0.01155\text{mL}$$

（5）定量加液器的重复性引入的不确定度 u_7

$$\frac{u_7}{\bar{z}} = 0.0004568$$

（6）烟碱纯度引入的不确定度 u_8

$$u_8 = \frac{P}{\sqrt{3}} = \frac{0.001}{\sqrt{3}} = 0.0005774$$

4. 一氧化碳量

（1）由测试环境、仪器等引入的 CO 示值 C 的不确定度 u_{11} 如表 7-4 所示。

表 7-4　测试环境和吸烟机工作参数随机波动引入 CO 的不确定度

	样品 A	样品 B	样品 C
F	2.816	1.071	4.301
u_1/%	0.05465	0.01618	0.09038

（2）由 CO 标准气体引入的不确定度 u_{12}

$$u_{rn} = 0.01$$

（3）由 CO 分析仪的测量误差引入的不确定度 u_{13}

$$u_{rn} = \frac{E}{\sqrt{3}} = \frac{0.01}{\sqrt{3}} = 0.005774$$

（4）抽吸容量 V 引入的不确定度 u_2

$$u_2 = \frac{0.30}{\sqrt{3}} = 0.1732\text{mL}$$

（5）大气压强 P 引入的不确定度 u_3

设备计量部门检定结果：气压表最大误差±2.5Pa

$$u_3 = \frac{D}{\sqrt{3}} = \frac{0.0025}{\sqrt{3}} = 0.001443 \text{ kPa}$$

（6）总抽吸口数 N 引入的不确定度 u_4 如表 7-5 所示。

表 7-5　总抽吸口数引入 CO 的不确定度

	样品 A	样品 B	样品 C
u_4	0.1537	0.2300	0.2023

(7) 环境温度 T 引入的不确定度 u_5

设备计量部门检定结果：温度显示仪最大误差±0.5℃ (K)

$$u_5 = \frac{R}{\sqrt{3}} = \frac{0.5}{\sqrt{3}} = 0.2887\text{K}$$

三、评定示例

在本次评定中，分别对 A 样品（焦油量约 3mg）、B 样品（焦油量约 7mg）、C 样品（焦油量约 14mg）各进行 10 次实验，现将各样品的第 1 次实验数据为例，对其进行测量不确定度评定。

（一）A 样品第 1 次实验数据及评定

1. 实验数据记录

温度：21.4℃，大气压强：104.3kPa 条件下实验数据如表 7-6 所示。

表 7-6　烟气分析测试实验数据记录实例——A 样品第 1 次

通道	1	2	3	4	5	6	7	8
抽吸容量/（mL/2s）	34.90	34.90	34.88	34.85	34.88	34.90	34.94	34.93
总粒相物/mg	3.62	4.06	3.70	3.08	3.88	3.58	3.80	3.78
CO 示值/%	1.61	1.58	1.69	1.46	1.63	1.42	1.58	1.61
总口数	40.7	42.7	38.5	40.0	40.9	41.4	38.7	39.4
CO 量/mg	5.47	5.63	5.42	4.89	5.58	4.91	5.10	5.30
（水分/内标）峰面积比	0.1400	0.2524	0.3770	0.5306	0.6276	0.7483		
水分标准/mg	0	1.50	3.06	4.96	6.14	7.66		
（烟碱/内标）峰面积比	0.0543	0.1091	0.2137	0.3299	0.4335	0.5445		
烟碱标准/mg	0.19764	0.39530	0.79058	1.18588	1.58118	1.97646		
水分/mg	0.20	0.23	0.20	0.18	0.22	0.17	0.18	0.20
烟碱/mg	0.31	0.34	0.32	0.28	0.34	0.30	0.32	0.32
焦油量/mg	3.11	3.49	3.18	2.62	3.32	3.11	3.30	3.26

2. 不确定度评定

(1) 总粒相物不确定度 u_{TPM}

$$\bar{x} = \frac{1}{n}\sum_{i=1}^{n} x_i = 3.6875\text{mg}$$

$$u_1 = \sqrt{\frac{1}{n(n-1)}\sum_{i=1}^{n}(x_i - \bar{x})^2} = 0.1020\text{mg}$$

$$u_2 = 0.07126\text{mg}$$

$$u_3 = 0.03266\text{mg}$$

$$u_{\text{TPM}} = \sqrt{u_1^2 + u_2^2 + u_3^2} = \sqrt{0.1020^2 + 0.07126^2 + 0.03266^2} = 0.1286\text{mg}$$

（2）烟气水分不确定度 u_{WAT}

$$\bar{x} = \frac{1}{n}\sum_{i=1}^{n} x_i = 0.1975\text{mg}$$

$$u_1 = \sqrt{\frac{1}{n(n-1)}\sum_{i=1}^{n}(x_i - \bar{x})^2} = 0.007258\text{mg}$$

$$S_{XX} = \frac{n\sum_{i=1}^{n} x_i^2 - \left(\sum_{i=1}^{n} x_i\right)^2}{n} = 0.2674$$

$$S_{YY} = \frac{n\sum_{i=1}^{n} y_i^{\ 2} - \left(\sum_{i=1}^{n} y_i\right)^2}{n} = 41.9533$$

$$S_{XY} = \frac{n\sum_{i=1}^{n} x_i y_i - \sum_{i=1}^{n} x_i \sum_{i=1}^{n} y_i}{n} = 3.3491$$

$$a = \frac{S_{XY}}{S_{XX}} = 12.5248$$

$$S_E = \sqrt{\frac{S_{YY} - \frac{(S_{XY})^2}{S_{XX}}}{n-2}} = 0.04059$$

$$\overline{W} = \frac{1}{6}\sum_{i=1}^{6} w_i = 3.8867\text{mg}$$

$$u_2 = \frac{S_E}{a} \times \sqrt{\frac{1}{P} + \frac{1}{n} + \frac{(\bar{x} - \overline{W})^2}{S_{XX}}} = \frac{0.04059}{12.5248} \times \sqrt{\frac{1}{8} + \frac{1}{6} + \frac{(0.1975 - 3.8867)^2}{0.2674}}$$

$$= 0.02319\text{mg}$$

$$u_3 = 0.03244\ \text{mg}$$

$$u_4 = 0.02309\ \text{mg}$$

$$\frac{u_5}{\bar{z}} = 0.0004568$$

$$u_{\text{WAT}} = \sqrt{\left(\frac{u_1}{\bar{x}}\right)^2 + \left(\frac{u_2}{\overline{W}}\right)^2 + \left(\frac{u_3}{\bar{x}}\right)^2 + \left(\frac{u_4}{\overline{W}}\right)^2 + \left(\frac{u_5}{\bar{z}}\right)^2}$$

$$= \sqrt{\left(\frac{0.007528}{0.1975}\right)^2 + \left(\frac{0.02319}{3.8867}\right)^2 + \left(\frac{0.03244}{0.1975}\right)^2 + \left(\frac{0.02309}{3.8867}\right)^2 + 0.0004568^2} = 0.1688$$

$$u_{\text{WAT}} = \bar{x} \times u_{r\text{WAT}} = 0.03334 \text{ mg}$$

（3）烟气烟碱量不确定度 u_{NIC}

$$\bar{x} = \frac{1}{n}\sum_{i=1}^{n} x_i = 0.3162\text{mg}$$

$$u_1 = \sqrt{\frac{1}{n(n-1)}\sum_{i=1}^{n}(x_i - \bar{x})^2} = 0.007055\text{mg}$$

$$S_{XX} = \frac{n\sum_{i=1}^{n} x_i^2 - \left(\sum_{i=1}^{n} x_i\right)^2}{n} = 0.1806$$

$$S_{YY} = \frac{n\sum_{i=1}^{n} y_i^2 - \left(\sum_{i=1}^{n} y_i\right)^2}{n} = 2.3764$$

$$S_{XY} = \frac{n\sum_{i=1}^{n} x_i y_i - \sum_{i=1}^{n} x_i \sum_{i=1}^{n} y_i}{n} = 0.6550$$

$$a = \frac{S_{XY}}{S_{XX}} = 3.6276$$

$$S_E = \sqrt{\frac{S_{YY} - \frac{(S_{XY})^2}{S_{XX}}}{n-2}} = 0.009940$$

$$\overline{N} = \frac{1}{6}\sum_{i=1}^{6} N_i = 1.0212\text{mg}$$

$$u_2 = \frac{S_E}{a} \times \sqrt{\frac{1}{P} + \frac{1}{n} + \frac{(\bar{x} - \overline{N})^2}{S_{XX}}} = \frac{0.009940}{3.6276} \times \sqrt{\frac{1}{8} + \frac{1}{6} + \frac{(0.3162 - 1.0212)^2}{0.1806}}$$

$$= 0.004780\text{mg}$$

$$u_3 = 0.001641\text{mg}$$

$$u_4 = 0.1155\text{mg}$$

$$u_5 = 0.02041\text{mL}$$

$$u_6 = 0.01155\text{mL}$$

$$\frac{u_7}{\bar{z}} = 0.0004568$$

$$U_8 = 0.0005774$$

$$u_{r\text{NIC}} = \sqrt{\left(\frac{u_1}{\bar{x}}\right)^2 + \left(\frac{u_2}{\overline{N}}\right)^2 + \left(\frac{u_3}{\bar{x}}\right)^2 + \left(\frac{u_4}{250\text{mg}}\right)^2 + \left(\frac{u_3}{5\text{mL}}\right)^2 + \left(\frac{u_6}{250\text{mL}}\right)^2 + \left(\frac{u_7}{\bar{z}}\right)^2 + \left(\frac{u_1}{100\%}\right)^2}$$

$$= \left[\left(\frac{0.007055}{0.3162} \right)^2 + \left(\frac{0.004780}{1.0212} \right)^2 + \left(\frac{0.001641}{0.3162} \right)^2 + \left(\frac{0.1155}{250} \right)^2 + \left(\frac{0.02041}{5} \right)^2 + \left(\frac{0.01155}{250} \right)^2 + 0.0004568^2 + 0.0005774^2 \right]^{1/2} = 0.02375$$

$$u_{NIC} = \bar{x} \times u_{rNIC} = 0.007510\text{mg}$$

(4) 焦油量不确定度 u_{NFDPM}

$$\bar{x} = \frac{1}{n}\sum_{i=1}^{n} x_i = 3.1738\text{mg}$$

$$u_{TPM} = 0.1286\text{mg};\ u_{WAT} = 0.03336\text{mg};\ u_{NIC} = 0.007510\text{mg}$$

$$r_{(TPM,\ WAT)} = 0.6792;\ r_{(TPM,\ NIC)} = 0.9537;\ r_{(WAT,\ NIC)} = 8108$$

$$u_{NFDPM} = [u_{TPM}^2 + u_{WAT}^2 + u_{NIC}^2 - 2r_{(TPM,\ WAT)}u_{TPM}u_{WAT} - 2r_{(TPM,\ NIC)}u_{TPM}u_{NIC} + 2r_{(WAT,\ NIC)}u_{WAT}u_{NIC}]^{\frac{1}{2}}$$

$$= [0.1286^2 + 0.03334^2 + 0.007510^2 - 2 \times 0.6792 \times 0.1286 \times 0.03334 - 2 \times 0.9537 \times 0.1286 \times 0.007510 + 2 \times 0.8108 \times 0.03334 \times 0.007510]^{\frac{1}{2}}$$

$$= 0.01022\text{mg}$$

(5) 一氧化碳量不确定度 u_{CO}

$$\bar{y} = \frac{1}{n}\sum_{i=1}^{n} y_i = 5.2875\text{mg}$$

$$u_0 = \sqrt{\frac{1}{n(n-1)}\sum_{i=1}^{n}(y_i - \bar{y})^2} = 0.1026\text{mg}$$

$$u_{r1} = \sqrt{\left(\frac{u_{11}}{\bar{C}}\right)^2 + u_{r12}^2 + u_{r13}^2} = \sqrt{\left(\frac{0.05465}{1.5725}\right)^2 + 0.01^2 + 0.005774^2} = 0.03662$$

$$u_1 = 0.05758\%$$

$$u_2 = 0.1732\text{mL}$$

$$u_3 = 0.001443\text{kPa}$$

$$u_4 = 0.1537$$

$$u_5 = 0.2887\text{K}$$

$$\bar{x}_1 = 1.5725\%;\ x_2 = 35.00\text{mL};\ x_3 = 104.3\text{kPa};\ \bar{x}_4 = 40.2875;\ x_5 = 294.4\text{K}$$

$$r(x_1,\ x_2) = 0.1979;\ r(x_1,\ x_4) = -0.3634;\ r(x_2,\ x_4) = -0.1829$$

$$u_c(y) = \bar{y}\sqrt{\sum_{i=1}^{5}\left(\frac{u_i}{\bar{x}_i}\right)^2 + 2\left[r(x_1,\ x_2)\frac{u_1}{\bar{x}_1}\frac{u_2}{\bar{x}_2} + r(x_1,\ x_4)\frac{u_1}{\bar{x}_1}\frac{u_4}{\bar{x}_4} + r(x_2,\ x_4)\frac{u_2}{\bar{x}_2}\frac{u_4}{\bar{x}_4}\right]}$$

$$= 5.2875 \times \left\{ \left(\frac{0.05758}{1.5725}\right)^2 + \left(\frac{0.1732}{35.00}\right)^2 + \left(\frac{0.001443}{104.3}\right)^2 + \left(\frac{0.1537}{40.2875}\right)^2 + \left(\frac{0.2887}{294.4}\right)^2 + \right.$$

$$2 \times \left[0.1979 \times \frac{0.05758}{1.5725} \times \frac{0.1732}{35.00} + (-0.3634) \times \frac{0.05758}{1.5725} \times \frac{0.1537}{40.2875} + \right.$$

$$\left.\left.(-0.1829) \times \frac{0.1732}{35.00} \times \frac{0.1537}{40.2875}\right]\right\}^{\frac{1}{2}}$$

$$= 0.1939\text{mg}$$

$$u_{CO} = \sqrt{u_0^2 + u_c^2(y)} = \sqrt{0.1026^2 + 0.1939^2} = 0.2194\text{mg}$$

3. 测量不确定度报告

（1）焦油量

① 平均值：$\bar{x} = 3.17$mg

② 合成标准不确定度：$u_{NFDPM} = 0.1022$mg

③ 扩展不确定度：$U_{NFDPM} = 0.21$mg；包含因子：$k = 2$

（2）烟气烟碱量

① 平均值：$\bar{x} = 0.32$mg

② 合成标准不确定度：$u_{NIC} = 0.007510$mg

③ 扩展不确定度：$U_{NIC} = 0.02$mg；包含因子：$k = 2$

（3）一氧化碳量

① 平均值：$\bar{x} = 5.29$mg

② 合成标准不确定度：$u_{CO} = 0.2194$mg

③ 扩展不确定度：$U_{CO} = 0.44$mg；包含因子：$k = 2$

（二）B 样品第 1 次实验数据及评定

1. 实验数据记录

摄氏温度：21.4℃，大气压强：104.3Pa 条件下实验数据如表 7-7 所示。

表 7-7　　烟气分析测试实验数据记录实例——B 样品第 1 次

通道	9	10	11	12	13	14	15	16
抽吸容量/（mL/2s）	34.93	34.95	34.96	34.98	35.00	35.04	35.05	35.08
总粒相物/mg	7.74	8.46	7.48	7.94	8.38	7.74	8.00	8.42
CO 示值/%	2.97	2.80	2.90	2.84	2.89	2.87	2.67	2.96
总口数	37.8	40.4	36.8	39.1	38.9	38.3	39.8	39.4

续表

通道	9	10	11	12	13	14	15	16
CO 量/mg	9.35	9.42	8.88	9.24	9.36	9.15	8.85	9.71
(水分/内标）峰面积比	0.1428	0.2780	0.4332	0.5839	0.7164	0.8913		
水分标准/mg	0	1.68	3.50	5.10	6.60	8.44		
(烟碱/内标）峰面积比	0.0543	0.1091	0.2137	0.3299	0.4335	0.5445		
烟碱标准/mg	0.19764	0.39530	0.79058	1.18588	1.58118	1.97646		
水分/mg	0.52	0.53	0.42	0.51	0.58	0.54	0.61	0.57
烟碱/mg	0.60	0.67	0.57	0.62	0.67	0.62	0.63	0.64
焦油量/mg	6.62	7.26	6.49	6.81	7.13	6.58	6.76	7.21

2. 不确定度评定

（1）总粒相物不确定度 u_{TPM}

$$\bar{x} = \frac{1}{n}\sum_{i=1}^{n} x_i = 8.0200\mathrm{mg}$$

$$u_1 = \sqrt{\frac{1}{n(n-1)}\sum_{i=1}^{n}(x_i - \bar{x})^2} = 0.1294\mathrm{mg}$$

$$u_2 = 0.09913\mathrm{mg}$$

$$u_3 = 0.03266\mathrm{mg}$$

$$u_{\mathrm{TPM}} = \sqrt{u_1^2 + u_2^2 + u_3^2} = \sqrt{0.1294^2 + 0.09913^2 + 0.03266^2} = 0.1662\mathrm{mg}$$

（2）烟气水分不确定度 u_{WAT}

$$\bar{x} = \frac{1}{n}\sum_{i=1}^{n} x_i = 0.5350\mathrm{mg}$$

$$u_1 = \sqrt{\frac{1}{n(n-1)}\sum_{i=1}^{n}(x_i - \bar{x})^2} = 0.02027\mathrm{mg}$$

$$S_{XX} = \frac{n\sum_{i=1}^{n} x_i^2 - \left(\sum_{i=1}^{n} x_i\right)^2}{n} = 0.3880$$

$$S_{YY} = \frac{n\sum_{i=1}^{n} y_i^2 - \left(\sum_{i=1}^{n} y_i\right)^2}{n} = 49.0256$$

$$S_{XY} = \frac{n\sum_{i=1}^{n} x_i y_i - \sum_{i=1}^{n} x_i \sum_{i=1}^{n} y_i}{n} = 4.3595$$

$$a = \frac{S_{XY}}{S_{XX}} = 11.2366$$

$$S_E = \sqrt{\frac{S_{YY} - \frac{(S_{XY})^2}{S_{XX}}}{n-2}} = 0.09961$$

$$\bar{W} = \frac{1}{6}\sum_{i=1}^{6} w_i = 4.2200\text{mg}$$

$$u_2 = \frac{S_E}{a} \times \sqrt{\frac{1}{P} + \frac{1}{n} + \frac{(\bar{x} - \bar{W})^2}{S_{XX}}} = \frac{0.09961}{11.2366} \times \sqrt{\frac{1}{8} + \frac{1}{6} + \frac{(0.5350 - 4.2200)^2}{0.3880}}$$

$$= 0.05266\text{mg}$$

$$u_3 = 0.05721\text{mg}$$

$$u_4 = 0.02309\text{mg}$$

$$\frac{u_5}{\bar{z}} = 0.0004568$$

$$u_{r\text{WAT}} = \sqrt{\left(\frac{u_1}{\bar{x}}\right)^2 + \left(\frac{u_2}{\bar{W}}\right)^2 + \left(\frac{u_3}{\bar{x}}\right)^2 + \left(\frac{u_4}{\bar{W}}\right)^2 + \left(\frac{u_5}{\bar{z}}\right)^2}$$

$$= \sqrt{\left(\frac{0.02027}{0.5350}\right)^2 + \left(\frac{0.05266}{4.2200}\right)^2 + \left(\frac{0.05721}{0.5350}\right)^2 + \left(\frac{0.02309}{4.2200}\right)^2 + 0.0004568^2}$$

$$= 0.1144$$

$$u_{\text{WAT}} = \bar{x} \times u_{r\text{WAT}} = 0.06607\text{mg}$$

（3）烟气烟碱量不确定度 u_{NIC}

$$\bar{x} = \frac{1}{n}\sum_{i=1}^{n} x_i = 0.6275\text{mg}$$

$$u_1 = \sqrt{\frac{1}{n(n-1)}\sum_{i=1}^{n}(x_i - \bar{x})^2} = 0.01191\text{mg}$$

$$S_{XX} = \frac{n\sum_{i=1}^{n} x_i^2 - \left(\sum_{i=1}^{n} x_i\right)^2}{n} = 0.1806$$

$$S_{YY} = \frac{n\sum_{i=1}^{n} y_i^2 - \left(\sum_{i=1}^{n} y_i\right)^2}{n} = 2.3764$$

$$S_{XY} = \frac{n\sum_{i=1}^{n} x_i y_i - \sum_{i=1}^{n} x_i \sum_{i=1}^{n} y_i}{n} = 0.6550$$

$$a = \frac{S_{XY}}{S_{XX}} = 3.6276$$

$$S_E = \sqrt{\frac{S_{YY} - \frac{(S_{XY})^2}{S_{XX}}}{n-2}} = 0.009940$$

$$\bar{N} = \frac{1}{6}\sum_{i=1}^{6} N_i = 1.4108\text{mg}$$

$$u_2 = \frac{S_E}{a} \times \sqrt{\frac{1}{P} + \frac{1}{n} + \frac{(\bar{x} - \bar{N})^2}{S_{XX}}} = \frac{0.009940}{3.6276} \times \sqrt{\frac{1}{8} + \frac{1}{6} + \frac{(0.6275 - 1.0212)^2}{0.1806}}$$

$$= 0.002938\text{mg}$$

$$u_3 = 0$$

$$u_4 = 0.1155\text{mg}$$

$$u_5 = 0.02041\text{mL}$$

$$u_6 = 0.01155\text{mL}$$

$$\frac{u_7}{\bar{z}} = 0.0004568$$

$$u_8 = 0.0005774$$

$$u_{r\text{NIC}} = \sqrt{\left(\frac{u_1}{\bar{x}}\right)^2 + \left(\frac{u_2}{\bar{N}}\right)^2 + \left(\frac{u_3}{\bar{x}}\right)^2 + \left(\frac{u_4}{250\text{mg}}\right)^2 + \left(\frac{u_5}{5\text{mL}}\right)^2 + \left(\frac{u_6}{250\text{mL}}\right)^2 + \left(\frac{u_7}{\bar{z}}\right)^2 + \left(\frac{u_8}{100\%}\right)^2}$$

$$= \sqrt{\left(\frac{0.01191}{0.6275}\right)^2 + \left(\frac{0.002938}{1.0212}\right)^2 + \left(\frac{0}{0.6275}\right)^2 + \left(\frac{0.1155}{250}\right)^2 + \left(\frac{0.02041}{5}\right)^2 + \left(\frac{0.01155}{250}\right)^2 + 0.0004568^2 + 0.0005774^2}$$

$$= 0.01964$$

$$u_{\text{NIC}} = \bar{x} \times u_{r\text{NIC}} = 0.01232\text{mg}$$

（4）焦油量不确定度 u_{NFDPM}

$$\bar{x} = \frac{1}{n}\sum_{i=1}^{n} x_i = 6.8575\text{mg}$$

$u_{\text{TPM}} = 0.1662\text{mg}$；$u_{\text{WAT}} = 0.06607\text{mg}$；$u_{\text{NIC}} = 0.01232\text{mg}$。

$r_{(\text{TPM},\ \text{WAT})} = 0.6358$；$r_{(\text{TPM},\ \text{NIC})} = 0.9308$；$r_{(\text{WAT},\ \text{NIC})} = 0.7025$。

$$u_{\text{NFDPM}} = [u_{\text{TPM}}^2 + u_{\text{WAT}}^2 + u_{\text{NIC}}^2 - 2r_{(\text{TPM},\ \text{WAT})}u_{\text{TPM}}u_{\text{WAT}} - 2r_{(\text{TPM},\ \text{NIC})}u_{\text{TPM}}u_{\text{NIC}} + 2r_{(\text{WAT},\ \text{NIC})}u_{\text{WAT}}u_{\text{NIC}}]^{\frac{1}{2}}$$

$$= [0.1662^2 + 0.06607^2 + 0.01232^2 - 2 \times 0.6358 \times 0.1662 \times 0.06607$$

$$- 2 \times 0.9308 \times 0.1662 \times 0.01232 + 2 \times 0.7025 \times 0.06607 \times 0.01232]^{\frac{1}{2}}$$

$$= 0.1245\text{mg}$$

（5）一氧化碳量不确定度 u_{CO}

$$\bar{y} = \frac{1}{n}\sum_{i=1}^{n} y_i = 9.2450\text{mg}$$

$$u_0 = \sqrt{\frac{1}{n(n-1)}\sum_{i=1}^{n}(y_i - \bar{y})^2} = 0.1008\text{mg}$$

$$u_{r1} = \sqrt{\left(\frac{u_{11}}{\bar{C}}\right)^2 + u_{r12}^2 + u_{r13}^2} = \sqrt{\left(\frac{0.01618}{2.8625}\right)^2 + 0.01^2 + 0.005774^2} = 0.01286$$

$$u_1 = 0.03681\%$$

$$u_2 = 0.1732\text{mL}$$

$$u_3 = 0.001443\text{kPa}$$

$$u_4 = 0.2300$$

$$u_5 = 0.2887\text{K}$$

$\bar{x}_1 = 2.8625\%$；$x_2 = 35.00\text{mL}$；$x_3 = 104.3\text{kPa}$；$\bar{x}_4 = 38.8125$；$x_5 = 294.4\text{K}$。

$r(x_1, x_2) = -0.1944$；$r(x_1, x_4) = -0.5476$；$r(x_2, x_4) = 0.3310$。

$$u_c(y) = \bar{y}\sqrt{\sum_{i=1}^{5}\left(\frac{u_i}{\bar{x}_i}\right)^2 + 2\left[r(x_1, x_2)\frac{u_1}{\bar{x}_1}\frac{u_2}{\bar{x}_2} + r(x_1, x_4)\frac{u_1}{\bar{x}_1}\frac{u_4}{\bar{x}_4} + r(x_2, x_4)\frac{u_2}{\bar{x}_2}\frac{u_4}{\bar{x}_4}\right]}$$

$$= 9.2450 \times \left\{\left(\frac{0.03681}{2.8625}\right)^2 + \left(\frac{0.1732}{35.00}\right)^2 + \left(\frac{0.001443}{104.3}\right)^2 + \left(\frac{0.2300}{38.8125}\right)^2 + \left(\frac{0.2887}{294.4}\right)^2\right.$$

$$+ 2 \times \left[(-0.1944) \times \frac{0.03681}{2.8625} \times \frac{0.1732}{35.00} + (-0.5476) \times \frac{0.03681}{2.8625} \times \frac{0.2300}{38.8125}\right.$$

$$\left.\left. + 0.3310 \times \frac{0.1732}{35.00} \times \frac{0.2300}{38.8125}\right]\right\}^{\frac{1}{2}} = 0.1083\text{mg}$$

$$u_{CO} = \sqrt{u_0^2 + u_c^2(y)} = \sqrt{0.1008^2 + 0.1083^2} = 0.1480\text{mg}$$

3. 测量不确定度报告

（1）焦油量

① 平均值：$\bar{x} = 6.86\text{mg}$

② 合成标准不确定度：$u_{NFDPM} = 0.1245\text{mg}$

③ 扩展不确定度：$U_{NFDPM} = 0.25\text{mg}$；包含因子：$k = 2$

（2）烟气烟碱量

① 平均值：$\bar{x} = 0.63\text{mg}$

② 合成标准不确定度：$u_{NIC}=0.01232mg$

③ 扩展不确定度：$U_{NIC}=0.03mg$；包含因子：$k=2$

（3）一氧化碳量

① 平均值：$\bar{x}=9.24mg$

② 合成标准不确定度：$u_{CO}=0.1480mg$

③ 扩展不确定度：$U_{CO}=0.30mg$；包含因子：$k=2$

（三）C 样品第 1 次实验数据及评定

1. 实验数据记录

温度：22.0℃；大气压强：100.7kPa 条件下测定结果如表 7-8 所示。

表 7-8　　烟气分析测试实验数据记录实例——C 样品第 1 次

通道	1	2	3	4	5	6	7	8
抽吸容量/（mL/2s）	35.00	35.02	35.02	34.99	35.01	35.02	35.06	35.06
总粒相物/mg	18.24	17.44	17.94	17.56	16.90	16.30	16.96	17.16
CO 示值/%	3.85	3.69	3.51	3.77	3.89	3.51	3.74	3.65
总口数	47.4	47.0	48.8	46.3	45.4	46.3	45.7	46.7
CO 量/mg	14.69	13.96	13.79	14.05	14.22	13.08	13.76	13.72
（水分/内标）峰面积比	0.3355	0.5673	0.7932	1.0264	1.3853	1.6462		
水分标准/mg	0	1.78	3.60	5.30	8.00	10.04		
（烟碱/内标）峰面积比	0.2470	0.4943	0.7459	1.0098	1.2468	1.5127		
烟碱标准/mg	0.4031	0.8062	1.2092	1.6123	2.0154	2.4185		
水分/mg	2.33	2.16	2.08	2.16	1.96	2.02	2.01	1.97
烟碱/mg	1.33	1.29	1.35	1.27	1.25	1.25	1.31	1.29
焦油量/mg	14.58	13.99	14.53	14.13	13.69	13.03	13.65	13.89

2. 不确定度评定

（1）总粒相物不确定度 u_{TPM}

$$\bar{x} = \frac{1}{n}\sum_{i=1}^{n} x_i = 17.3125mg$$

$$u_1 = \sqrt{\frac{1}{n(n-1)}\sum_{i=1}^{n}(x_i - \bar{x})^2} = 0.2185mg$$

$$u_2 = 0$$

$$u_3 = 0.03266mg$$

$$u_{\mathrm{TPM}} = \sqrt{u_1^2 + u_2^2 + u_3^2} = \sqrt{0.2185^2 + 0^2 + 0.03266^2} = 0.2209\mathrm{mg}$$

（2）烟气水分不确定度 u_{WAT}

$$\bar{x} = \frac{1}{n}\sum_{i=1}^{n} x_i = 2.0862\mathrm{mg}$$

$$u_1 = \sqrt{\frac{1}{n(n-1)}\sum_{i=1}^{n}(x_i - \bar{x})^2} = 0.04432\mathrm{mg}$$

$$S_{XX} = \frac{n\sum_{i=1}^{n} x_i^2 - \left(\sum_{i=1}^{n} x_i\right)^2}{n} = 1.2282$$

$$S_{YY} = \frac{n\sum_{i=1}^{n} y_i^2 - \left(\sum_{i=1}^{n} y_i\right)^2}{n} = 71.5469$$

$$S_{XY} = \frac{n\sum_{i=1}^{n} x_i y_i - \sum_{i=1}^{n} x_i \sum_{i=1}^{n} y_i}{n} = 9.3735$$

$$a = \frac{S_{XY}}{S_{XX}} = 7.6320$$

$$S_E = \sqrt{\frac{S_{YY} - \frac{(S_{XY})^2}{S_{XX}}}{n-2}} = 0.04737$$

$$\overline{W} = \frac{1}{6}\sum_{i=1}^{6} w_i = 4.7867$$

$$u_2 = \frac{S_E}{a} \times \sqrt{\frac{1}{P} + \frac{1}{n} + \frac{(\bar{x} - \overline{W})^2}{S_{XX}}}$$

$$= \frac{0.04737}{7.6320} \times \sqrt{\frac{1}{8} + \frac{1}{6} + \frac{(2.0862 - 4.7867)^2}{1.2282}}$$

$$= 0.01549\mathrm{mg}$$

$$u_3 = 0$$

$$u_4 = 0.02309\mathrm{mg}$$

$$\frac{u_5}{\bar{z}} = \frac{0.00932}{20.3202} = 0.0004568$$

$$u_{r\mathrm{WAT}} = \sqrt{\left(\frac{u_1}{\bar{x}}\right)^2 + \left(\frac{u_2}{\overline{W}}\right)^2 + \left(\frac{u_3}{\bar{x}}\right)^2 + \left(\frac{u_4}{\overline{W}}\right)^2 + \left(\frac{u_5}{\bar{z}}\right)^2}$$

$$= \sqrt{\left(\frac{0.04432}{2.0862}\right)^2 + \left(\frac{0.01549}{4.7867}\right)^2 + \left(\frac{0}{2.0862}\right)^2 + \left(\frac{0.02309}{4.7867}\right)^2 + 0.0004568^2} = 0.02203$$

$$u_{\mathrm{WAT}} = \bar{x} \times u_{r\mathrm{WAT}} = 0.04596\mathrm{mg}$$

（3）烟气烟碱量不确定度 u_{NIC}

$$\bar{x} = \frac{1}{n}\sum_{i=1}^{n} x_i = 1.2925\mathrm{mg}$$

$$u_1 = \sqrt{\frac{1}{n(n-1)}\sum_{i=1}^{n}(x_i - \bar{x})^2} = 0.01278\mathrm{mg}$$

$$S_{XX} = \frac{n\sum_{i=1}^{n} x_i^2 - \left(\sum_{i=1}^{n} x_i\right)^2}{n} = 1.1190$$

$$S_{YY} = \frac{n\sum_{i=1}^{n} y_i^2 - \left(\sum_{i=1}^{n} y_i\right)^2}{n} = 2.8432$$

$$S_{XY} = \frac{n\sum_{i=1}^{n} x_i y_i - \sum_{i=1}^{n} x_i \sum_{i=1}^{n} y_i}{n} = 1.7836$$

$$a = \frac{S_{XY}}{S_{XX}} = 1.5939$$

$$S_E = \sqrt{\frac{S_{YY} - \frac{(S_{XY})^2}{S_{XX}}}{n-2}} = 0.01058$$

$$\bar{N} = \frac{1}{6}\sum_{i=1}^{6} N_i = 1.4108$$

$$u_2 = \frac{S_E}{a} \times \sqrt{\frac{1}{P} + \frac{1}{n} + \frac{(\bar{x} - \bar{N})^2}{S_{XX}}}$$

$$= \frac{0.01058}{1.5939} \times \sqrt{\frac{1}{8} + \frac{1}{6} + \frac{(1.2925 - 1.4108)^2}{1.1190}}$$

$$= 0.003661\mathrm{mg}$$

$$u_3 = 0.02128\mathrm{mg}$$

$$u_4 = 0.1155\mathrm{mg}$$

$$u_5 = 0.02041\mathrm{mL}$$

$$u_6 = 0.01155\mathrm{mL}$$

$$\frac{u_7}{\bar{z}} = 0.0004568$$

$$u_8 = 0.00057$$

$$u_{r\mathrm{NIC}} = \sqrt{\left(\frac{u_1}{\bar{x}}\right)^2 + \left(\frac{u_2}{\bar{N}}\right)^2 + \left(\frac{u_3}{\bar{x}}\right)^2 + \left(\frac{u_4}{250\mathrm{mg}}\right)^2 + \left(\frac{u_5}{5\mathrm{mL}}\right)^2 + \left(\frac{u_6}{250\mathrm{mL}}\right)^2 + \left(\frac{u_7}{\bar{z}}\right)^2}$$

$$= \sqrt{\left(\frac{0.01278}{1.2925}\right)^2 + \left(\frac{0.003661}{1.4108}\right)^2 + \left(\frac{0.02128}{1.2925}\right)^2 + \left(\frac{0.1155}{250}\right)^2 + \left(\frac{0.02041}{5}\right)^2 + \left(\frac{0.01155}{250}\right)^2 + 0.0004568^2 + 0.0005774^2}$$

$$= 0.01982$$

$$u_{\mathrm{NIC}} = \bar{x} \times u_{r\mathrm{NIC}} = 0.02562\mathrm{mg}$$

（4）焦油量不确定度 u_{NFDPM}

$$\bar{x} = \frac{1}{n}\sum_{i=1}^{n} x_i = 13.9362\mathrm{mg}$$

$u_{\mathrm{TPM}} = 0.2209\mathrm{mg}$；$u_{\mathrm{WAT}} = 0.04596\mathrm{mg}$；$u_{\mathrm{NIC}} = 0.02562\mathrm{mg}$。

$r_{(\mathrm{TPM},\ \mathrm{WAT})} = 0.7626$；$r_{(\mathrm{TPM},\ \mathrm{NIC})} = 0.7655$；$r_{(\mathrm{WAT},\ \mathrm{NIC})} = 0.4437$。

$$u_{\mathrm{NFDPM}} = [u_{\mathrm{TPM}}^2 + u_{\mathrm{WAT}}^2 + u_{\mathrm{NIC}}^2 - 2r_{(\mathrm{TPM},\ \mathrm{WAT})}u_{\mathrm{TPM}}u_{\mathrm{WAT}} - 2r_{(\mathrm{TPM},\ \mathrm{NIC})}u_{\mathrm{TPM}}u_{\mathrm{NIC}} + 2r_{(\mathrm{WAT},\ \mathrm{NIC})}u_{\mathrm{WAT}}u_{\mathrm{NIC}}]^{\frac{1}{2}}$$

$$= [0.2209^2 + 0.04596^2 + 0.02562^2 - 2 \times 0.7626 \times 0.2209 \times 0.04596 - 2 \times 0.7655 \times 0.2209 \times 0.02562 + 2 \times 0.4437 \times 0.04596 \times 0.02562]^{\frac{1}{2}}$$

$$= 0.1672\mathrm{mg}$$

（5）一氧化碳量不确定度 u_{CO}

$$\bar{y} = \frac{1}{n}\sum_{i=1}^{n} y_i = 13.9088\mathrm{mg}$$

$$u_0 = \sqrt{\frac{1}{n(n-1)}\sum_{i=1}^{n}(y_i - \bar{y})^2} = 0.1630\mathrm{mg}$$

$$u_{r1} = \sqrt{\left(\frac{u_{11}}{\bar{C}}\right)^2 + u_{r12}^2 + u_{r13}^2} = \sqrt{\left(\frac{0.09038}{3.7012}\right)^2 + 0.01^2 + 0.005774^2} = 0.02701$$

$$u_1 = 0.09997\%$$

$$u_2 = 0.1732\mathrm{mL}$$

$$u_3 = 0.001443\mathrm{kPa}$$

$$u_4 = 0.2023$$

$$u_5 = 0.2887\mathrm{K}$$

$\bar{x}_1 = 3.7012\%$；$\bar{x}_2 = 35.00\mathrm{mL}$；$\bar{x}_3 = 100.7\mathrm{kPa}$；$\bar{x}_4 = 46.7000$；$\bar{x}_5 = 295.0\mathrm{K}$。

$r(x_1,\ x_2) = -0.2943$；$r(x_1,\ x_4) = -0.5067$；$r(x_2,\ x_4) = -0.1520$。

$$u_c(y) = \bar{y}\sqrt{\sum_{i=1}^{5}\left(\frac{u_i}{\bar{x}_i}\right)^2 + 2\left[r(x_1, x_2)\frac{u_1}{\bar{x}_1}\frac{u_2}{\bar{x}_2} + r(x_1, x_4)\frac{u_1}{\bar{x}_1}\frac{u_4}{\bar{x}_4} + r(x_2, x_4)\frac{u_2}{\bar{x}_2}\frac{u_4}{\bar{x}_4}\right]}$$

$$= 13.9088 \times \left\{\left(\frac{0.09997}{3.7012}\right)^2 + \left(\frac{0.1732}{35.00}\right)^2 + \left(\frac{0.001443}{100.7}\right)^2 + \left(\frac{0.2023}{46.7000}\right)^2 + \left(\frac{0.2887}{295.0}\right)^2\right.$$

$$+ 2 \times \left[(-0.2943) \times \frac{0.09997}{3.7012} \times \frac{0.1732}{35.00} + (-0.5067) \times \frac{0.09997}{3.7012} \times \frac{0.2023}{46.7000}\right.$$

$$\left.\left. + (-0.1520) \times \frac{0.1732}{35.00} \times \frac{0.2023}{46.7000}\right]\right\}^{\frac{1}{2}} = 0.3035\text{mg}$$

$$u_{CO} = \sqrt{u_0^2 + u_c^2(y)} = \sqrt{0.1630^2 + 0.3035^2} = 0.3445\text{mg}。$$

3. 测量不确定度报告

（1）焦油量

① 均值：$\bar{x}=13.94$mg

② 合成标准不确定度：$u_{NFDPM}=0.1672$mg

③ 扩展不确定度：$U_{NFDPM}=0.34$mg；包含因子：$k=2$

（2）烟气烟碱量

① 平均值：$\bar{x}=1.29$mg

② 合成标准不确定度：$u_{NIC}=0.02562$mg

③ 扩展不确定度：$U_{NIC}=0.06$mg；包含因子：$k=2$

（3）一氧化碳量

① 平均值：$\bar{x}=13.91$mg

② 合成标准不确定度：$u_{CO}=0.3445$mg

③ 扩展不确定度：$U_{CO}=0.69$mg；包含因子：$k=2$

第四节　转盘型吸烟机测量结果的不确定度分析

一、转盘型吸烟机测量的不确定度来源

1. 总粒相物

（1）由重复测量的分散性导致的不确定度；

（2）由测量环境（摄氏温度、相对湿度、大气压强）及仪器工作参数（气流速度、抽吸容量）在标准要求范围内的随机波动导致的不确定度；

（3）天平测量导致的不确定度。

2. 水分

（1）由测量的分散性引入的不确定度；

（2）工作曲线拟合引入的不确定度；

（3）由测量环境（摄氏温度、相对湿度、大气压强）及吸烟机工作参数（气流速度、抽吸容量）在标准要求范围内的随机波动引入的不确定度；

（4）天平测量引入的不确定度；

（5）定量加液器的重复性引入的不确定度。

3. 烟气烟碱量

（1）由测量的分散性引入的不确定度；

（2）工作曲线拟合引入的不确定度；

（3）由测量环境（摄氏温度、相对湿度、大气压强）及吸烟机工作参数（气流速度、抽吸容量）在标准要求范围内的随机波动引入的不确定度；

（4）天平测量引入的不确定度；

（5）15mL 刻度管引入的不确定度；

（6）250mL 容量瓶引入的不确定度；

（7）定量加液器的重复性引入的不确定度；

（8）烟碱纯度引入的不确定度。

4. 一氧化碳量

（1）由重复测量的分散性引入的不确定度；

（2）由测试环境、仪器等引入的 CO 示值 C 的不确定度；

（3）由 CO 标准气体引入的不确定度；

（4）由 CO 分析仪测量误差引入的不确定度；

（5）抽吸容量 V 引入的不确定度；

（6）大气压强 P 引入的不确定度；

（7）总抽吸口数 N 引入的不确定度；

（8）环境温度 T 引入的不确定度。

二、转盘型吸烟机测量的不确定度评定

（一）总粒相物（TPM）

1. 采用影响因素综合评定

（1）由重复测量的分散性引入的标准不确定度，记作 u_1。

烟气分析中 TPM 的测定过程为破坏性实验，且测定时间较长（对圆盘型

吸烟机一轮次约 15min），因此重复测量仅指不同时间、不同样品（样品为同一试样），应包含了环境温度、湿度、大气压强、气流速度、抽吸容量、人员对线误差和样品的离散性等多种因素的随机变化。

若对一组样品总粒相物重复进行了 n 次测定，得到测定值 x_1、x_2……x_n，则 $\bar{x}$、u_1 的计算分别见式（7-63）、式（7-64）。

$$\bar{x} = \frac{x_1 + x_2 + x_3 + \cdots + x_n}{n} \tag{7-63}$$

$$u_1 = \sqrt{\frac{\sum_{i=1}^{n} (x_n - \bar{x})^2}{n(n-1)}} \tag{7-64}$$

相对标准不确定度如式（7-65）所示。

$$u_{r1} = \frac{u_1}{\bar{x}} \tag{7-65}$$

（2）电子天平最大可能测量误差引入的标准不确定度记作 u_2。

按均匀分布考虑，查计量证书上提供的最大可能误差，实际测试中天平按两次测量误差合成，圆盘型吸烟机抽吸 20 支烟，如式（7-66）所示。

$$u_2 = \frac{\text{最大误差} \times \sqrt{2}}{20 \times \sqrt{3}} \tag{7-66}$$

则相对标准不确定度如式（7-67）所示。

$$u_{r2} = \frac{u_2}{\bar{x}} \tag{7-67}$$

u_1、u_2为 TPM 测试系统直接引入的随机性和系统性误差导致的标准不确定度。

若考虑由温度表（u_3）、湿度表（u_4）、皂沫流量计（u_5）、风速仪（u_6）间接引入的误差，则可按 $u_3 \sim u_6$分别进行计算。实验室可通过固定其他参数改变一个参数分别求得 TPM 受温度影响的变化系数 C_t、受湿度影响的变化系数 C_s、受抽吸容量影响的变化系数 C_v、受风速影响的变化系数 C_f，再求得由这些因素影响而引入的标准不确定度。

（3）由温度表的示值误差引入的标准不确定度，记作 u_3。

如查温度表说明书得表头最大示值误差，TPM 随温度的变化系数即温度灵敏系数为 C_t，按均匀分布考虑，如式（7-68）所示。

$$u_3 = \frac{\text{最大示值误差} \times C_t}{\sqrt{3}} \tag{7-68}$$

（4）由湿度表的示值误差引入的标准不确定度，记作 u_4。

如查湿度表说明书得表头最大示值误差，TPM 随湿度的变化系数即湿度灵敏系数为 C_s，按均匀分布考虑，如式（7-69）所示。

$$u_4 = \frac{\text{最大示值误差} \times C_s}{\sqrt{3}} \tag{7-69}$$

（5）由皂沫流量计刻度误差引入的标准不确定度，记作 u_5。

如查皂沫流量计说明书或检定证书得最大示值误差，TPM 随抽吸容量的变化系数即灵敏系数为 C_v，按均匀分布考虑，如式（7-70）所示。

$$u_5 = \frac{\text{最大示值误差} \times C_v}{\sqrt{3}} \tag{7-70}$$

（6）由风速仪示值误差引入的标准不确定度，记作 u_6。

如查风速仪说明书得表头最大示值误差，TPM 随风速的变化系数即灵敏系数为 C_f，按均匀分布考虑，如式（7-71）所示。

$$u_6 = \frac{\text{最大示值误差} \times C_f}{\sqrt{3}} \tag{7-71}$$

$u_3 \sim u_6$分别除以平均值 $\bar{x}$，得相对不确定度 $u_{r3} \sim u_{r6}$，这些间接影响一般也可不予考虑，只是提出来作参考。

2. 采用分量单独评定

（1）由重复测量的分散性引入的标准不确定度，记作 u_1。

若对一组样品总粒相物重复进行了 n 次测定，得到测定值 x_1、x_2……x_n，则 $\bar{x}$、u_1 的计算分别见式（7-72）、式（7-73）。

$$\bar{x} = \frac{x_1 + x_2 + x_3 + \cdots + x_n}{n} \tag{7-72}$$

$$u_1 = \sqrt{\frac{\sum_{i=1}^{n} (x_n - \bar{x})^2}{n(n-1)}} \tag{7-73}$$

相对标准不确定度如式（7-74）所示。

$$u_{r1} = \frac{u_1}{\bar{x}} \tag{7-74}$$

（2）仪器设备的误差引入的不确定度 u_2

总粒相物测定过程中所用的仪器设备有：平衡箱、重量分选仪、吸阻测定仪、电子天平、吸烟机等，由于这些仪器设备的误差会给总粒相物的测定带来误差，作为单独的分量进行评定。

①平衡箱温湿度误差引入的不确定度

按照 GB/T 16447—2004《烟草及烟草制品　调节和测试的大气环境》规定平衡水分的调节大气为温度（22±1)℃，相对湿度（60±2)%。平衡箱的控制精度可以满足标准的要求，经验表明，平衡箱内温度变化 1℃，变化范围已很小，对 TPM 的测定影响甚微，可以忽略温度变化带来的误差。针对平衡箱湿度变化对 TPM 的影响，经过试验，在温度为 22℃，不同湿度条件下按标准测得样品的 TPM 如表 7-9 所示。

表 7-9　　不同湿度条件下总粒相物（TPM）的结果

相对湿度/%	40	50	60	70
样品 TPM 值/mg	7.64	7.86	7.95	8.43

TPM 相邻条件的变化量（每 10%）分别为 0.22mg，0.09mg，0.48mg，则平均变化率为 0.0033/%

$$\bar{x} \times 0.0033/\% \times 2\% = 0.0066\bar{x}\text{mg}$$

若测试样品的 TPM 值为 $\bar{x}$，平衡箱湿度从 58%变化到 62%而引入的最大误差为：

按测试值在变化范围内为均匀分布考虑，则由于平衡箱湿度变化而带来的 TPM 标准不确定度 u_{21} 为：

$$u_{21} = \frac{0.0066\bar{x}}{\sqrt{3}} = 0.0038\bar{x}\text{mg}$$

② 电子天平的误差引入的不确定度

根据检定证书上给出的技术指标，若电子天平在 $50\text{g} < m \leqslant 200\text{g}$ 范围内的

最大允许误差为0.3mg，测量值在该区间内为均匀分布，吸烟前后要两次对捕集器进行称重来得到20支烟的TPM，因此由于电子天平的误差而引入的TPM的标准不确定度u_{22}为：

$$u_{22} = 2 \times \frac{0.3}{20 \times \sqrt{3}}\text{mg} = 0.0173\text{mg}$$

③ 吸烟机的误差引入的不确定度

吸烟机抽吸卷烟时可能引入的误差受诸多因素的影响，主要的影响因素有抽吸容量和气流速度。按照GB/T 19609—2004《卷烟　用常规分析用吸烟机测定　总粒相物和焦油》中规定吸烟机工作时抽吸容量为（35±0.30）mL，气流速度（200±30）mm/s。

a. 抽吸容量的变化引入的不确定度：

抽吸容量在卷烟抽吸过程中可能在（35±0.30）mL中变化。经试验在标准条件下，将抽吸容量改变为29mL，32mL，35mL，38mL，41mL，得到的实验数据如表7-10所示。

表7-10　　不同抽吸容量条件下的总粒相物（TPM）的结果

抽吸容量/mL	29	32	35	38	41
样品A TPM值/mg	14.22	15.51	17.84	19.47	21.18
样品B TPM值/mg	5.78	6.24	7.66	8.28	9.51

从表7-10中数据可计算出

TPM相邻条件平均相对变化率（相对35mL的TPM值）为0.1096mg，则TPM的平均变化率为0.0365/mL。

若测试样品的TPM值为$\bar{x}$，测试过程中抽吸容量从34.7mL变化到35.3mL而引入的最大误差为：

$$\bar{x} \cdot (0.0365/\text{mL}) \cdot 0.3\text{mL} = 0.0110\bar{x}\text{mg}$$

测试值在变化范围内为均匀分布，则由于抽吸容量变化而带来的TPM标准不确定度u_{23}为：

$$u_{23} = \frac{0.0110\bar{x}}{\sqrt{3}} = 0.0063\bar{x}\text{mg}$$

b. 气流速度的变化引入的不确定度：

经实验，在标准条件下，改变气流速度后得到的 TPM 值实验数据如表 7-11 所示。

表 7-11　　不同气流速度条件下总粒相物（TPM）的结果

平均气流速度/(mm/s)	样品 A TPM 值/mg	平均气流速度/(mm/s)	样品 B TPM 值/mg	平均气流速度/(mm/s)	样品 C TPM 值/mg
154	21.70	153	21.86	157	21.63
189	21.52	182	21.47	170	21.28
223	20.53	207	20.64	233	20.66
251	20.12	220	20.29	245	20.39

从表 7-11 中数据可计算出

TPM 的平均变化率（相对风速变化）为 0.0009787mm/s

若测试样品的 TPM 值为 $\bar{x}$，测试过程中气流速度从 170mm/s 变化到 230mm/s 而引入的最大误差为：

$$\bar{x} \cdot 0.0009787/(\text{mm/s}) \cdot 30\text{mm/s} = 0.0294\bar{x}\text{mg}$$

测试值在变化范围内为均匀分布，则由于气流速度变化而带来的 TPM 标准不确定度

$$u_{24} = \frac{0.0294\bar{x}}{\sqrt{3}} = 0.0170\bar{x}\text{mg}$$

（3）烟带长度的误差引入的不确定度

卷烟抽吸时燃烧到烟蒂末端（划线处）即停止抽吸，标准规定烟蒂末端划线误差为 0.5mm。由此可能引入烟支燃烧 0.5mm 而引起 TPM 值的差异。

若测试样品的 TPM 值为 T，烟支长度为 84mm，划线位置距嘴头端为 28mm，则烟支燃烧长度为 56mm，烟支抽吸长度误差引入的 TPM 最大误差为：

$$u_{25} = \frac{0.00893\bar{x}}{\sqrt{3}} = 0.0052\bar{x}\text{mg}$$

测试值在变化范围内为均匀分布，则由于烟蒂长度的变化而带来的 TPM 标准不确定度 u_5 为：

$$\frac{\bar{x}}{56\text{mm}} \times 0.5\text{mm} = 0.00893\bar{x}\text{mg}$$

（4）环境条件的变化引入的不确定度

GB/T 19609/2004《卷烟　用常规分析用吸烟机测定总粒相物和焦油》中规定实验室环境条件即测试大气为温度（22±2）℃，相对湿度（60±5）%，由于实验室测试大气的变化将会给TPM值带来误差。

① 温度变化

经实验，保持环境湿度不变，在不同的温度下测定TPM值，如表7-12所示。

表7-12　　不同温度条件下的总粒相物（TPM）的结果

温度/℃	16	19	21	25
样品A TPM值/mg	21.74	21.92	22.36	22.91
样品B TPM值/mg	21.72	22.25	24.40	24.67

从表中数据可计算出TPM的平均变化率（相对温度变化）为0.00446/℃.

若测试样品的TPM值为$\bar{x}$，测试过程中温度从20℃变化到24℃而引入的最大误差为：

$$\bar{x} \cdot 0.00446 \cdot 2 = 0.0089\bar{x}\text{mg}$$

测试值在变化范围内为均匀分布，则由于环境温度变化而带来的TPM标准不确定度u_{26}为：

$$u_{26} = \frac{0.0089\bar{x}}{\sqrt{3}} = 0.0052\bar{x}\text{mg}$$

② 相对湿度变化

经实验，保持环境温度不变，在标准条件下，改变相对湿度后得到的TPM值实验数据如表7-13所示。

表7-13　　不同湿度条件下的总粒相物（TPM）的结果

相对湿度/%	50	60	65	70	75
TPM值/mg	20.66	22.36	22.96	23.43	24.29

从表7-13中数据可计算出TPM的平均变化率（相对湿度变化）

为 0.00449/%。

若测试样品的 TPM 值为 $\bar{x}$，测试过程中相对湿度从 55%变化到 65%而引入的最大误差为：

$$\bar{x} \cdot 0.00449/\% \cdot 5\% = 0.0224\bar{x}\text{mg}$$

测试值在变化范围内为均匀分布，则由于测试环境相对湿度变化而带来的 TPM 标准不确定度 u_{27} 为：

$$u_{27} = \frac{0.0224\bar{x}}{\sqrt{3}} = 0.0130\bar{x}\text{mg}$$

综上所述，影响总粒相物测定共有 $u_{21} \sim u_{27}$ 7 个分量，目前未有相关报道表明 7 个分量之间的相关性，若假定 7 个分量之间相互独立，灵敏系数为 1，则总粒相物的标准不确定度如式（7-75）所示。

$$\begin{aligned} u_2 &= \sqrt{u_{21}^2 + u_{22}^2 + u_{23}^2 + u_{24}^2 + u_{25}^2 + u_{26}^2 + u_{27}^2} \\ &= \sqrt{0.000566\bar{x}^2 + 0.000299} \end{aligned} \tag{7-75}$$

相对标准不确定度如式（7-76）所示。

$$u_{r2} = \frac{u_2}{\bar{x}} \tag{7-76}$$

（5）合成

将 u_{r1}、u_{r2}合并，可得合成相对不确定度，如式（7-77）所示。

$$u_{r\text{TPM}} = \sqrt{u_{r1}^2 + u_{r2}^2} \tag{7-77}$$

则合成不确定度如式（7-78）所示。

$$u_{\text{TPM}} = \bar{x} \times u_{r\text{TPM}} \tag{7-78}$$

扩展不确定度如式（7-79）所示。

$$U_{\text{TPM}} = k \times u_{\text{TPM}}(\text{包含因子 } k = 2) \tag{7-79}$$

（二）烟气烟碱量

1. 由重复测量的分散性引入的标准不确定度 u_1

重复测量可认为包含了环境条件、抽吸条件和样品的离散性等 TPM 随机性引起的随机变化。

若对一组样品烟气烟碱量重复进行了 n 次测定，得到测定值 x_1、x_2……x_n，则 $\bar{x}$、u_1 的计算分别见式（7-80）、式（7-81）。

$$\bar{x} = \frac{x_1 + x_2 + x_1 + \cdots + x_n}{n} \tag{7-80}$$

$$u_1 = \sqrt{\frac{\sum_{i=1}^{n}(x_n - \bar{x})^2}{n(n-1)}} \tag{7-81}$$

相对标准不确定度如式（7-82）所示。

$$u_{r1} = \frac{u_1}{\bar{x}} \tag{7-82}$$

2. 烟碱标准物质引入的标准不确定度 u_2

若直接购买的烟碱标准物质，以证书上提供的浓度不确定度换算成标准不确定度，以便后面合成。

若为实验室按硅钨酸重量法标定的烟碱，按标定时的标准偏差计算标准不确定度。

3. 烟碱工作曲线线性拟合的非线性引入的标准不确定度 u_3

根据实验室标准曲线的记录，采用最小二乘法对数据进行线性回归，如式（7-83）所示。

$$u_3 = \frac{S_E}{a} \times \sqrt{\frac{1}{p} + \frac{1}{n} + \frac{(\bar{x} - \bar{N})^2}{S_{XX}}} \tag{7-83}$$

式中　p——样品测定次数（2）；

$\bar{x}$——烟碱测定平均值；

n——工作曲线测定次数（6）；

$\bar{N}$——工作曲线烟碱浓度平均值。

相对标准不确定度如式（7-84）所示。

$$u_{r3} = \frac{u_3}{\bar{x}} \tag{7-84}$$

按照工作实际，烟碱工作曲线相关系数一般要求达到 0.9999 以上，即最大有 0.01%的误差。按均匀分布考虑，则如式（7-85）所示。

$$u_3 = \frac{\bar{x} \times 0.01\%}{\sqrt{3}} \tag{7-85}$$

4. 检测器重复性误差引入的标准不确定度 u_4

查气相色谱仪检定证书，得 FID 检测器重复性误差 c_{FID}，按均匀分布考虑，如式（7-86）所示。

$$u_4 = \frac{\bar{x} \times c_{FID}}{\sqrt{3}} \tag{7-86}$$

5. 烟碱称重时天平引入的标准不确定度 u_5

查天平检定证书得在相应量程上的最大误差，称重时加上除空瓶毛重为两次称量，圆盘型吸烟机抽吸 20 支卷烟，按均匀分布考虑，如式（7-87）所示。

$$u_5 = \frac{最大误差 \times \sqrt{2}}{20 \times \sqrt{3}} \tag{7-87}$$

6. 烟碱母液定溶容量瓶刻度误差引入的标准不确定度 u_6

查容量瓶检定证书得最大误差（mL），根据定溶溶液浓度（mg/mL），求得最大烟碱误差，圆盘型吸烟机抽吸 20 支卷烟，按均匀分布考虑，如式（7-88)所示。

$$u_6 = \frac{最大误差 \times 母液深度}{20 \times \sqrt{3}} \tag{7-88}$$

7. 移液刻度管引入的标准不确定度 u_7

查移液刻度管检定证书得最大误差（mL），根据溶液浓度（mg/mL），6 次移液的平均移取量，求得最大烟碱误差，圆盘型吸烟机抽吸 20 支卷烟，按均匀分布考虑，如式（7-89）所示。

$$u_7 = \frac{最大误差 \times 母液深度}{20 \times \sqrt{3}} \tag{7-89}$$

8. 萃取溶剂加入用定量移液器重复性误差引入的标准不确定度

此项重复性误差可认为已包含在 u_1 内，不作分量考虑。

$u_2 \sim u_7$分别除以平均值 $\bar{x}$，得相对不确定度 $u_{r2} \sim u_{r7}$，

将 u_{r1}、$u_{r2} \cdots u_{r7}$合并，可得合成相对不确定度，如式（7-90）所示。

$$u_{rNIC} = \sqrt{u_{r1}^2 + u_{r2}^2 + u_{r3}^2 + u_{r4}^2 + u_{r5}^2 + u_{r6}^2 + u_{r7}^2} \tag{7-90}$$

则合成不确定度如式（7-91）所示。

$$u_{NIC} = \bar{x} \times u_{rNIC} \tag{7-91}$$

扩展不确定度如式（7-92）所示。

$$U_{NIC} = k \times u_{NIC}(\text{包含因子 } k = 2) \tag{7-92}$$

（三）烟气水分量

1. 由重复测量的分散性引入的标准不确定度 u_1

重复测量可认为包含了环境条件、抽吸条件和样品的离散性等 TPM 随机性引起的随机变化。

若对一组样品烟气水分量重复进行了 n 次测定，得到测定值 x_1、x_2……x_n，则 $\bar{x}$、u_1 的计算分别见式（7-93），式（7-94）。

$$\bar{x} = \frac{x_1 + x_2 + x_3 + \cdots + x_n}{n} \tag{7-93}$$

$$u_1 = \sqrt{\frac{\sum_{i=1}^{n} (x_n - \bar{x})^2}{n(n-1)}} \tag{7-94}$$

相对标准不确定度如式（7-95）所示。

$$u_{r1} = \frac{u_1}{\bar{x}} \tag{7-95}$$

2. 水分工作曲线线性拟合的非线性引入的标准不确定度 u_2

根据实验室标准曲线的记录，采用最小二乘法对数据进行线性回归，如式（7-96）所示。

$$u_2 = \frac{S_E}{a} \times \sqrt{\frac{1}{p} + \frac{1}{n} + \frac{(\bar{x} - \overline{W})^2}{S_{XX}}} \tag{7-96}$$

式中　p——样品测定次数（2）；

$\bar{x}$——水分测定平均值；

n——工作曲线测定次数（6）；

$\overline{W}$——工作曲线水分浓度平均值。

相对标准不确定度如式（7-97）所示。

$$u_{r_2} = \frac{u_2}{\bar{x}} \tag{7-97}$$

按照工作实际，水分工作曲线相关系数一般要求达到 0.999 以上，即最大有 0.1%的误差。按均匀分布考虑，如式（7-98）所示。

$$u_2 = \frac{\bar{x} \times 0.1\%}{\sqrt{3}} \tag{7-98}$$

3. 检测器重复性误差引入的标准不确定度 u_3

查气相色谱仪检定证书，得 TCD 检测器重复性误差 c_{TCD}，按均匀分布考虑，如式（7-99）所示。

$$u_3 = \frac{\bar{x} \times c_{\mathrm{TCD}}}{\sqrt{3}} \tag{7-99}$$

4. 水分称重时天平引入的标准不确定度 u_4

查天平检定证书得在相应量程上的最大误差，称重时加上除空瓶毛重为两次称量，圆盘型吸烟机抽吸 20 支卷烟，按均匀分布考虑，如式（7-100）所示。

$$u_4 = \frac{\text{最大误差} \times \sqrt{2}}{20 \times \sqrt{3}} \tag{7-100}$$

5. 萃取溶剂加入用定量移液器重复性误差引入的标准不确定度

此项重复性误差可认为已包含在 u_1 内，不作分量考虑。

$u_2 \sim u_4$ 分别除以平均值 $\bar{x}$，得相对不确定度 $u_{r2} \sim u_{r4}$，

将 u_{r1}、$u_{r2} \cdots u_{r4}$ 合并，可得合成相对不确定度如式（7-101）所示。

$$u_{r\mathrm{WAT}} = \sqrt{u_{r_1}^2 + u_{r_2}^2 + u_{r_3}^2 + u_{r_4}^2} \tag{7-101}$$

则合成不确定度如式（7-102）所示。

$$u_{\mathrm{WAT}} = \bar{x} \times u_{r\mathrm{WAT}} \tag{7-102}$$

扩展不确定度如式（7-103）所示。

$$U_{\mathrm{WAT}} = k \times u_{\mathrm{WAT}} (\text{包含因子 } k = 2) \tag{7-103}$$

（四）焦油量

1. 评定方法 1

焦油量数学模型：UFDPM＝TPM−WAT−NIC

依据标准 JJF 1059.1—2012《测量不确定度评定与表示》，

$$u_c^2(y) = \sum_{i=1}^{N}\sum_{j=1}^{N}\frac{\partial f}{\partial x_i}\frac{\partial f}{\partial x_j}u(x_i,\ x_j) = \sum_{i=1}^{N}\left(\frac{\partial f}{\partial x_i}\right)^2 u^2(x_i) + 2\sum_{i=1}^{N-1}\sum_{j=i+1}^{N}\frac{\partial f}{\partial x_i}\frac{\partial f}{\partial x_j}u(x_i,\ x_j)$$

相关系数如式：$r(x_t,\ x_j) = \dfrac{u(x_i,\ x_j)}{u(x_i)u(x_j)}$，如式（7−104）所示。

$$u_{\text{NFDPM}} = \left[u_{\text{TPM}}^2 + u_{\text{WAT}}^2 + u_{\text{NIC}}^2 - 2r_{(\text{TPM},\ \text{WAT})}u_{\text{TPM}}u_{\text{WAT}} - 2r_{(\text{TPM},\ \text{NIC})}u_{\text{TPM}}u_{\text{NIC}} + 2r_{(\text{WAT},\ \text{NIC})}u_{\text{WAT}}u_{\text{NIC}}\right]^{\frac{1}{2}} \tag{7-104}$$

式中相关系数如式（7−105）所示。

$$r = \frac{S_{XY}}{\sqrt{S_{XX}S_{YY}}} \tag{7-105}$$

S_{XY}、S_{XX}、S_{YY}分别如式（7−106）、式（7−107）、式（7−108）所示。

$$S_{XY} = \sum(x_i - \bar{x})(y_i - \bar{y}) \tag{7-106}$$

$$S_{XX} = \sum(x_i - \bar{x})^2 = s^2(n-1) \tag{7-107}$$

$$S_{YY} = \sum(y_i - \bar{y})^2 = s^2(n-1) \tag{7-108}$$

相关系数 r 可通过重复测量一组样品的 TPM、WAT、NIC 值计算得到。

2. 评定方法 2

焦油量虽然为计算得到的一个值，也可看成是经过一系列测试所得到的测量值。在焦油量测量过程中，包括了总粒相物测量、烟气烟碱量测量、烟气水分量测量，其中总粒相物的测量对焦油量的影响最大，烟气烟碱量的值一般仅占焦油量的 10%。

（1）由重复测量的分散性引入的标准不确定度，记作 u_1。

由于焦油量测试经历的过程长而复杂，重复测量可认为包含了各种因素造成的总粒相物的随机性、烟气烟碱量的随机性和烟气水分量的随机性等引起的焦油量的随机变化。其中总粒相物的随机性包含了环境条件、吸烟机抽吸条件等因素，烟气烟碱量和水分量包含了气相色谱一系列测试条件的随机性，同时样品的分散性也包含在其中。

若对一组样品焦油量重复进行了 n 次测定，得到测定值 x_1、x_2……x_n，则 $\bar{x}$、u_1 的计算分别见式（7-109）、式（7-110）。

$$\bar{x} = \frac{x_1 + x_2 + x_3 + \cdots + x_n}{n} \tag{7-109}$$

$$u_1 = \sqrt{\frac{\sum_{i=1}^{n}(x_n - \bar{x})^2}{n(n-1)}} \tag{7-110}$$

相对标准不确定度如式（7-111）所示。

$$u_{r1} = \frac{u_1}{\bar{x}} \tag{7-111}$$

（2）电子天平最大可能测量误差引入的标准不确定度，记作 u_2。

在焦油量测试中，多次使用到天平，对圆盘型吸烟机，按国标要求的两轮抽吸 40 支烟考虑，测总粒相物要 4 次使用天平，测烟碱要称量烟碱标准 1 次，称量水分标准曲线按称量水分平均值 1 次考虑，按均匀分布考虑，查计量证书上提供的最大可能误差，实际测试中天平按两次测量误差合成，圆盘型吸烟机抽吸 20 支烟，计算如下。

总粒相物如式（7-112）、式（7-113）所示。

$$u_{21} = \frac{\text{最大误差} \times \sqrt{4}}{40 \times \sqrt{3}} \tag{7-112}$$

$$u_{r21} = \frac{u_{21}}{\bar{x}} \tag{7-113}$$

烟气烟碱量：圆盘型吸烟机烟碱标准称重按烟碱平均值 $\bar{x}$，如式（7-114）所示。

$$u_{r22} = \frac{\text{最大误差} \times \sqrt{2}}{\bar{x} \times \sqrt{3}} \tag{7-114}$$

烟气水分量：圆盘型吸烟机水分标准称重按水分平均值 $\bar{x}$，如式（7-115）所示。

$$u_{r23} = \frac{\text{最大误差} \times \sqrt{2}}{\bar{x} \times \sqrt{3}} \tag{7-115}$$

则相对标准不确定度如式（7-116）所示。

$$u_{r2}=\sqrt{u_{r21}+u_{r22}+u_{r23}} \tag{7-116}$$

将 u_{r1}、u_{r2}合并，可得合成相对不确定度如式（7-117）所示。

$$u_{r\mathrm{NFDPM}}=\sqrt{u_{r1}^2+u_{r2}^2} \tag{7-117}$$

则合成不确定度如式（7-118）所示。

$$u_{\mathrm{NFDPM}}=\bar{x}\times u_{r\mathrm{NFDPM}} \tag{7-118}$$

扩展不确定度如式（7-119）所示。

$$U_{\mathrm{NFDPM}}=k\times u_{\mathrm{NFDPM}}(\text{包含因子 } k=2) \tag{7-119}$$

（五）烟气一氧化碳量

CO 的数学模型（圆盘型吸烟机）如式（7-120）所示。

$$\mathrm{CO}=\frac{\mathrm{CO}\text{示值}\times\text{抽吸容量}\times\text{大气压力}\times\text{总抽吸口数}\times 273\times 28}{\text{吸烟支数}\times 100\times 101.3\times(273+\text{温度})\times 22.4} \tag{7-120}$$

1. 由重复测量的分散性引入的标准不确定度 u_1

若对一组样品烟气一氧化碳量重复进行了 n 次测定，得到测定值 x_1、x_2，…，x_n，则 $\bar{x}$、u_1 的计算分别见式（7-121）、式（7-122）所示。

$$\bar{x}=\frac{x_1+x_2+x_3+\cdots+x_n}{n} \tag{7-121}$$

$$u_1=\sqrt{\frac{\sum_{i=1}^{n}(x_n-\bar{x})^2}{n(n-1)}} \tag{7-122}$$

相对标准不确定度如式（7-123）所示。

$$u_{r1}=\frac{u_1}{\bar{x}} \tag{7-123}$$

2. 由 CO 测定仪示值误差引入的标准不确定度（u_2）

（1）标准气体的不确定度

标准气体购买后查证书上给出了标准气体的浓度不确定度为 1%，则 u_{21}

见式（7-124）。

$$u_{21} = \frac{0.01}{k} \tag{7-124}$$

式中　k—— 一般 $k=2$。

（2）CO 测定仪工作曲线线性拟合的非线性引入的标准不确定度，记作 u_{22}。

根据实验室最近一次标定 CO 仪的记录，采用最小二乘法对数据进行线性回归，如式（7-125）所示。

$$u_{22} = \frac{S_E}{a} \times \sqrt{\frac{1}{p} + \frac{1}{n} + \frac{(\bar{x} - \bar{C})^2}{S_{XX}}} \tag{7-125}$$

式中　p——样品测定次数（2）；

$\bar{x}$——CO 示值平均值；

n——工作曲线测定次数（4）；

$\bar{C}$—— 标准气体浓度平均值。

则 U_2如式（7-126）所示。

$$u_2 = \sqrt{u_{21} + u_{22}} \tag{7-126}$$

相对标准不确定度如式（7-127）所示。

$$u_{r2} = \frac{u_2}{\bar{x}} \tag{7-127}$$

3. 由抽吸容量的变化引入的标准不确定度 u_3

在 CO 测定过程中，抽吸容量是在不断变化，但在计算 CO 值时只按照开始时的测定值代入计算，标准规定抽吸容量的变化范围为（35.0±0.3）mL，假设其他参数均不变，设为常数 C，则抽吸容量在（35.0±0.3）mL 之间变化对 CO 的影响见式（7-128）。

$$\Delta CO_v = \frac{CO_v - CO}{CO} = \frac{(35 \pm 0.3)C - 35C}{35C} = \pm\frac{0.30}{35.0} = \pm 0.86\% \tag{7-128}$$

由此引入的相对标准不确定度（按均匀分布考虑），结果如式（7-129）所示。

$$u_{r3} = \frac{0.30}{35.0 \times \sqrt{3}} \tag{7-129}$$

4. 由温度变化引入的标准不确定度 u_4

标准规定环境温度的变化范围为（22.0±2.0）℃，假设其他参数均不变，设为常数 C，环境温度变化对 CO 的影响见式（7-130）。

$$\Delta CO_T = \frac{CO_T - CO}{CO} = \frac{\frac{1}{295 \pm 2}C - \frac{1}{295}C}{\frac{1}{295}C} = \pm 0.68\% \tag{7-130}$$

则相对标准不确定度见式（7-131）。

$$u_{r4} = \frac{0.0068}{\sqrt{3}} \tag{7-131}$$

5. 由大气压强的变化引入的不确定度。大气压强在同一实验室的一段时间内基本恒定，由此引入的不确定度可不予考虑。

将 u_{r1}—u_{r4} 合并（不考虑相关系数），可得合成相对不确定度，如式（7-132）所示。

$$u_{rCO} = \sqrt{u_{r1}^2 + u_{r2}^2 + u_{r3}^2 + u_{r4}^2} \tag{7-132}$$

则合成不确定度如式（7-133）所示。

$$u_{CO} = \bar{x} \times u_{rCO} \tag{7-133}$$

扩展不确定度如式（7-134）所示。

$$U_{CO} = k \times u_{CO}(\text{包含因子 } k = 2) \tag{7-134}$$

注：在上述分析评定中，重复性测定的标准偏差均用 $s = \sqrt{\frac{\sum_{i=1}^{n}(x_i - \bar{x})^2}{n-1}}$ 来计算，对烟气分析来说重复性次数高意味着检测成本的直线上升，在重复性次数 n 较低时（4 ~ 9），可用极差法计算标准偏差，如式（7 - 135）所示。

$$S = \frac{R}{C} \tag{7-135}$$

其中 R 为极差；C 为极差系数，由表 7-14 查得。

表 7-14　　不同测试次数下的极差系数表

n	2	3	4	5	6	7	8	9	10	11	12
C	1.13	1.69	2.06	2.33	2.53	2.70	2.85	2.97	3.08	3.47	3.73

第五节　综合评定法不确定度分析

依据标准 JJF 1059.1—2012《测量不确定度评定与表示》，在规定实验方法的国家标准或类似的技术文件中，按规定的测量条件，当明确指出两次测量结果之差的重复性限 r 或再现性限 R 时，如无特殊说明，则测量结果标准不确定度如式（7-136）、式（7-137）所示。

$$u_r(x_i) = r/2.83 \tag{7-136}$$

或

$$u_R(x_i) = R/2.83 \tag{7-137}$$

国家烟草质量监督检验中心每年组织的全国烟气分析共同实验的数据成为评定烟气各项指标不确定度的最广泛、最客观、最重要的依据（参加实验室最多、样品重复性最大、综合影响因素最全）。

表 7-15 所示为某年全国烟气分析共同实验焦油量、烟气烟碱量、烟气一氧化碳量的重复性和重现性值，样品 A、B、C、D 基本覆盖了目前国内大部分卷烟产品焦油量分布段。

表 7-15　　共同实验不同样品的重复性和重现性值

	焦　油			烟　碱			一氧化碳		
样品	平均值/（mg/支）	r	R	平均值/（mg/支）	r	R	平均值/（mg/支）	r	R
A	3.07	0.39	0.84	0.33	0.04	0.10	4.70	0.55	1.53
B	7.27	0.74	1.25	0.65	0.06	0.11	7.76	0.86	1.79
C	12.26	0.65	1.49	1.11	0.07	0.20	11.85	0.98	2.22
D	14.97	0.70	1.96	1.48	0.11	0.23	14.12	1.04	2.20

根据式 7-136，可得焦油量、烟气烟碱量、烟气一氧化碳量的标准不确定度如表 7-16 所示。

表 7-16 共同实验不同样品的标准不确定度

	焦油			烟碱			一氧化碳		
样品	平均值/(mg/支)	u_r	U_R	平均值/(mg/支)	u_r	U_R	平均值/(mg/支)	u_r	U_R
A	3.07	0.138	0.297	0.33	0.014	0.035	4.70	0.194	0.541
B	7.27	0.261	0.442	0.65	0.021	0.039	7.76	0.304	0.633
C	12.26	0.230	0.527	1.11	0.025	0.071	11.85	0.346	0.784
D	14.97	0.247	0.693	1.48	0.039	0.081	14.12	0.367	0.777

注：u_r代表重复性表示的标准不确定度。u_R代表重现性表示的标准不确定度。

表 7-16 中标准不确定度乘包含因子，可得焦油量、烟气烟碱量、烟气一氧化碳量的扩展不确定度。

据此方法所得到的标准不确定度值准确、客观地反映了实验室个体（U_r）和国内烟气分析总体（U_R）的实际检测质量水平。即本次共同实验样品 A、B、C、D 平均值的标准不确定度。

如果共同实验的样品足够多，且涵盖不同焦油量等级，就可以得到一条对应不同焦油量等级的标准不确定度曲线，这条曲线表示了不同焦油量等级的标准不确定度。在样品量不够多的情况下，将焦油量和标准不确定度作回归曲线，可得到一条连续的曲线（或直线），以近似反映不同焦油量检测值时的标准不确定度值。以同样方法，如果综合近几年亚洲合作实验和全国共同实验的重复性值和重现性值，评估出的标准不确定度值应更为客观和准确反映通常情况下按照标准测试方法测试样品的标准不确定度。按照标准测试方法（ISO 标准和国标）进行实验的实验室可以将评估出的标准不确定度作为实验室的相应检测水平的不确定度值予以评估。同样的方法可以对烟气烟碱量和一氧化碳量的标准不确定度进行评估。

需要说明的是：

（1）共同实验参加实验室多，各实验室实验条件虽然均符合标准的要求，但仍存在一定的差异，如果你的实验室各种实验条件控制得更准确，按照重复性 r 或重现性 R（即一般条件下）所得到的标准不确定度可能会偏高；反之，可能会偏低。

（2）实验室一般较为重视数据的比对和共同实验，通常在进行共同实验时往往提前校验各实验条件和参数，并且会严格控制各项影响因素，此时得到的实验数据可能准确性更高，离散性较小。据此数据评估得到的标准不确定度可能会偏低，给实验室带来风险。

（3）测量不确定度的报告只表示这一次测量的分散性，没有测量就没有测量不确定度，烟气分析测量不确定度除了包括测量系统所带来的不确定度外，还应包括样品的分散性所带来的不确定度。用重复性 r 或重现性 R 评估的不确定度，应准确反映了共同实验样品检测结果（平均值）的不确定度，包括共同实验样品的分散性；用它来反映我们日常检测样品的不确定度，只是部分带入了样品的分散性，而没有完全带入，这点也存在风险。

（4）一般情况下，实验室在有能力对各种影响因素所带来的不确定度进行评定时，应优先采用第一种评定方法，而此方法只是对不确定度进行评估。用它来表示单次测量的不确定度应只是一个估计值。

不确定因素的排摸、评定方法的选择、实验室的能力资源等在不确定度的评定中是十分重要的。本次评定较充分地考虑了各方面的因素。其主要表现如下。

（1）直线型吸烟机与转盘型吸烟机在某些不确定分量的评定中分开进行是一个正确的选择。两种吸烟机在测量过程及参数控制上有一定的区别。直线型吸烟机每抽吸一个样品需 60~100min，转盘型吸烟机仅需 10min，因此在温湿度不确定因素恒定控制上，直线型吸烟机很难做到；直线型吸烟机是多通道吸烟机，各通道气流速度、抽吸容量均存在一定的差异，恒定控制不易做到。转盘型吸烟机是单通道吸烟机，气流速度、抽吸容量基本恒定。为此直线型吸烟机在总粒相物、水分、烟碱及 CO 示值的评定中用组间差的估计值方法，转盘型吸烟机用灵敏系数方法。

（2）本次评定中用评定和评估两种方法来确定各项目的测量不确定度。其原因是用评定的方法来确定各项目的测量不确定度成本较高，难度较大，某些资源、能力稍弱的实验室在短期内做到有一定的难度，因此推出了相对较易做到的评估方法。但必须指出评估方法有一定的风险。

（3）由于烟气分析不确定因素多、测量烦琐。为方便测量不确定度在日常工作中的运用，确定可固定或一段时间内可固定的量（值）是十分必要的。为此，在本项目的评定中确定了很多固定量（值）。在这些固定量（值）的基础上，只要通过一次正常实验即可完成各项目测量不确定度评定。

（4）从示例评定结果来看，各项目测量不确定度与重复性实验数据吻合，这也证明了评定方法的切实有效。

附录一

实验数据

1. 重复性实验数据

（1）样品 A 重复性实验数据如表 1 所示。

表 1　　样品 A 重复性实验数据

-----	总粒相物 /mg	抽吸口数	一氧化碳示值 /%	一氧化碳含量 /mg	水分 /mg	烟气烟碱量 /mg	焦油 /mg
第 1 轮	3. 62	7. 14	1. 61	5. 47	0. 20	0. 31	3. 12
	4. 06	7. 54	1. 58	5. 63	0. 23	0. 34	3. 48
	3. 70	6. 70	1. 69	5. 42	0. 20	0. 32	3. 17
	3. 08	7. 00	1. 46	4. 89	0. 18	0. 28	2. 62
	3. 88	7. 18	1. 63	5. 58	0. 22	0. 34	3. 32
	3. 58	7. 28	1. 42	4. 91	0. 18	0. 30	3. 11
	3. 80	6. 74	1. 58	5. 10	0. 18	0. 32	3. 30
	3. 78	6. 88	1. 61	5. 30	0. 20	0. 32	3. 26
平均值	3. 69	7. 06	1. 57	5. 29	0. 20	0. 32	3. 17
第 2 轮	3. 58	6. 50	1. 70	5. 31	0. 08	0. 28	3. 21
	3. 58	6. 90	1. 62	5. 33	0. 18	0. 30	3. 11
	3. 62	7. 08	1. 59	5. 35	0. 23	0. 30	3. 09
	3. 9	6. 84	1. 86	6. 07	0. 04	0. 32	3. 54
	3. 92	7. 00	1. 76	5. 86	0. 07	0. 34	3. 51
	3. 74	7. 00	1. 63	5. 43	0. 15	0. 31	3. 28
	3. 36	7. 02	1. 47	4. 91	0. 26	0. 28	2. 82
	3. 86	7. 30	1. 60	5. 53	0. 13	0. 33	3. 40
平均值	3. 70	6. 96	1. 65	5. 47	0. 14	0. 31	3. 25
第 3 轮	4. 04	7. 22	1. 82	6. 22	0. 27	0. 35	3. 43
	4. 06	6. 90	1. 90	6. 24	0. 11	0. 32	3. 63
	3. 72	7. 04	1. 75	5. 85	0. 09	0. 32	3. 31
	3. 98	6. 74	1. 80	5. 79	0. 24	0. 33	3. 41
	3. 52	6. 96	1. 52	5. 03	0. 08	0. 30	3. 14
	3. 92	7. 00	1. 62	5. 39	0. 23	0. 31	3. 38
	3. 58	6. 62	1. 74	5. 51	0. 12	0. 30	3. 16
	3. 56	6. 82	1. 68	5. 46	0. 13	0. 30	3. 12
平均值	3. 80	6. 91	1. 73	5. 69	0. 16	0. 32	3. 32

续表

-----	总粒相物 /mg	抽吸口数	一氧化碳示值 /%	一氧化碳含量 /mg	水分 /mg	烟气烟碱量 /mg	焦油 /mg
第4轮	3.66	7.30	1.56	5.40	0.15	0.30	3.21
	3.56	7.10	1.58	5.34	0.21	0.31	3.04
	3.68	7.04	1.70	5.70	0.20	0.30	3.18
	3.36	6.80	1.55	5.04	0.13	0.28	2.95
	3.72	6.96	1.68	5.58	0.16	0.32	3.24
	3.72	6.68	1.77	5.67	0.15	0.30	3.26
	3.22	7.16	1.32	4.49	0.15	0.27	2.79
	3.96	7.46	1.63	5.75	0.18	0.33	3.45
平均值	3.61	7.06	1.60	5.37	0.17	0.30	3.14
第5轮	3.42	7.00	1.55	5.18	0.23	0.28	2.91
	4.18	7.16	1.79	6.10	0.26	0.33	3.59
	3.86	6.90	1.68	5.55	0.29	0.32	3.25
	3.92	6.80	1.63	5.31	0.23	0.32	3.37
	3.28	6.92	1.44	4.77	0.27	0.27	2.73
	3.24	7.00	1.43	4.78	0.24	0.27	2.73
	3.22	7.04	1.37	4.60	0.19	0.26	2.77
	4.16	7.02	1.81	6.07	0.24	0.34	3.58
平均值	3.66	6.98	1.59	5.30	0.24	0.30	3.12
第6轮	3.36	6.62	1.58	5.03	0.17	0.28	2.91
	3.56	7.04	1.56	5.24	0.16	0.30	3.10
	3.54	6.98	1.44	4.80	0.23	0.29	3.02
	3.82	6.90	1.68	5.54	0.28	0.32	3.22
	3.60	6.96	1.59	5.28	0.19	0.31	3.09
	3.48	7.20	1.34	4.59	0.18	0.29	3.01
	3.72	7.00	1.55	5.18	0.21	0.32	3.19
	3.38	7.36	1.40	4.89	0.23	0.28	2.88
平均值	3.56	7.01	1.52	5.07	0.21	0.30	3.05

续表

-----	总粒相物 /mg	抽吸口数	一氧化碳示值 /%	一氧化碳含量 /mg	水分 /mg	烟气烟碱量 /mg	焦油 /mg
第 7 轮	3. 64	7. 06	1. 70	5. 72	0. 14	0. 32	3. 18
	3. 50	6. 92	1. 63	5. 39	0. 20	0. 28	3. 02
	3. 62	7. 02	1. 69	5. 66	0. 17	0. 31	3. 14
	3. 56	6. 98	1. 51	5. 03	0. 17	0. 29	3. 10
	3. 68	6. 80	1. 73	5. 64	0. 18	0. 32	3. 19
	3. 58	7. 00	1. 62	5. 41	0. 14	0. 29	3. 15
	3. 86	6. 92	1. 67	5. 52	0. 14	0. 31	3. 41
	3. 42	7. 02	1. 48	4. 96	0. 18	0. 29	2. 96
平均值	3. 61	6. 97	1. 63	5. 42	0. 16	0. 30	3. 14
第 8 轮	3. 58	6. 94	1. 43	4. 74	0. 11	0. 30	3. 17
	3. 78	6. 70	1. 68	5. 40	0. 17	0. 31	3. 30
	3. 64	6. 92	1. 53	5. 06	0. 05	0. 30	3. 29
	3. 40	6. 68	1. 54	4. 94	0. 16	0. 29	2. 95
	3. 70	6. 78	1. 59	5. 16	0. 14	0. 33	3. 23
	3. 36	6. 70	1. 50	4. 82	0. 21	0. 28	2. 86
	3. 80	7. 00	1. 61	5. 38	0. 20	0. 32	3. 28
	3. 62	7. 04	1. 50	5. 03	0. 13	0. 31	3. 18
平均值	3. 61	6. 84	1. 55	5. 07	0. 15	0. 31	3. 16
第 9 轮	3. 08	7. 04	1. 38	4. 63	0. 20	0. 28	2. 60
	3. 92	6. 64	1. 69	5. 39	0. 24	0. 33	3. 35
	3. 46	6. 86	1. 49	4. 89	0. 24	0. 31	2. 91
	3. 44	6. 92	1. 53	5. 06	0. 21	0. 34	2. 89
	3. 38	6. 84	1. 50	4. 91	0. 20	0. 31	2. 87
	3. 36	6. 86	1. 44	4. 72	0. 18	0. 30	2. 88
	3. 52	6. 88	1. 49	4. 90	0. 22	0. 32	2. 98
	3. 36	6. 86	1. 43	4. 69	0. 18	0. 31	2. 87
平均值	3. 44	6. 86	1. 49	4. 90	0. 21	0. 31	2. 92

续表

-----	总粒相物/mg	抽吸口数	一氧化碳示值/%	一氧化碳含量/mg	水分/mg	烟气烟碱量/mg	焦油/mg
第 10 轮	3.58	6.66	1.61	5.16	0.24	0.30	3.04
	3.66	6.70	1.59	5.12	0.24	0.32	3.10
	3.78	7.04	1.56	5.24	0.21	0.31	3.26
	3.28	7.00	1.35	4.52	0.18	0.28	2.82
	3.64	7.00	1.52	5.08	0.23	0.31	3.09
	3.86	6.82	1.70	5.56	0.24	0.32	3.30
	4.00	7.04	1.57	5.28	0.29	0.33	3.38
	4.26	7.34	1.72	6.00	0.25	0.36	3.66
平均值	3.76	6.95	1.58	5.24	0.24	0.32	3.21
总平均值	3.64	6.96	1.59	5.28	0.19	0.31	3.15

（2）样品 B 重复性实验数据如表 2 所示。

表 2　　　　样品 B 重复性实验数据

-----	总粒相物/mg	抽吸口数	一氧化碳示值/%	一氧化碳含量/mg	水分/mg	烟气烟碱量/mg	焦油/mg
第 1 轮	7.74	6.56	2.97	9.35	0.52	0.61	6.61
	8.46	7.08	2.80	9.42	0.53	0.67	7.25
	7.48	6.36	2.90	8.88	0.42	0.57	6.49
	7.94	6.82	2.84	9.24	0.51	0.62	6.81
	8.38	6.78	2.89	9.36	0.58	0.67	7.14
	7.74	6.66	2.87	9.15	0.54	0.62	6.58
	8.00	6.96	2.67	8.85	0.61	0.63	6.76
	8.42	6.88	2.96	9.71	0.57	0.64	7.20
平均值	8.02	6.76	2.86	9.24	0.54	0.63	6.85
第 2 轮	7.56	6.24	2.95	8.88	0.36	0.58	6.62
	7.74	6.50	2.88	8.98	0.41	0.60	6.73
	7.78	6.64	2.72	8.64	0.35	0.61	6.83
	7.70	6.48	2.91	9.05	0.51	0.60	6.59
	7.22	6.80	2.58	8.37	0.28	0.59	6.36
	7.56	6.68	2.78	8.88	0.33	0.59	6.64
	8.12	6.54	2.76	8.65	0.42	0.64	7.06
	9.10	7.00	3.22	10.71	0.33	0.68	8.08
平均值	7.85	6.61	2.85	9.02	0.37	0.61	6.86

续表

-----	总粒相物 /mg	抽吸口数	一氧化碳示值 /%	一氧化碳含量 /mg	水分 /mg	烟气烟碱量 /mg	焦油 /mg
第 3 轮	7.22	6.52	2.74	8.59	0.48	0.55	6.18
	7.74	6.80	2.80	9.11	0.49	0.59	6.65
	8.26	6.88	2.98	9.80	0.51	0.65	7.10
	8.28	6.84	2.83	9.27	0.45	0.65	7.18
	7.78	7.20	2.50	8.57	0.50	0.63	6.66
	7.96	6.72	2.82	9.09	0.45	0.62	6.89
	7.10	6.32	2.61	7.96	0.47	0.54	6.09
	9.00	6.94	3.10	10.27	0.53	0.70	7.77
平均值	7.92	6.78	2.80	9.08	0.48	0.62	6.82
第 4 轮	8.62	7.08	2.91	9.81	0.62	0.68	7.32
	7.66	6.60	2.91	9.23	0.36	0.59	6.71
	7.26	6.26	2.85	8.63	0.35	0.55	6.36
	8.50	6.76	2.91	9.42	0.34	0.66	7.51
	8.08	6.80	2.98	9.70	0.46	0.64	6.97
	7.94	6.28	2.94	8.93	0.43	0.60	6.90
	7.94	6.82	2.70	8.81	0.39	0.62	6.93
	7.92	7.04	2.62	8.79	0.43	0.64	6.84
平均值	7.99	6.70	2.85	9.16	0.42	0.62	6.94
第 5 轮	7.30	6.58	2.76	8.74	0.47	0.56	6.27
	7.04	6.30	2.91	8.88	0.51	0.55	5.98
	8.12	6.88	2.73	8.99	0.61	0.60	6.92
	7.92	6.82	2.78	9.09	0.48	0.61	6.83
	8.16	6.92	2.69	8.90	0.54	0.65	6.97
	7.76	7.00	2.69	8.99	0.50	0.61	6.66
	7.66	6.58	2.69	8.52	0.48	0.58	6.60
	8.94	7.24	2.99	10.30	0.60	0.69	7.65
平均值	7.86	6.79	2.78	9.05	0.52	0.61	6.73

续表

-----	总粒相物/mg	抽吸口数	一氧化碳示值/%	一氧化碳含量/mg	水分/mg	烟气烟碱量/mg	焦油/mg
第6轮	8.24	6.76	3.15	10.21	0.51	0.62	7.11
	7.42	6.72	2.75	8.86	0.51	0.57	6.35
	7.34	6.66	2.85	9.12	0.49	0.57	6.28
	9.06	6.90	3.11	10.26	0.67	0.67	7.73
	7.98	6.80	3.11	10.13	0.49	0.62	6.87
	8.40	7.06	2.99	10.06	0.47	0.66	7.27
	7.86	6.52	3.04	9.55	0.45	0.61	6.81
	7.84	6.82	2.74	8.95	0.48	0.62	6.74
平均值	8.02	6.78	2.97	9.64	0.51	0.62	6.89
第7轮	7.62	6.64	2.83	9.03	0.38	0.60	6.64
	7.98	7.12	2.62	8.89	0.45	0.64	6.90
	7.04	6.10	2.85	8.45	0.33	0.53	6.18
	7.78	6.54	3.01	9.48	0.36	0.60	6.82
	7.68	6.82	2.76	9.02	0.48	0.60	6.60
	7.88	7.00	2.72	9.09	0.44	0.63	6.80
	7.20	7.00	2.43	8.12	0.39	0.58	6.23
	9.12	7.14	3.22	10.95	0.57	0.70	7.86
平均值	7.79	6.80	2.80	9.13	0.42	0.61	6.75
第8轮	7.96	7.1	2.56	8.66	0.45	0.61	6.90
	8.42	6.52	3.06	9.61	0.56	0.63	7.23
	8.04	6.78	2.86	9.29	0.47	0.62	6.95
	8.92	6.76	3.25	10.53	0.71	0.65	7.56
	7.94	6.82	2.81	9.18	0.66	0.61	6.67
	7.92	6.84	2.66	8.71	0.48	0.61	6.84
	7.94	6.52	2.83	8.89	0.45	0.60	6.89
	8.64	6.84	3.04	9.95	0.62	0.66	7.36
平均值	8.22	6.77	2.88	9.35	0.55	0.62	7.05

续表

-----	总粒相物/mg	抽吸口数	一氧化碳示值/%	一氧化碳含量/mg	水分/mg	烟气烟碱量/mg	焦油/mg
第9轮	8.24	6.70	3.03	9.74	0.63	0.61	7.00
	7.60	6.32	2.80	8.56	0.49	0.57	6.54
	8.14	6.92	2.83	9.36	0.48	0.61	7.05
	7.06	6.46	2.82	8.78	0.42	0.58	6.05
	7.94	7.10	2.74	9.26	0.49	0.64	6.81
	8.08	6.58	2.75	8.70	0.47	0.64	6.97
	8.06	6.74	2.93	9.47	0.45	0.62	6.98
	7.48	6.44	2.85	8.85	0.49	0.57	6.42
平均值	7.82	6.66	2.84	9.09	0.49	0.61	6.73
第10轮	7.98	6.80	2.99	9.75	0.61	0.61	6.77
	8.40	6.40	3.23	9.99	0.57	0.63	7.20
	8.38	6.82	2.92	9.55	0.58	0.64	7.15
	8.10	6.92	2.86	9.47	0.58	0.63	6.89
	8.14	6.58	3.03	9.60	0.55	0.63	6.97
	7.90	6.70	2.80	9.01	0.57	0.59	6.74
	8.05	6.58	3.21	8.82	0.52	0.59	6.94
	7.78	6.90	2.63	8.69	0.53	0.62	6.62
平均值	8.09	6.71	2.96	9.36	0.56	0.62	6.91
总平均值	7.96	6.74	2.86	9.21	0.49	0.62	6.85

（3）样品C重复性实验数据如表3所示。

表3　　样品C重复性实验数据

-----	总粒相物/mg	抽吸口数	一氧化碳示值/%	一氧化碳含量/mg	水分/mg	烟气烟碱量/mg	焦油/mg
第1轮	18.24	8.48	3.85	14.69	2.33	1.33	14.58
	17.44	8.40	3.69	13.96	2.16	1.29	13.99
	17.94	8.76	3.51	13.79	2.07	1.35	14.53
	17.56	8.26	3.77	14.05	2.16	1.27	14.13
	16.90	8.08	3.89	14.22	1.96	1.25	13.69
	16.30	8.26	3.51	13.08	2.02	1.25	13.03
	16.96	8.14	3.74	13.76	2.01	1.41	13.54
	17.16	8.34	3.65	13.72	1.97	1.29	13.89
平均值	17.31	8.34	3.70	13.91	2.09	1.30	13.92

续表

-----	总粒相物/mg	抽吸口数	一氧化碳示值/%	一氧化碳含量/mg	水分/mg	烟气烟碱量/mg	焦油/mg
第 2 轮	18.58	9.10	3.68	15.03	2.45	1.43	14.70
	16.84	8.32	3.77	14.21	1.88	1.32	13.65
	17.60	8.64	3.69	14.38	2.15	1.38	14.08
	17.82	8.36	3.70	14.00	2.31	1.36	14.15
	16.84	8.10	3.82	14.06	2.01	1.29	13.55
	17.40	8.72	3.86	15.17	2.17	1.37	13.86
	17.08	8.62	3.61	14.04	1.74	1.36	13.98
	16.46	8.64	3.47	13.53	2.09	1.26	13.11
平均值	17.33	8.56	3.70	14.30	2.10	1.34	13.88
第 3 轮	16.52	8.40	3.72	14.14	1.70	1.34	13.49
	16.98	8.54	3.55	13.69	1.90	1.33	13.76
	17.04	8.74	3.53	13.90	1.90	1.34	13.80
	17.70	8.92	3.45	13.84	1.92	1.40	14.38
	18.32	8.96	3.53	14.22	2.39	1.40	14.53
	16.64	8.66	3.40	13.28	2.05	1.27	13.33
	16.20	8.14	3.46	12.79	1.70	1.28	13.23
	19.16	8.40	3.88	14.75	2.74	1.40	15.02
平均值	17.32	8.60	3.56	13.83	2.04	1.34	13.94
第 4 轮	18.86	9.00	3.78	15.24	2.64	1.47	14.75
	16.96	8.34	3.75	14.12	2.01	1.34	13.61
	16.70	8.42	3.74	14.21	1.86	1.28	13.56
	17.62	8.66	3.72	14.49	2.23	1.38	14.01
	17.08	8.30	3.87	14.51	2.10	1.31	13.67
	17.12	8.44	3.70	14.09	2.06	1.39	13.67
	17.24	8.46	3.88	14.80	2.05	1.36	13.83
	16.64	8.32	3.74	14.06	2.03	1.32	13.30
平均值	17.28	8.49	3.77	14.44	2.12	1.36	13.80

续表

-----	总粒相物 /mg	抽吸口数	一氧化碳示值 /%	一氧化碳含量 /mg	水分 /mg	烟气烟碱量 /mg	焦油 /mg
第 5 轮	15. 36	7. 76	3. 97	14. 02	1. 70	1. 19	12. 47
	16. 82	8. 40	3. 72	14. 10	1. 97	1. 31	13. 54
	17. 48	8. 48	3. 66	13. 99	2. 16	1. 35	13. 97
	17. 86	8. 56	3. 70	14. 26	2. 07	1. 43	14. 37
	17. 12	8. 52	3. 53	13. 55	2. 12	1. 34	13. 65
	16. 88	8. 54	3. 50	13. 47	2. 02	1. 35	13. 51
	16. 38	8. 06	3. 79	13. 85	1. 87	1. 26	13. 25
	18. 28	8. 46	4. 03	15. 37	2. 31	1. 39	14. 58
平均值	17. 02	8. 35	3. 74	14. 08	2. 03	1. 33	13. 67
第 6 轮	17. 94	8. 80	3. 77	14. 88	2. 27	1. 33	14. 34
	16. 86	8. 46	3. 66	13. 94	2. 09	1. 25	13. 52
	17. 60	8. 70	3. 50	13. 67	2. 08	1. 30	14. 22
	17. 58	8. 20	3. 65	13. 52	2. 02	1. 31	14. 25
	16. 64	8. 36	3. 66	13. 80	1. 86	1. 24	13. 54
	18. 24	8. 40	3. 67	13. 89	2. 51	1. 27	14. 46
	17. 76	8. 32	3. 62	13. 59	2. 25	1. 28	14. 23
	17. 78	8. 60	3. 74	14. 46	2. 12	1. 31	14. 36
平均值	17. 55	8. 48	3. 66	13. 97	2. 15	1. 29	14. 12
第 7 轮	16. 28	8. 10	3. 69	13. 52	1. 88	1. 18	13. 22
	17. 18	8. 38	3. 74	14. 13	1. 97	1. 26	13. 95
	17. 26	8. 42	3. 67	13. 92	2. 17	1. 27	13. 81
	17. 06	8. 38	3. 54	13. 37	1. 96	1. 27	13. 82
	18. 12	8. 48	3. 65	13. 94	2. 16	1. 35	14. 61
	17. 42	8. 4	3. 56	13. 48	2. 31	1. 29	13. 82
	17. 00	8. 48	3. 39	12. 94	1. 89	1. 29	13. 82
	18. 58	8. 58	3. 72	14. 35	2. 59	1. 33	14. 66
平均值	17. 36	8. 40	3. 62	13. 71	2. 12	1. 28	13. 97

续表

-----	总粒相物 /mg	抽吸口数	一氧化碳示值 /%	一氧化碳含量 /mg	水分 /mg	烟气烟碱量 /mg	焦油 /mg
第 8 轮	16. 80	8. 58	3. 66	14. 11	1. 93	1. 28	13. 59
	17. 80	8. 22	4. 02	14. 92	2. 42	1. 28	14. 09
	17. 48	8. 08	4. 07	14. 87	2. 40	1. 29	13. 79
	18. 14	8. 08	3. 94	14. 40	2. 32	1. 33	14. 50
	17. 60	8. 74	3. 79	14. 86	2. 07	1. 33	14. 20
	17. 14	8. 56	3. 64	14. 01	1. 93	1. 32	13. 89
	17. 46	8. 44	3. 73	14. 17	2. 16	1. 37	13. 93
	16. 54	8. 46	3. 60	13. 71	1. 71	1. 31	13. 52
平均值	17. 37	8. 40	3. 81	14. 38	2. 12	1. 31	13. 94
第 9 轮	16. 32	8. 2	3. 97	14. 70	1. 72	1. 23	13. 37
	16. 84	8. 46	3. 51	13. 36	1. 83	1. 34	13. 68
	16. 18	8. 34	3. 48	13. 08	1. 80	1. 26	13. 12
	17. 46	8. 52	3. 67	14. 06	2. 00	1. 31	14. 15
	16. 74	8. 72	3. 46	13. 54	1. 81	1. 32	13. 62
	16. 38	8. 06	3. 74	13. 64	1. 91	1. 20	13. 27
	17. 06	8. 72	3. 45	13. 50	2. 28	1. 24	13. 54
	18. 42	8. 72	3. 57	13. 97	2. 53	1. 35	14. 54
平均值	16. 92	8. 47	3. 61	13. 73	1. 98	1. 28	13. 66
第 10 轮	17. 12	8. 58	3. 61	13. 92	1. 93	1. 31	13. 88
	16. 48	8. 58	3. 52	13. 57	1. 64	1. 30	13. 54
	15. 94	8. 70	3. 26	12. 73	1. 54	1. 26	13. 14
	16. 18	8. 40	3. 41	12. 90	1. 76	1. 21	13. 22
	17. 40	8. 44	3. 49	13. 26	2. 01	1. 33	14. 07
	17. 20	8. 44	3. 42	12. 99	1. 96	1. 35	13. 88
	17. 18	8. 36	3. 56	13. 41	2. 02	1. 36	13. 80
	17. 28	8. 56	3. 43	13. 20	2. 32	1. 29	13. 67
平均值	16. 85	8. 51	3. 46	13. 25	1. 90	1. 30	13. 65
总平均值	17. 23	8. 46	3. 66	13. 96	2. 06	1. 31	13. 85

2. 定量加液器重复性实验数据

定量加液器重复性实验数据如表 4 所示。

表 4　定量加液器重复性实验数据

次数	1	2	3	4	5	6	7	8	9	10
体积/mL	20. 2357	20. 3777	20. 2847	20. 2563	20. 3345	20. 3445	20. 3175	20. 3630	20. 3437	20. 3440
平均值/ mL	20. 3202									
标准差/mL	0. 00932									

附录二

相关性分析

环境条件（摄氏温度、相对湿度、大气压强）及吸烟机工作参数（气流速度、抽吸容量）与测量项目测量平均值之间的相关性如表 1 所示。

表 1　　环境条件及吸烟机工作参数与测试项目间相关系数

相关系数		样品 A	样品 B	样品 C
摄氏温度/℃	总粒相物/mg	0. 510	0. 075	0. 488
	一氧化碳示值/%	0. 595	−0. 261	−0. 125
	烟气水分/mg	−0. 600	−0. 491	0. 228
	烟气烟碱量/mg	0. 352	0. 201	0. 314
相对湿度/%	总粒相物/mg	0. 220	0. 302	0. 165
	一氧化碳示值/%	0. 360	−0. 061	0. 530
	烟气水分/mg	−0. 599	−0. 078	0. 256
	烟气烟碱量/mg	0. 298	0. 547	0. 808
大气压强/Pa	总粒相物/mg	0. 402	0. 407	−0. 467
	一氧化碳示值/%	−0. 317	0. 302	−0. 361
	烟气水分/mg	0. 494	0. 776	−0. 485
	烟气烟碱量/mg	0. 494	0. 564	−0. 536
气流速度/（mm/s）	总粒相物/mg	0. 180	−0. 044	−0. 283
	一氧化碳示值/%	−0. 034	0. 328	0. 348
	烟气水分/mg	−0. 016	0. 225	−0. 106
	烟气烟碱量/mg	0. 033	−0. 198	0. 094
抽吸容量/mL	总粒相物/mg	0. 439	0. 948	−0. 126
	一氧化碳示值/%	0. 141	0. 429	−0. 177
	烟气水分/mg	−0. 199	0. 663	−0. 157
	烟气烟碱量/mg	0. 592	0. 587	−0. 153

用相关系数对其进行检验得到的结论是：环境条件（摄氏温度、相对湿度、大气压强）及吸烟机工作参数（气流速度、抽吸容量）在标准要求范围内的变化与测量项目的测量平均值之间不存在线性相关关系。

附录三

正态分布检验

采用 W 检验法，显著性水平 0.05。

1. 组内正态分布检验

$n=6$，临界值 $W(n, \alpha)=0.788$；$n=7$，临界值 $W(n, \alpha)=0.803$；$n=8$，临界值 $W(n, \alpha)=0.818$。

先进行格拉布斯离群值检验，再进行正态分布检验。

样品 A 离群值检验见表 1。

表 1　样品 A 离群值检验

-----	总粒相物/mg	抽吸口数	一氧化碳示值/%	一氧化碳量/mg	水分/mg	烟气烟碱量/mg	焦油/mg
第 1 轮	0.9570	0.9632	0.8976	0.9065	0.9327	0.9225	0.9272
第 2 轮	0.9230	0.9218	0.9630	0.9411	0.9674	0.9421	0.9549
第 3 轮	0.8633	0.9922	0.9799	0.9460	0.8524	0.8770	0.9205
第 4 轮	0.9402	0.9896	0.9301	0.9027	0.9102	0.9569	0.9649
第 5 轮	0.8473	0.9675	0.9274	0.9075	0.9624	0.8663	0.8485
第 6 轮	0.9570	0.9512	0.9425	0.9855	0.9366	0.8867	0.9520
第 7 轮	0.9605	0.9011	0.8936	0.8811	0.8692	0.8696	0.9254
第 8 轮	0.9192	0.8748	0.9761	0.9436	0.9574	0.9826	0.8232
第 9 轮	0.8919	0.8617	0.9394	0.8981	0.9059	0.9620	0.8809
第 10 轮	0.9825	0.9227	0.9191	0.9359	0.9249	0.9572	0.9738

样品 B 离群值检验见表 2。

表 2　样品 B 离群值检验

-----	总粒相物/mg	抽吸口数	一氧化碳示值/%	一氧化碳量/mg	水分/mg	烟气烟碱量/mg	焦油/mg
第 1 轮	0.9082	0.9804	0.9177	0.9464	0.9320	0.9458	0.8872
第 2 轮	0.9534	0.9809	0.9517	0.9263	0.9374	0.8589	0.9672
第 3 轮	0.9573	0.9701	0.9750	0.9758	0.9566	0.9544	0.9607
第 4 轮	0.9471	0.9048	0.8329	0.9177	0.9134	0.9764	0.9575
第 5 轮	0.9661	0.9726	0.8176 *	0.9163	0.8519	0.9448	0.9643
第 6 轮	0.9450	0.9870	0.8737	0.8485	0.9357	0.8998	0.9608
第 7 轮	0.9018	0.8902	0.9838	0.9325	0.9491	0.9502	0.8716
第 8 轮	0.7947 *	0.8908	0.9715	0.9294	0.8748	0.8818	0.9219
第 9 轮	0.8854	0.9627	0.9076	0.9323	0.8164	0.8810	0.8529
第 10 轮	0.9466	0.9322	0.9645	0.9304	0.9370	0.8649	0.9625

样品 C 离群值检验见表 3。

表 3　　样品 C 离群值检验

-----	总粒相物/mg	抽吸口数	一氧化碳示值/%	一氧化碳量/mg	水分/mg	烟气烟碱量/mg	焦油/mg
第 1 轮	0.9855	0.9385	0.9330	0.9556	0.8890	0.9054	0.9623
第 2 轮	0.9559	0.9507	0.9547	0.9095	0.9895	0.9624	0.9816
第 3 轮	0.9176	0.9600	0.8645	0.9790	0.8532	0.8646	0.9249
第 4 轮	0.9543	0.8884	0.8464	0.8718	0.9400	0.9537	0.9669
第 5 轮	0.9736	0.9577	0.9378	0.9300	0.9870	0.9556	0.9619
第 6 轮	0.9017	0.9620	0.9146	0.8587	0.9599	0.9517	0.7558 *
第 7 轮	0.9403	0.8692	0.8953	0.9669	0.8864	0.9234	0.8539
第 8 轮	0.9731	0.9186	0.9043	0.8995	0.9373	0.9193	0.9711
第 9 轮	0.8916	0.8961	0.8536	0.9426	0.8415	0.9256	0.9182
第 10 轮	0.8392	0.9310	0.9572	0.9785	0.9583	0.9400	0.9218

经离群值剔除后进行正态分布检验，拒绝正态分布的组（项目）是 3 个（B 样品 TPM 第 8 轮、B 样品 CO *C* 第 5 轮、C 样品 NFDPM 第 6 轮），占 1.43%。按显著性水平 0.05，可以认为主流烟气各项目测定数据呈正态分布。

2. 10 组平均值正态分布检验 $n=10$ $\alpha=0.05$　临界值 $W(n, \alpha)=0.842$

样品 A、样品 B、样品 C 的正态分布检验见表 4。

表 4　　样品 A、样品 B、样品 C 的正态分布检验

-----	总粒相物/mg	抽吸口数	一氧化碳示值/%	一氧化碳量/mg	水分/mg	烟气烟碱量/mg	焦油/mg
样品 *A*	0.9423	0.9527	0.9884	0.9777	0.9134	0.8533	0.9332
样品 *B*	0.9704	0.8513	0.9086	0.9599	0.9359	0.9573	0.9845
样品 *C*	0.9097	0.9781	0.9728	0.9361	0.9311	0.9188	0.8534

各项目测定平均值均呈正态分布。

附录四

1. 格拉布斯离群值剔除准则

当偏差 $|x_i - \bar{x}| > \lambda * S$ 时，x_i将作为离群值被剔除。

式中　λ——格拉布斯临界值；

S——一组测量值的标准差。

剔除离群值后，平均值及标准差将重新计算，再进行离群值检验（格拉布斯临界值也发生变化），直至没有离群值。

2. *W* 检验法

W 检验法用于检验测量值是否服从正态分布。

步骤如下。

（1）把独立测量值由小到大排序：

$$x_{(1)} \leqslant x_{(2)} \leqslant \cdots \leqslant x_{(n)};$$

（2）查附表 1 定系数　α_{in}；

（3）计算

$$W = \frac{\left\{ \sum_{i=1}^{[n/2]} \alpha_{in} (x_{(n-i+1)} - x_{(i)}) \right\}^2}{\sum_{i=1}^{n} (x_i - \bar{x})^2}$$

式中　$[n/2]$——$n/2$ 的整数部分；

n——偶数时是 $n/2$；

n——奇数时是（$n-1$）/2；

（4）给定显著性水平查附表 2 定临界值 $W(n, \alpha)$；

（5）若 $W < W(n, \alpha)$，拒绝正态性假设，否则认为测量值服从正态分布。

附表 1　　系数 α_{in}

i \ n	2	3	4	5	6	7	8	9	10
1	0. 7071	0. 7071	0. 6872	0. 6646	0. 6431	0. 6233	0. 6052	0. 5888	0. 5739
2			0. 1677	0. 2413	0. 2806	0. 3031	0. 3164	0. 3244	0. 3291
3					0. 0875	0. 1401	0. 1743	0. 1976	0. 2141
4							0. 0561	0. 0947	0. 1224
5									0. 0399

附表 2　　$W(n, \alpha)$　$\alpha = 0.05$

n	3	4	5	6	7	8	9	10	11
$W(n, \alpha)$	0. 767	0. 748	0. 762	0. 788	0. 803	0. 818	0. 829	0. 842	0. 850
n	12	13	14	15	16	17	18	19	20
$W(n, \alpha)$	0. 859	0. 866	0. 874	0. 881	0. 887	0. 892	0. 897	0. 901	0. 905

第八章
卷烟主流烟气特殊成分测量不确定度评定

第一节　主流烟气中氰化氢测量不确定度评定

一、测量依据

测量依据包括以下标准：

（1）GB/T 19609—2004《卷烟　用常规分析用吸烟机测定　总粒相物和焦油》

（2）GB/T 16450—2004《常规分析用吸烟机　定义和标准条件》

（3）GB/T 16447—2004《烟草及烟草制品　调节和测试的大气环境》

（4）YC/T 253—2019《卷烟 主流烟气中氰化氢的测定 连续流动法》

二、测量条件

1. 环境条件

（1）卷烟样品调节按 GB/T 16447—2004《烟草及烟草制品　调节和测试的大气环境》的要求，在调节大气中调节 48～240h。

（2）气相、粒相收集按 GB/T 16447—2004《烟草及烟草制品　调节和测试的大气环境》的要求，在测试大气中进行。

（3）连续流动法测定在化学分析实验室内进行，温湿度符合仪器正常工作的要求，无震动、扬尘、电磁干扰等情况。

2. 测量设备

测量设备如下所示。

① 吸烟机（采用直线型吸烟机）、连续流动分析仪。

② 计量器具：容量瓶 50mL，实验室计量证书给出最大允差 0.060mL；

容量瓶 25mL，实验室计量证书给出最大允差 0.040mL；

移液枪 1mL，实验室计量证书给出最大相对允差 0.060%；

移液枪 5mL，实验室计量证书给出最大相对允差 0.010%；

定量加液器 50mL，实验室计量证书给出最大相对允差 0.030%。

三、测量过程

测量过程包括卷烟样品调节，（质量、吸阻）分选，吸烟机抽吸（每通道4支），对气相收集液定容（50mL），并对滤片（粒相）加液（50mL），萃取，过滤，将粒相萃取液和定容后的气相收集液分别装入样品杯内，用连续流动分析仪测定，根据标准溶液的拟合工作曲线得到结果。

四、数学模型

氰化氢气相和粒相分别如式（8-1）、式（8-2）所示。

$$y_{气} = k(c'_{气} \times V_{气}) \tag{8-1}$$

$$y_{粒} = k(c'_{粒} \times V_{粒}) \tag{8-2}$$

式中　$y_{气}$——氰化氢的气相，μg/支；

$y_{粒}$——氰化氢的粒相，μg/支；

$c'_{气}$——萃取溶液中氰化氢气相的测定浓度，μg/mL；

$c'_{粒}$——萃取溶液中氰化氢粒相的测定浓度，μg/mL

$V_{气}$——氰化氢气相的定容体积，mL；

$V_{粒}$——氰化氢粒相的加液体积，mL 支。

k——$k=1.038/n$，其中 n 是抽吸烟支数。

为方便测量不确定度评定，可将式（8-1）、式（8-2）转换成式（8-3）、式（8-4）。

$$y_{气} = c_{气} \times V_{气} \tag{8-3}$$

$$y_{粒} = c_{粒} \times V_{粒} \tag{8-4}$$

式中　$c_{气}$——$c_{气}=k\times c'_{气}$，μg/（mL·支）；

$c_{粒}$——$c_{粒}=k\times c'_{粒}$，μg/（mL·支）。

氰化氢气相和粒相合成如式（8-5）所示。

$$y_{氰化氢} = y_{气} + y_{粒} \tag{8-5}$$

五、不确定因素

1. 不同时间段测量值差异引入的不确定因素 δ_1

该不确定因素主要包括吸烟机相关参数的差异、环境条件的差异等形成测量结果的差异。而这些差异的具体体现是不同时间段各组间测量结果的差异，即组间差异。

2. 测量重复性引入的不确定因素 δ_2

根据标准，每一测量结果由 2 个平行测量数据取平均值获取。2 个平行测量数据间的差异形成了测量结果的差异，即组内差异。

3. 样品的前处理引入的不确定因素 δ_3

该不确定因素包括气相收集部分定容不准产生的差异、粒相收集部分加液不准形成的差异。

4. 标准溶液制备引入的不确定因素 δ_4

该不确定因素是在系列标准溶液制备中，各计量器具不准产生的差异。

5. 连续流动分析法引入的不确定因素 δ_5

该不确定因素是由拟合工作曲线非线性形成的差异。

6. 连续流动分析仪测量重复性引入的不确定因素 δ_6

该不确定因素是连续流动分析仪测量稳定性形成的差异。

7. 连续流动法回收率引入的不确定因素 δ_7

该不确定因素是连续流动法加标回收率形成的差异。

以上 7 个不确定因素构成了氰化氢气相和粒相测量结果的差异。构成氰化氢浓度差异的不确定因素是 δ_1，δ_2，δ_3，δ_4，δ_5，δ_6，δ_7，即 f_c（δ_1，δ_2，δ_3，δ_4，δ_5，δ_6，δ_7）；构成萃取液体积差异的不确定因素是 δ_3，即 f_V（δ_3）。

氰化氢测量不确定度评定的因果关系图如图 8-1 所示。

六、不确定分量评定

（一）氰化氢气相部分不确定分量

1. 组间差异的量化

该评定采用多组重复测量，以组间差的估计值予以量化。

组间差估计值的获取是建立在 χ^2 基础上，χ^2 的前提是卷烟样品测量数据服从正态分布。

（1）评定步骤

①：按标准要求，对卷烟样品重复测量，获取样品的浓度值 $c_{气i}$；

②：确认各组浓度测量平均值 $\bar{c}_{气i}$ 呈正态分布；

③：对各 $\bar{c}_{气i}$ 进行异常值检验，并剔除离群值（歧离值）；

④：计算组间、组内偏差平方和；

⑤：计算组间差的估计值。

（2）评定

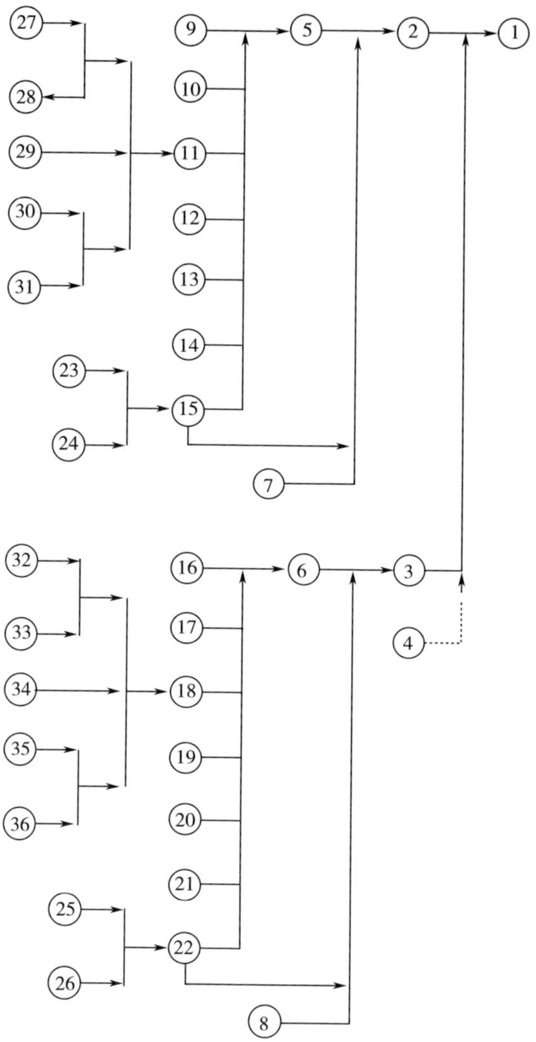

图 8-1 氰化氢测量不确定度评定因果关系图

1—氰化氢 2—氰化氢气相 3—氰化氢粒相 4—气相与粒相的相关性 5—氰化氢气相浓度 6—氰化氢粒相浓度 7—氰化氢气相浓度与定容体积的相关性 8—氰化氢粒相浓度与加液体积的相关性 9、16—不同时间段测量值变异引入的不确定因素 δ_1 10、17—测量重复性引入的不确定因素 δ_2 11、18—准溶液制备引入的不确定因素 δ_4 12、19—工作曲线非线性形成的变异 δ_5 13、20—连续流动分析仪测量稳定性形成的变异 δ_6 14、21—连续流动法加标回收率形成的变异 δ_7 15、22—样品的前处理引入的不确定因素 δ_3 23、27、32—定容 25—加液 30、35—移液 24、26、28、31、33、36—体膨胀 29、34—标准品不确定度传递

① 对某一卷烟样品进行重复测量，获取每支浓度值，单位是μg/(mL·支)，组数为 m(建议 m 为 8 或 10)；组内重复测量数 $n=2$(标准要求)。

$$c_{气11},\ c_{气21},\ \cdots,\ c_{气i1},\ \cdots,\ c_{气m1}$$

$$c_{气12},\ c_{气22},\ \cdots,\ c_{气i2},\ \cdots,\ c_{气m2}$$

【例 8-1】 用 3R4F 卷烟，在直线型吸烟机上重复收集 10 组氰化氢气相吸收液，定容。按标准要求，用连续流动分析仪进行测定，获取 2×10=20 个氰化氢气相浓度值，如表 8-1 所示。

表 8-1　　氰化氢气相浓度　　单位：μg/（mL·支）

	1	2	3	4	5	6	7	8	9	10
$c_{气i1}$	1.059	1.043	0.996	1.020	0.929	1.090	1.142	1.015	1.035	1.064
$c_{气i2}$	0.973	0.996	1.118	0.971	1.160	1.090	0.999	1.080	1.051	0.900
$c_{气i}$	1.016	1.020	1.057	0.995	1.044	1.090	1.070	1.047	1.043	0.982

② 对 m 个测量平均值进行正态性检验，采用夏皮罗-威尔逊检验法。

夏皮罗-威尔逊检验法见资料性附录 1。

【例 8-2】 把表 8-1 中的浓度平均值 $\bar{c}_{气i}$ 由小到大排序。

表 8-2　　$\bar{c}_{气i}$ 排序　　单位：μg/（mL·支）

$\bar{c}_{气i}$ 升序									
1	2	3	4	5	6	7	8	9	10
0.982	0.995	1.016	1.020	1.043	1.044	1.047	1.057	1.070	1.090

由于 $m/2=5$，则查表获取 a_k，如表 8-3 所示。

表 8-3　　a_k 值

a_1	a_2	a_3	a_4	a_5
0.5739	0.3291	0.2141	0.1224	0.0399

$$W=\frac{\left\{\sum_{k=1}^{[m/2]} a_k(\bar{c}_{气m-k+1}-\bar{c}_{气k})\right\}^2}{\sum_{k=1}^{m}(\bar{c}_{气k}-\bar{c}_k)^2}=0.9753$$

显著性水平取 $\alpha=0.05$

查表临界值 $W(m, \alpha)=0.842$

$W > W(m, \alpha)$，即表 8-1 中的浓度平均值 $\bar{c}_{气i}$服从正态分布。

③ 对 m 个测量平均值进行异常值检验；采用格拉布斯检验法。格拉布斯检验法见资料性附录 2。

【例 8-3】 根据表 8-2 可得

$$\bar{\bar{c}}_{气} = \frac{1}{m}\sum_{i=1}^{m}\bar{c}_{气i} = 1.037\mu g/(mL \cdot 支)$$

$$s = \sqrt{\frac{\sum_{i=1}^{m}(\bar{c}_{气i} - \bar{\bar{c}}_{气})^2}{m-1}} = 3.336 \times 10^{-2}\mu g/(mL \cdot 支)$$

$$G_m = \frac{\bar{c}_{气m} - \bar{\bar{c}}_{气}}{s} = 1.598$$

$$G_1 = \frac{\bar{\bar{c}}_{气} - \bar{c}_{气1}}{s} = 1.629$$

取显著性水平取 $\alpha=0.05$

查表临界值 $G(m, \alpha)=2.290$

G_m，$G_1 < G(m, \alpha)$，即 10 个浓度平均值 $\bar{c}_{气i}$中没有异常值。

④ 组间偏差平方和 $Q_{间}$和组内偏差平方和 $Q_{内}$。

各组平均值的计算如式（8-6）所示。

$$\bar{c}_{气i} = \frac{1}{2}\sum_{j=1}^{2}c_{气ij} \tag{8-6}$$

总平均值的计算如式（8-7）所示。

$$\bar{\bar{c}}_{气} = \frac{1}{m}\sum_{i=1}^{m}\bar{c}_{气i} \tag{8-7}$$

组间偏差平方和的计算如式（8-8）所示。

$$Q_{间} = \sum_{i=1}^{m}2(\bar{c}_{气i} - \bar{\bar{c}}_{气})^2 \tag{8-8}$$

组内偏差平方和的计算如式（8-9）所示。

$$Q_{内} = \sum_{i=1}^{m}\sum_{j=1}^{2}(c_{气ij} - \bar{c}_{气i})^2 \tag{8-9}$$

注：m 为剔除异常值后的组数。

【例 8-4】 $\bar{c}_{气i}$已由表 8-1 获取。

$$\bar{\bar{c}}_{气} = \frac{1}{m}\sum_{i=1}^{m}\bar{c}_{气i} = 1.037[\mu g/(mL\cdot 支)]$$

$$Q_{间} = \sum_{i=1}^{m}2\,(\bar{c}_{气i} - \bar{\bar{c}}_{气})^2 = 2.004\times 10^{-2}\,[\mu g/(mL\cdot 支)]^2$$

$$Q_{内} = \sum_{i=1}^{m}\sum_{j=1}^{2}\,(c_{气ij} - \bar{c}_{气i})^2 = 6.586\times 10^{-2}\,[\mu g/(mL\cdot 支)]^2$$

⑤ 组间差的估计值。

在正态分布的基础上，如式（8－10）、式（8－11）、式（8－12）、式（8-13)所示。

$$\frac{Q_{间}}{n\sigma_{间}^2 + \sigma_{内}^2} \sim \chi^2(m-1) \tag{8-10}$$

$$\frac{Q_{间}}{2\sigma_{间}^2 + \sigma_{内}^2} \sim \chi^2(m-1) \tag{8-11}$$

$$\frac{Q_{内}}{\sigma_{内}^2} \sim \chi^2[m(n-1)] \tag{8-12}$$

$$\frac{Q_{内}}{\sigma_{内}^2} \sim \chi^2(m) \tag{8-13}$$

式中　$\sigma_{间}^2$—— 组间方差；

$\sigma_{内}^2$——组内方差。

组间差 $\sigma_{间}$的估计值如式（8-14）所示。

$$\hat{\sigma}_{间} = \sqrt{\frac{1}{2}\left(\frac{Q_{间}}{m-1} - \frac{Q_{内}}{m}\right)} \tag{8-14}$$

组间差形成的相对不确定分量如式（8-15）所示。

$$u_{气r1} = \frac{\hat{\sigma}_{间}}{\bar{\bar{c}}_{气}} \tag{8-15}$$

【例 8-5】 以④获取的结果，可得：

$$\hat{\sigma}_{间} = \sqrt{\frac{1}{2}\left(\frac{Q_{间}}{m-1} - \frac{Q_{内}}{m}\right)} = 4.047\times 10^{-2}\mu g/(mL\cdot 支)$$

组间差形成的相对不确定分量为：

$$u_{气r1} = \frac{\hat{\sigma}_{间}}{\bar{\bar{c}}_{气}} = 3.904 \times 10^{-2}$$

2. 组内差异的量化

一组测量浓度值 $c_{气_{i1}}$ 和 $c_{气_{i2}}$，其平均值为 $\bar{c}_{气i} = \frac{1}{2}\sum_{j=1}^{2} c_{气ij}$，极差为 $d_i = |c_{气i1} - c_{气i2}|$，则有：$u_{气2}$ 如式(8 - 16) 所示。

$$u_{气2} = \frac{d_i}{1.128 \times \sqrt{2}} \tag{8-16}$$

式中　1.128—— $n = 2$ 时极差转化为标准差的计量系数查表值。

即 $\frac{d}{1.128}$ 为该组两平行浓度值标准差的估计值。

由于测量报告是以两平行测量平均值出示，因此标准差应转化为平均值的标准差，即标准差 / $\sqrt{2}$。

组内差形成的相对不确定分量如式（8–17）所示。

$$u_{气r2} = \frac{u_{气2}}{\bar{c}_{气i}} \tag{8-17}$$

【例 8–6】　以表 8–1 中第 1 列数据为例。以下类同

$$u_{气2} = \frac{d_i}{1.128 \times \sqrt{2}} = 5.368 \times 10^{-2} \mu g/(mL \cdot 支)$$

$$\bar{c}_{气i} = \frac{1}{2}\sum_{j=1}^{2} c_{气ij} = 1.016 \mu g/(mL \cdot 支)$$

组内差形成的相对不确定分量如下：

$$u_{气r2} = \frac{u_{气2}}{\bar{c}_{气}} = 5.284 \times 10^{-2}$$

3. 量化样品前处理引入的变异

测量过程：对氰化氢气相吸收液定容。

涉及的计量器具是容量瓶，不确定度评定见资料性附录 6。

本部分均以资料性附录 6 中方法一［最大（相对）允差］举例，以下

类同。

（1）计量引入的相对不确定分量的计算如式（8-18）所示。

$$u_{计r} = \frac{D}{\sqrt{6} \times V} \quad 或 \quad u_{计r} = \frac{D_r}{\sqrt{6}} \tag{8-18}$$

（2）体膨胀引入的相对不确定分量的计算如式（8-19）所示。

$$u_{体r} = \frac{\Delta t_{max} \times P}{\sqrt{3}} \tag{8-19}$$

（3）样品的前处理形成的相对不确定分量的计算如式（8-20）所示。

考虑 $u_{计r}$ 和 $u_{体r}$ 不相关。

$$u_r = \sqrt{u_{计r}^2 + u_{体r}^2} \tag{8-20}$$

【例 8-7】 （1）计量引入的相对不确定分量

获取的计量证书给出该种 50mL 容量瓶的最大允差是 0.060mL，按三角分布考虑，则有：

$$u_{计r} = \frac{D}{\sqrt{6} \times V} = 4.899 \times 10^{-4}$$

（2）体膨胀引入的相对不确定分量

$\Delta t_{max} = 5℃$，水的体膨胀系数是 0.000208/℃，按均匀分布考虑，则有：

$$u_{体r} = \frac{\Delta t_{max} \times P}{\sqrt{3}} = 6.004 \times 10^{-4}$$

（3）样品的前处理形成的相对不确定分量

$$u_{气r3} = \sqrt{u_{计r}^2 + u_{体r}^2} = 7.749 \times 10^{-4}$$

4. 量化标准溶液制备引入的差异

制备标准储备液引入的相对不确定度按资料性附录 7 进行评定。

【例 8-8】 采用的标准品是浓度为 50μg/mL 的溶液，相对扩展不确定度为 1%（包含因子 $k = 2$）。将该标准品作为标准储备液使用，即 $u_{储r} = u_{标r} = \frac{1}{2 \times 100} = 0.005$。

制备标准溶液引入的相对不确定度按资料性附录 8 进行评定。

【例 8-9】 制备各标准溶液过程如表 8-4 所示：用 1mL 移液枪分别移取 0.1mL、0.75mL 标准储备液，分别置于 25mL 容量瓶定容；用 5mL 移液枪分别移取 1.5mL、3mL、4mL、5mL 标准储备液，分别置于 25mL 容量瓶定容。

共 6 级标准溶液。

表 8-4　　标准溶液制备

标准溶液	移液枪		容量瓶容量/mL	浓度/μg/mL
	移液枪量程 /mL	移取量/mL		
1 级	1	0.1	25	0.2
2 级	1	0.75	25	1.5
3 级	5	1.5	25	3
4 级	5	3	25	6
5 级	5	4	25	8
6 级	5	5	25	10

各标准溶液制备形成的相对不确定分量如表 8-5 所示。

表 8-5　　各标准溶液制备形成的相对不确定分量

		1 级	2 级	3 级	4 级	5 级	6 级
移液枪	移液枪量程 /mL	1		5			
	最大相对允差 / %	0.060		0.010			
	$u_{计量ri}$	2.449×10^{-4}		4.082×10^{-5}			
	水体膨胀系数/℃	2.08×10^{-4}					
	$u_{体膨胀ri}$	6.004×10^{-4}					
	$u_{移ri}$	6.485×10^{-4}		6.018×10^{-4}			
容量瓶	容量瓶容量/mL	25					
	最大允差/mL	0.040					
	$u_{计量ri}$	6.532×10^{-4}					
	水体膨胀系数/℃	2.08×10^{-4}					
	$u_{体膨胀ri}$	6.004×10^{-4}					
	$u_{容ri}$	8.872×10^{-4}					
$u_{ri}=\sqrt{u_{移ri}^2+u_{容ri}^2}$		1.099×10^{-3}		1.072×10^{-3}			

则其相对不确定分量如下：

$$u_{气r4} = \sqrt{n \times u_{储r}^2 + \sum_{i=1}^{n} u_{ri}^2} = 1.253 \times 10^{-2}$$

5. 量化连续流动分析法引入的差异

制备的标准溶液为 n 级。各标准溶液的浓度为 C'_1，C'_2，…，C'_i，…，C_n。将各标准溶液浓度转化成：$C_i = \frac{1.038 \times C'_i}{烟支数}$，可得 C_1，C_2，…，C_i，…，C_n，单位是 μg/（mL · 支）。将各标准溶液通过连续流动分析仪测量，获取各对应响应值 e_1，e_2，…e_i，…，e_n。对形成的各对应点(C_i，e_i)进行线形拟合(最小二乘法)，获取标准工作曲线 $\hat{e} = k\hat{C} + b$。

最小二乘法及残差标准差 S_E 计算见资料性附录 3。通过计算可得连续流动法标准工作曲线非线性形成的相对不确定分量，如式（8-21）所示。

$$u_{气r5} = \frac{S_E}{\bar{C}k} \times \sqrt{\frac{1}{P} + \frac{1}{n} + \frac{(\bar{c} - \bar{C})^2}{L_{CC}}} \tag{8-21}$$

式中 P—— 样品测量数，按标准 $P = 2$；

$\bar{C}$—— $\bar{C} = \frac{1}{n}\sum_{i=1}^{n} C_i$；

$\bar{c}$—— 两平行样品测量平均值。

【例 8-10】 按表 8-4 浓度 C'_i 转化成 $C_i = \frac{1.038 \times C'_i}{烟支数}$，烟支数为 4，如表 8-6 所示。

表 8-6　　　　浓度和响应

	1	2	3	4	5	6
C'_i/μg/mL	0.2	1.5	3	6	8	10
$C_i = \frac{1.038 \times C'_i}{烟支数}$/μg/（mL · 支）	0.0519	0.3893	0.7785	1.5570	2.0760	2.5950
响应 e_i	3800	9798	17422	34059	45546	56582

$$L_{Ce} = \sum_{i=1}^{n} (C_i - \bar{C})(e_i - \bar{e}) = 1.044 \times 10^5$$

$$L_{CC} = \sum_{i=1}^{n} (C_i - \bar{C})^2 = 4.984$$

$$L_{ee} = \sum_{i=1}^{n} (e_i - \bar{e})^2 = 2.190 \times 10^9$$

$$\bar{C} = \frac{1}{n}\sum_{i=1}^{n} C_i = 1.241\mu g/(mL \cdot 支)$$

$$\bar{e} = \frac{1}{n}\sum_{i=1}^{n} e_i = 2.787 \times 10^4$$

$$k = \frac{L_{Ce}}{L_{CC}} = 2.096 \times 10^4 [\mu g/(mL \cdot 支)]^{-1}$$

$$S_E = \sqrt{\frac{L_{ee} - \frac{L_{Ce}^2}{L_{CC}}}{n-2}} = 6.469 \times 10^2$$

取表 1-1 中第 1 列数据，可得 $\bar{c}$ 如下：

$$\bar{c} = \bar{c}_{气i} = 1.016\mu g/(mL \cdot 支)$$

连续流动法标准工作曲线非线性形成的相对不确定分量如下：

$$u_{气r5} = \frac{S_E}{\bar{C}k} \times \sqrt{\frac{1}{P} + \frac{1}{n} + \frac{(\bar{c} - \bar{C})^2}{L_{CC}}} = 2.046 \times 10^{-2}$$

6. 量化连续流动分析仪测量重复性引入的差异

该评定是考量连续流动分析仪的测量稳定性。

对同一萃取液连续进样 n 次，获取 n 个浓度值 c_1，c_2，…，c_i，…，c_n。

浓度均值的计算如式（8-22）所示。

$$\bar{c} = \frac{1}{n}\sum_{i=1}^{n} c_i \tag{8-22}$$

连续流动仪测量稳定性引入的相对不确定分量的计算如式（8-23）所示。

$$u_{气r6} = \frac{1}{\bar{c}}\sqrt{\frac{1}{n-1}\sum_{i=1}^{n}(c_i - \bar{c})^2} \tag{8-23}$$

【例 8-11】 深度 C_i 的重复测量值如表 8-7 所示。

表 8-7　　浓度 c_i 重复测量值　　单位：μg/（mL·支）

	1	2	3	4	5	6	7	8	9	10
c_i	1.046	1.043	1.043	1.041	1.035	1.054	1.051	1.051	1.048	1.048

$$\bar{c} = \frac{1}{n}\sum_{i=1}^{n} c_i = 1.046\mu g/(mL \cdot 支)$$

连续流动仪测量稳定性引入的相对不确定分量如下：

$$u_{气r6} = \frac{1}{\bar{c}}\sqrt{\frac{1}{n-1}\sum_{i=1}^{n}(c_i - \bar{c})^2} = 5.288 \times 10^{-3}$$

7. 量化连续流动法回收率引入的差异

该评定是考量连续流动分析仪加标回收率带来的变异。

选择低、中、高三种标准溶液浓度，进行 3 水平×4 次加标回收率测定，获取 12 个回收率 η_1，η_2，…η_i，…，η_{12}，如表 8-8 所示。

取 $\eta_{max} = MAX\{\eta_1, \eta_2, \cdots, \eta_t, \cdots, \eta_{12}\}$，$\eta_{min} = MIN\{\eta_1, \eta_2, \cdots, \eta_i, \cdots, \eta_{12}\}$。

加标回收率均值的计算如式（8-24）所示。

$$\bar{\eta} = \frac{1}{12}\sum_{i=1}^{12}\eta_i \quad (8-24)$$

连续流动分析仪加标回收率引入的相对不确定分量的计算如式（8-25）所示。

$$u_{气r7} = \frac{\eta_{max} - \eta_{min}}{\bar{\eta} \times \sqrt{12}} \quad (8-25)$$ [4]

【例 8-12】 不同浓度标准溶液的连续流动分析仪加标回收率如表 8-8 所示。

表 8-8　加标回收率　　单位：%

	1	2	3	4
低	113.48	113.52	110.48	110.80
中	110.96	110.72	112.02	111.17
高	112.70	113.81	112.34	113.06

$$\eta_{max} = MAX\{\eta_1, \eta_2, \cdots, \eta_i, \cdots, \eta_{12}\} = 113.81\%$$

$$\eta_{min} = MIN\{\eta_1, \eta_2, \cdots, \eta_i * \cdots, \eta_{12}\} = 110.48\%$$

$$\bar{\eta} = \frac{1}{12}\sum_{i=1}^{12}\eta_i = 112.09\%$$

连续流动分析仪加标回收率引入的相对不确定分量如下：

$$u_{气r7} = \frac{\eta_{max} - \eta_{min}}{\bar{\eta} \times \sqrt{12}} = 8.585 \times 10^{-3}$$

（二）氰化氢粒相部分不确定分量

1. 组间差异的量化

该评定与氰化氢气相部分组间差异的量化方法类同。

【例 8-13】

① 用 3R4F 卷烟，在直线型吸烟机上重复收集 10 组氰化氢粒相物。对滤片加液萃取，按标准要求，用连续流动分析仪进行测定，获取 2×10＝20 个氰化氢粒相浓度数据，如表 8-9 所示。

表 8-9　　氰化氢粒相浓度　　单位：μg/（mL·支）

	1	2	3	4	5	6	7	8	9	10
$c_{粒i1}$	0.867	0.895	0.859	0.802	0.877	0.747	0.799	0.864	0.706	0.791
$c_{粒i2}$	0.799	0.794	0.610	0.810	0.737	0.825	0.797	0.802	0.708	0.807
$\bar{c}_{粒i}$	0.833	0.845	0.734	0.806	0.807	0.786	0.798	0.833	0.707	0.799

② 正态性检验，如表 8-10 所示。

表 8-10　　$\bar{c}_{粒i}$ 排序　　单位：μg/（mL·支）

$\bar{c}_{粒i}$ 升序									
1	2	3	4	5	6	7	8	9	10
0.707	0.734	0.786	0.798	0.799	0.806	0.807	0.833	0.833	0.845

a_k 见表 8-3。

$$W=\frac{\left\{\sum_{k=1}^{[m/2]}a_k(\bar{c}_{粒m-k+1}-\bar{c}_{粒k})\right\}^2}{\sum_{k=1}^{m}(\bar{c}_{粒_k}-\bar{\bar{c}}_{粒})^2}=0.8806$$

显著性水平取 $\alpha=0.05$

查表临界值 $W(m,\alpha)=0.842$

$W>W(m,\alpha)$，即表 8 -- 9 中的浓度平均值 $\bar{c}_{粒i}$ 服从正态分布。

③ 异常值检验。

根据表 8-10 可得：

$$\bar{\bar{c}}_{粒}=\frac{1}{m}\sum_{i=1}^{m}\bar{c}_{粒i}=0.795\mu g/(mL\cdot 支)$$

$$s = \sqrt{\frac{\sum_{i=1}^{m}(\bar{c}_{粒i} - \bar{\bar{c}}_{粒})^2}{m-1}} = 0.0436\mu g/(mL \cdot 支)$$

$$G_m = \frac{\bar{c}_{粒_m} - \bar{\bar{c}}_{粒}}{s} = 1.143$$

$$G_1 = \frac{\bar{\bar{c}}_{粒} - \bar{c}_{粒1}}{s} = 2.012$$

显著性水平取 $\alpha = 0.05$

查表临界值 $G\ (m,\ \alpha) = 2.290$

G_m，$G_1 < G(m,\ \alpha)$，即 10 个浓度平均值 $\bar{c}_{粒i}$ 中没有异常值。

④ 组间、组内偏差平方和。

$\bar{c}_{粒i}$已由表 8-9 获取。

$$Q_{间} = \sum_{i=1}^{m} 2\,(\bar{c}_{粒i} - \bar{\bar{c}}_{粒})^2 = 3.422 \times 10^{-2}\ [\mu g/(mL \cdot 支)]^2$$

$$Q_{内} = \sum_{i=1}^{m}\sum_{j=1}^{2}(c_{粒ij} - \bar{c}_{粒i})^2 = 5.337 \times 10^{-2}\ [\mu g/(mL \cdot 支)]^2$$

⑤ 组间差的估计值。

$$\hat{\sigma}_{间} = \sqrt{\frac{1}{2}\left(\frac{Q_{间}}{m-1} - \frac{Q_{内}}{m}\right)} = 5.591 \times 10^{-2}[\mu g/(mL \cdot 支)]$$

组间差形成的相对不确定分量为：

$$u_{粒r1} = \frac{\hat{\sigma}_{间}}{\bar{\bar{c}}_{粒}} = 7.034 \times 10^{-2}$$

2. 组内差异的量化

该评定与氰化氢气相部分组内差异的量化方法类同。

【例 8-14】 以表 8-9 中第 1 列数据为例。以下类同。

$$u_{粒2} = \frac{d_i}{1.128 \times \sqrt{2}} = 4.230 \times 10^{-2}\mu g/(mL \cdot 支)$$

$$\bar{c}_{粒i} = \frac{1}{2}\sum_{j=1}^{2} c_{粒ij} = 0.833\mu g/(mL \cdot 支)$$

组内差形成的相对不确定分量如下所示：

$$u_{粒r2} = \frac{u_{粒2}}{\bar{c}_{粒i}} = 5.077 \times 10^{-2}$$

3. 量化样品前处理引入的差异

测量过程：氰化氢气相采用吸收液定容，而氰化氢粒相采用滤片加液萃取。

涉及的计量器具是定量加液器，不确定度评定见资料性附录 6。

【例 8-15】

（1）计量引入的相对不确定分量

获取的计量证书给出该种 50mL 定量加液器的最大相对允差是 0.030%，按三角分布考虑，则有：

$$u_{计r} = \frac{D}{\sqrt{6}} = 1.224 \times 10^{-4}$$

（2）体膨胀引入的相对不确定分量

$\Delta t_{max}=5℃$，水的体膨胀系数是 0.000208/℃，按均匀分布考虑，则有：

$$u_{体r} = \frac{\Delta t_{max} \times P}{\sqrt{3}} = 6.004 \times 10^{-4}$$

（3）样品的前处理形成的相对不确定分量

$$u_{粒r3} = \sqrt{u_{计r}^2 + u_{体r}^2} = 6.128 \times 10^{-4}$$

4. 量化标准溶液制备引入的差异

粒相和气相采用相同的标准工作曲线，即标准系列制备相同。

标准系列制备形成的相对不确定分量

$$u_{粒r4} = u_{气r4} = 1.253 \times 10^{-2}$$

5. 量化连续流动分析法引入的差异

由于粒相和气相采用相同的标准工作曲线，只是样品测量平均值 $\bar{c}$ 不同。气相 $\bar{c}=\bar{c}_{气i}=1.016$μg/（mL·支），而粒相 $\bar{c}=\bar{c}_{粒i}=0.833$μg/（mL·支）（取表 8-9 中第 1 列数据）。

连续流动法标准工作曲线非线性形成的相对不确定度如下：

$$u_{粒r5} = \frac{S_E}{\bar{C}k} \times \sqrt{\frac{1}{P} + \frac{1}{n} + \frac{(\bar{c} - \bar{C})^2}{L_{CC}}} = 2.081 \times 10^{-2}$$

6. 量化连续流动分析仪测量重复性引入的差异

该评定与氰化氢气相部分相应评定方法类同。

【例 8-16】 浓度 C_i 的重复测量值如表 8-11 所示。

表 8-11　　浓度 c_i 重复测量值　　单位：μg/（mL·支）

	1	2	3	4	5	6	7	8	9	10
c_i	0.916	0.913	0.908	0.908	0.908	0.913	0.913	0.913	0.913	0.913

$$\bar{c} = \frac{1}{n}\sum_{i=1}^{n} c_i = 0.912\mu g/(mL \cdot 支)$$

连续流动分析仪测量稳定性引入的相对不确定分量如下：

$$u_{粒r6} = \frac{1}{\bar{c}}\sqrt{\frac{1}{n-1}\sum_{i=1}^{n}(c_i - \bar{c})^2} = 3.073 \times 10^{-3}$$

7. 量化连续流动法回收率引入的差异

本部分考虑的加标回收率仅针对连续流动分析仪，故粒相和气相经萃取后，其加标回收率的获取没有差别。

即 $$u_{粒r7} = u_{气r7} = 8.585 \times 10^{-3}$$

七、不确定度合成

（一）氰化氢气相各不确定分量合成

1. 氰化氢气相浓度不确定分量合成 $f_c(\delta_1, \delta_2, \delta_3, \delta_4, \delta_5, \delta_6, \delta_7)$

考虑各 $u_{气ri}$ 互不相关，$u_{气浓r}$ 如式（8-26）所示。

$$u_{气浓r} = \sqrt{u_{气r1}^2 + u_{气r2}^2 + u_{气r3}^2 + u_{气r4}^2 + u_{气r5}^2 + u_{气r6}^2 + u_{气r7}^2} = \sqrt{\sum_{i=1}^{7} u_{气ri}^2} \tag{8-26}$$

测量值取表 8-1 中一组测量浓度值 c_{i1} 和 c_{i2} 的平均值 $\bar{c}_i = \frac{1}{2}\sum_{j=1}^{2} c_{ij}$，即氰化氢气相浓度值是 c_{i1}，单位是 μg/(mL·支)。

氰化氢气相浓度的不确定分量如式（8-27）所示。

$$u_{气浓} = \bar{c}_i \times u_{气浓r} \tag{8-27}$$

【例 8-17】 根据上述评定，可得各相对不确定分量，如表 8-12 所示。

表 8-12　　各相对不确定分量

$u_{气r1}$	$u_{气r2}$	$u_{气r3}$	$u_{气r4}$	$u_{气r5}$	$u_{气r6}$	$u_{气r7}$
3.904×10^{-2}	5.284×10^{-2}	7.749×10^{-4}	1.253×10^{-2}	2.046×10^{-2}	5.288×10^{-3}	8.585×10^{-3}

$$u_{气浓r} = \sqrt{\sum_{i=1}^{7} u_{气ri}^2} = 7.067 \times 10^{-2}$$

以表 8-1 中第 1 例测量浓度为例，计算 $c_{气i}$，如下所示，以下类同。

$$\bar{c}_{气i} = \frac{1}{2}\sum_{j=1}^{2} c_{ij} = 1.016[\mu g/(mL \cdot 支)]$$

氰化氢气相浓度的不确定分量为：

$$u_{气浓} = \bar{c}_{气i} \times u_{气浓r} = 7.180 \times 10^{-2}[\mu g/(mL \cdot 支)]$$

2. 氰化氢气相萃取液体积不确定分量合成 $f_V(\delta_3)$

$u_{气体r}$的计算如式（8-28）所示。

$$u_{气体r} = U_{气r3} \tag{8-28}$$

氰化氢气相萃取液的体积是 50mL，则氰化氢气相萃取液体积的不确定分量是 $u_{气体}=50\times u_{气体r}$，单位是 mL。

【例 8-18】 根据表 8-12，可得：

$$u_{气体r} = u_{气r3} = 7.749 \times 10^{-4}$$

氰化氢气相萃取液体积的不确定分量为：

$$u_{气体} = 50 \times u_{气体r} = 3.875 \times 10^{-2}(mL)$$

3. 氰化氢气相部分浓度与体积的相关性

当氰化氢气相收集（吸收瓶内）完毕后，吸收瓶内的氰化氢量是恒定的，即 $y_{气}=c_{气}\times V_{气}$ 中的 $y_{气}$ 是恒定的量，则 $c_{气}\times V_{气}=K$ 呈双曲线函数关系（$c_{气}$ 和 $V_{气}$ 呈反比关系）。本研究要在表 8-1 中浓度 $\bar{c}_i$ 值附近的微小区间内确定 $c_{气}$ 和 $V_{气}$ 的相关系数。根据 $c_{气}\times V_{气}=K$ 可得表 8-13。

对形成的各对应点（$V_{气i}$，$c_{气i}$）进行线形拟合（最小二乘法），获取 $v_{气}$ 和 $V_{气}$ 的相关系数 r（$c_{气}$，$V_{气}$）。相关系数计算方法见资料性附录 3。

表 8-13　　$c_{气}$ 和 $V_{气}$ 的相关性

$V_{气i}$/mL	50	48	49	51	52
$c_{气i}$/μg/（mL·支）	$\bar{c}_i$	$\frac{50}{48}\times\bar{c}_i$	$\frac{50}{49}\times\bar{c}_i$	$\frac{50}{51}\times\bar{c}_i$	$\frac{50}{52}\times\bar{c}_i$

【例 8-19】 取表 8-1 中第 1 列数据，$\bar{c}_i=1.016$μg/（mL·支），则可得表 8-14。

表 8-14　　$c_{气}$ 和 $V_{气}$ 的相关性

$V_{气i}$/mL	50	48	49	51	52
$c_{气i}$/［μg/（mL·支）］	$\bar{c}_i=1.016$	1.058	1.037	0.996	0.977

采用最小二乘法。可得：

$$r(c_{气},\ V_{气})=-0.9997\approx-1$$

4. 氰化氢气相各不确定度分量合成

根据数学模型 $y_{气}=c_{气}\times V_{气}$ 及通用公式，可得 $u_{(y气)}$ 如式（8-29）所示。

$$\begin{aligned}u^2(y) &= \sum_{i=1}^{N}\sum_{j=1}^{N}\frac{\partial f}{\partial x_i}\frac{\partial f}{\partial x_j}u(x_i,\ x_j)\\ &= \sum_{i=1}^{N}\left(\frac{\partial f}{\partial x_i}\right)^2u^2(x_i)+2\sum_{i=1}^{N-1}\sum_{j=i+1}^{N}\frac{\partial f}{\partial x_i}\frac{\partial f}{\partial x_j}u(x_i,\ x_j)\end{aligned}$$

且相关系数 $r(x_i,\ x_j)=\dfrac{u(x_i,\ x_j)}{u(x_i)u(x_j)}$。

由于 $N=2$，上式可转换成

$$u^2(y_{气})=\left(\frac{\partial y_{气}}{\partial c_{气}}\right)^2u^2(c_{气})+\left(\frac{\partial y_{气}}{\partial V_{气}}\right)^2u^2(V_{气})+2\frac{\partial y_{气}}{\partial c_{气}}\frac{\partial y_{气}}{\partial V_{气}}u(c_{气})u(V_{气})r(c_{气},\ V_{气})$$

根据 $y_{气}=c_{气}\times V_{气}$ 可得：$\dfrac{\partial y_{气}}{\partial c_{气}}=V_{气}$，$\dfrac{\partial y_{气}}{\partial V_{气}}=c_{气}$

$r(c_{气},\ V_{气})=-0.9997\approx-1$

则

$$\begin{aligned}u(y_{气}) &= \sqrt{V_{气}^2u^2(c_{气})+c_{气}^2u^2(V_{气})-2V_{气}u(c_{气})c_{气}u(V_{气})}\\ &= |V_{气}u(c_{气})-c_{气}u(V_{气})| \qquad (8-29)\end{aligned}$$

【例 8-20】 根据上述评定，可知

$$c_{气} = 1.016\mu g/(mL \cdot 支)$$
$$V_{气} = 50mL$$
$$u(c_{气}) = u_{气浓} = 7.180 \times 10^{-2}\mu g/(mL \cdot 支)$$
$$u(V_{气}) = u_{气体} = 3.875 \times 10^{-2}mL$$

氰化氢气相部分的测量值为：

$$y_{气} = c_{气} \times V_{气} = 50.797\mu g/支$$

氰化氢气相部分的不确定分量为：

$$u(y_{气}) = |V_{气}u(c_{气}) - c_{气}u(V_{气})| = 3.550\mu g/支$$

（二）氰化氢粒相各不确定度分量合成

1. 氰化氢粒相浓度不确定度分量合成 $f_c(\delta_1, \delta_2, \delta_3, \delta_4, \delta_3, \delta_6, \delta_7)$

该评定与氰化氢气相浓度不确定分量合成方法类同。

【例 8-21】 根据上述评定，可得各相对不确定分量，如表 8-15 所示。

表 8-15　各相对不确定分量

$u_{粒r1}$	$u_{粒r2}$	$u_{粒r3}$	$u_{粒r4}$	$u_{粒r5}$	$u_{粒r6}$	$u_{粒r7}$
7.034×10^{-2}	5.077×10^{-2}	6.128×10^{-4}	1.253×10^{-2}	2.081×10^{-2}	3.073×10^{-3}	8.585×10^{-3}

$$u_{粒浓r} = \sqrt{\sum_{i=1}^{7} u_{气ri}^2} = 9.055 \times 10^{-2}$$

取表 8-9 中一组测量浓度值 c_{i1} 和 c_{i2}

$$\bar{c}_{粒i} = \frac{1}{2}\sum_{j=1}^{2} c_{ij} = 0.833\mu g/(mL \cdot 支)$$

氰化氢粒相浓度的不确定分量为：

$$u_{粒浓} = \bar{c}_i \times u_{粒浓r} = 7.543 \times 10^{-2}\mu g/(mL \cdot 支)$$

2. 氰化氢粒相萃取液体积不确定度分量合成 f_V（δ_3）

该评定与氰化氢气相萃取液体积不确定度分量合成方法类同。

【例 8-22】 根据表 8-15，可得：

$$u_{粒浓r} = u_{粒r3} = 6.128 \times 10^{-4}$$

氰化氢粒相萃取液体积的不确定分量为：

$$u_{粒体} = 50 \times u_{粒体r} = 3.064 \times 10^{-2} \mathrm{mL}$$

3. 氰化氢粒相部分浓度与体积的相关性

粒相部分浓度与体积的相关性与气相相同，即

$$r(V_{粒}, c_{粒}) = r(V_{气}, c_{气}) = -0.9997 \approx -1$$

4. 氰化氢粒相各不确定度分量合成

该评定与氰化氢气相各不确定度分量合成类同。

【**例 8-23**】 根据上述评定，可知

$$c_{粒} = 0.833 \mu\mathrm{g/(mL \cdot 支)}$$

$$V_{粒} = 50 \mathrm{mL}$$

$$u(c_{粒}) = u_{粒浓} = 7.543 \times 10^{-2} \mu\mathrm{g/(mL \cdot 支)}$$

$$u(V_{粒}) = u_{粒体} = 3.064 \times 10^{-2} \mathrm{mL}$$

氰化氢粒相部分的测量值为：

$$y_{粒} = c_{粒} \times V_{粒} = 41.650(\mu\mathrm{g/支})$$

氰化氢粒相部分的不确定分量为：

$$u(y_{粒}) = |V_{粒} u(c_{粒}) - c_{粒} u(V_{粒})| = 3.746(\mu\mathrm{g/支})$$

（三）氰化氢气相部分与粒相部分不确定分量合成

根据数学模型 $y_{氰化氢} = y_{气} + y_{粒}$ 及通用公式，可得 $u_{(y氰化氢)}$ 如式（8-30）所示。

$$\begin{aligned} u^2(y) &= \sum_{i=1}^{N} \sum_{j=1}^{N} \frac{\partial f}{\partial x_i} \frac{\partial f}{\partial x_j} u(x_i, x_j) \\ &= \sum_{i=1}^{N} \left(\frac{\partial f}{\partial x_i}\right)^2 u^2(x_i) + 2 \sum_{i=1}^{N-1} \sum_{j=i+1}^{N} \frac{\partial f}{\partial x_i} \frac{\partial f}{\partial x_j} u(x_i, x_j) \end{aligned}$$

且相关系数 $r(x_i, x_j) = \dfrac{u(x_i, x_j)}{u(x_i) u(x_j)}$。

由于 $N=2$，上式可转换成

$$u^2(y_{氰化氢}) = \left(\frac{\partial y_{氰化氢}}{\partial y_{气}}\right)^2 u^2(y_{气}) + \left(\frac{\partial y_{氰化氢}}{\partial y_{粒}}\right)^2 u^2(y_{粒}) + 2\frac{\partial y_{氰化氢}}{\partial y_{气}}\frac{\partial y_{氰化氢}}{\partial y_{粒}} u(y_{气})u(y_{粒})r(y_{气}, y_{粒})$$

根据 $y_{氰化氢}=y_{气}+y_{粒}$ 可得：$\frac{\partial y_{氰化氢}}{\partial y_{气}}=1$，$\frac{\partial y_{氰化氢}}{\partial y_{气}}=1$

则
$$u(y_{氰化氢}) = \sqrt{u^2(y_{气}) + u^2(y_{粒}) + 2u(y_{气})u(y_{粒})r(y_{气}, y_{粒})} \tag{8-30}$$

选用6个卷烟样品，分别进行10组（每组两平行）测量，共获取6×2×10=120对气相与粒相对应测量值，见附录。6个卷烟样品气相和粒相间的相关系数（计算方法见资料性附录3）如表8-16所示。

表8-16　氰化氢气相与粒相测量值间的相关系数

	卷烟1#	卷烟2#	卷烟3#	卷烟4#	卷烟5#	卷烟6#
r（$y_{气}$，$y_{粒}$）	-0.4314	0.0212	-0.3731	0.2306	0.4027	0.6871

当 $n=20$，即自由度 $df=18$，如取显著性水平 $\alpha=0.05$，则相关系数的临界值 $|r_{临界}|=0.444$。

从表8-16可知：除"卷烟6#"气相和粒相具有一定的相关性外，其余5个卷烟样品的气相与粒相均没有相关性。故认为应视 $r(y_{气}, y_{粒})=0$。

即氰化氢的合成标准不确定度，如式（8-31）所示。

$$u(y_{氰化氢}) = \sqrt{u^2(y_{气}) + u^2(y_{粒})} \tag{8-31}$$

【例8-24】　根据氰化氢气相及粒相合成不确定度，可得

氰化氢的测量结果为：

$$y_{氰化氢} = y_{气} + y_{粒} = 92.447(\mu g/支)$$

氰化氢的合成标准不确定度为：

$$u(y_{氰化氢}) = \sqrt{u^2(y_{气}) + u^2(y_{粒})} = 5.161(\mu g/支)$$

八、报告

测量不确定度报告一般有两种出示方式：

（1）测量结果 y，合成标准不确定度 u；

（2）测量结果 y，扩展不确定度 U，包含因子 k。

另：不确定度出示至多 2 位有效数字，且最后 1 位只进不退。

【例 8-25】 根据上述氰化氢合成不确定度可获取测量不确定度报告。

报告（1）如表 8-17 所示。

表 8-17　　氰化氢测量不确定度报告（1）

氰化氢的测量结果	氰化氢的合成标准不确定度
92.4μg/支	5.2μg/支

或报告（2）如表 8-18 所示

表 8-18　　氰化氢测量不确定度报告（2）

氰化氢的测量结果	氰化氢的扩展不确定度	包含因子
92μg/支	11μg/支	2

九、其他

1. 评定过程中的几点说明

（1）本部分的例子均采用 3R4F 卷烟作为样品来采集数据，并予以测量不确定度评定。

（2）本部分出示的氰化氢浓度（气相、粒相）均通过 $c_{气}=\dfrac{1.038}{n}\times c'_{气}$ 换算（见四、数学模型）。标准系列浓度亦然。

（3）除氰化氢气相和粒相组间差异量化时浓度（气相、粒相）均值以 10 组测量总平均值（$\bar{\bar{c}}_{气}$、$\bar{\bar{c}}_{粒}$）出示，获取相对不确定度外，其余的浓度（气相、粒相）均值均以 10 组数据（表 8-1、表 8-9）的第 1 组（第 1 列）出示（两平行测量平均值）。这是为了与标准匹配。

2. 测量数据有效性验证

本部分的例子均采用 3R4F 卷烟作为样品来采集数据。为确认测量仪器的精密度和准确度是否达到要求，从而确保测量结果有效，召集了 9 家实验室，采用 3R4F 卷烟进行共同实验。共同实验实验方案要求的重复测量数是 2×10=20，与测量不确定度评定采用的方案一致。各实验室测量数据见附录 2 中 2-1。实验室编号是实验室 1。

对共同实验结果进行了统计。

其中，显著性水平取 $\alpha=0.01$。

（1）将气相和粒相分开统计

对各实验室的 2×10=20 组测量均值进行格拉布斯异常值检验。统计显示有一家实验室（实验室 8）在粒相测量上出现一个离群值，则将该粒相离群值和对应的气相值同时剔除。

（2）将气相和粒相合并统计

对各实验室的 10 组数据（剔除离群值后的实验室是 9 组数据）再进行格拉布斯异常值检验。统计显示没有离群值。

（3）采用曼德尔 h 检验各实验室测量均值，检验方法见资料性附录 5。

统计显示没有离群值。

（4）采用曼德尔 k 检验各实验室测量精度，检验方法见资料性附录 5。

统计显示有一家实验室（实验室 9）测量精度离群。剔除该实验室数据。

（5）重复性限 r 和再现性限 R

用 8 家实验室数据（其中一家实验室 9 组数据）计算 r 和 R，r 和 R 计算方法见资料性附录 4。结果如下：

$$r = 8.13\mu g/支, \quad R = 20.37\mu g/支$$

另：8 家实验室测量均值最大值是 105.29μg/支，最小值是 86.07μg/支

判断

即整体的测量均值是 91.57μg/支，10 组测量平均值的极差是 86.07μg/支。

$$|测量平均值 - 105.29\mu g/支| < R$$

$$|测量平均值 - 86.07\mu g/支| < R$$

$$10 组测量平均值的极差 < r$$

即整体的测量仪器对氰化氢的测量，其精密度和准确度均有效，即确认本部分测量不确定度评定中出示的测量数据准确有效。

3. 成梯度评价测量不确定度

测量不确定度评定是对某一样品测量结果的精密度作一个可信程度的评定。即不同样品（水平）测量不确定度评定的结果是不一样的。根据以往的数据选取 6 个卷烟样品，各卷烟样品的氰化氢测量结果成一定的梯度，然后按上述的评定方法进行评定，评定结果如表 8-19 所示。测量数据见附录。

表 8-19　　6 个卷烟样品相对不确定分量评定结果

		u_{r1}	u_{r2}	u_{r3}	u_{r4}	u_{r5}	u_{r6}	u_{r7}
卷烟 1#	气相	3.904	5.284	0.077	1.253	2.046	0.529	0.858
	粒相	7.034	5.077	0.061	1.253	2.081	0.307	0.858
卷烟 2#	气相	6.328	5.451	0.077	1.253	2.271	1.543	0.858
	粒相	5.544	6.137	0.061	1.253	2.348	0.996	0.858
卷烟 3#	气相	5.256	2.876	0.077	1.253	2.166	0.242	0.858
	粒相	5.044	2.233	0.061	1.253	2.188	0.160	0.858
卷烟 4#	气相	5.518	2.416	0.077	1.253	2.151	0.634	0.858
	粒相	8.180	1.671	0.061	1.253	2.159	0.192	0.858
卷烟 5#	气相	6.451	1.822	0.077	1.253	2.051	0.203	0.858
	粒相	9.166	7.621	0.061	1.253	2.076	0.464	0.858
卷烟 6#	气相	6.004	3.459	0.077	1.253	2.035	0.263	0.858
	粒相	7.956	3.215	0.061	1.253	2.032	0.527	0.858

注：表中各值$\times 10^{-2}$。

根据氰化氢气相和粒相各不确定分量合成的方法，可得表 8-20。

表 8-20　气相和粒相的浓度 *c*、体积 *V*、测量值 *y*、*u*(*c*)、*u*(*V*)、*u*(*y*)

		c /μg/(mL·支)	$u(c)$ /μg/(mL·支)	V /mL	$u(V)$ /mL	y /μg/支	$u(y)$ /μg/支
卷烟 1#	气相	1.016	0.072	50	3.875×10^{-2}	50.797	3.550
	粒相	0.833	0.075	50	3.064×10^{-2}	41.650	3.746
卷烟 2#	气相	0.328	0.029	50	3.875×10^{-2}	16.413	1.452
	粒相	0.186	0.016	50	3.064×10^{-2}	9.277	0.810
卷烟 3#	气相	0.566	0.037	50	3.875×10^{-2}	28.286	1.832
	粒相	0.510	0.031	50	3.064×10^{-2}	25.496	1.547
卷烟 4#	气相	0.606	0.040	50	3.875×10^{-2}	30.297	1.978
	粒相	0.584	0.051	50	3.064×10^{-2}	29.194	2.539
卷烟 5#	气相	0.982	0.070	50	3.875×10^{-2}	49.110	3.486
	粒相	0.854	0.104	50	3.064×10^{-2}	42.688	5.183
卷烟 6#	气相	1.364	0.101	50	3.875×10^{-2}	68.184	4.983
	粒相	1.316	0.118	50	3.064×10^{-2}	65.783	5.857

根据氰化氢气相部分和粒相部分不确定度合成的评定方法，可得表8-21。

表8-21　测量值 $y_{氰化氢}$ 和合成标准不确定度 u（$y_{氰化氢}$）　单位：μg/支

	卷烟1#	卷烟2#	卷烟3#	卷烟4#	卷烟5#	卷烟6#
$y_{氰化氢}$	92.447	25.690	53.781	59.490	91.798	133.967
u（$y_{氰化氢}$）	5.161	1.662	2.398	3.218	6.247	7.689

以 $y_{氰化氢}$ 为横坐标，$u(y_{氰化氢})$ 为纵坐标，用最小二乘法对表8-21中6个对应点进行线性拟合，如图8-2所示。

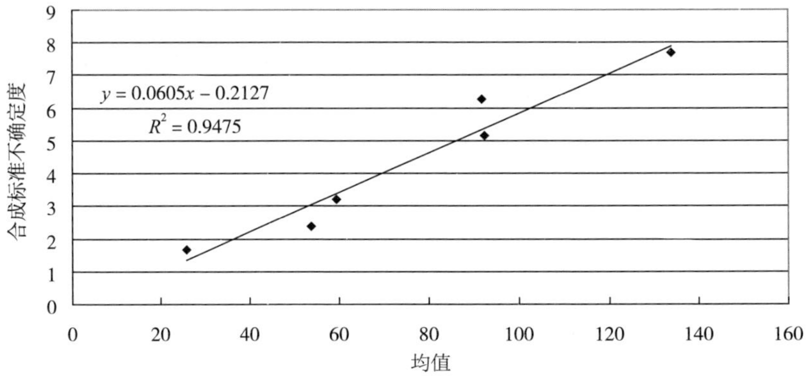

图8-2　氰化氢合成标准不确定度

图8-2中，线性拟合方程 $\hat{u}_{氰化氢}=0.0605\times\hat{y}_{氰化氢}-0.2127$。尽管图中各对应坐标点的分布有一定的离散性，但根据决定系数 $R^2=0.9475$，无法拒绝该线性方程获取的 $\hat{u}$（$y_{氰化氢}$）是一个有效估计值。

根据 $\hat{u}(y_{氰化氢})=0.0605\times\hat{y}_{氰化氢}-0.2127$ 可获取各测量值 $y_{氰化氢}$ 对应的合成标准不确定度估计值 $\hat{u}(y_{氰化氢})$。

表8-22　$y_{氰化氢}$ 对应的 $\hat{u}(y_{氰化氢})$　单位：μg/支

$y_{氰化氢}$	30.0	40.0	50.0	60.0	70.0	80.0	90.0	100.0	110.0	120.0	130.0
$\hat{u}(y_{氰化氢})$	1.6	2.2	2.8	3.4	4.0	4.6	5.2	5.8	6.4	7.0	7.7

附录

6 个卷烟样品氰化氢气相和粒相浓度测量值

单位：μg/（mL·支）

组号	卷烟 1#		卷烟 2#		卷烟 3#		卷烟 4#		卷烟 5#		卷烟 6#	
	$c_{气}$	$c_{粒}$	$c_{气}$	$c_{粒}$	$c_{气}$	$c_{粒}$	$c_{气}$	$c_{粒}$	$c_{气}$	$c_{粒}$	$c_{气}$	$c_{粒}$
1	1.059	0.867	0.314	0.176	0.553	0.501	0.594	0.592	0.996	0.906	1.401	1.282
	0.973	0.799	0.343	0.195	0.579	0.519	0.618	0.576	0.968	0.802	1.326	1.349
2	1.043	0.895	0.327	0.205	0.631	0.457	0.615	0.633	0.958	1.009	1.448	1.381
	0.996	0.794	0.272	0.208	0.607	0.470	0.628	0.641	1.033	0.856	1.394	1.298
3	0.996	0.859	0.298	0.195	0.602	0.524	0.599	0.612	1.012	1.002	1.440	1.282
	1.118	0.610	0.314	0.174	0.579	0.496	0.625	0.618	0.913	0.885	1.386	1.391
4	1.020	0.802	0.311	0.195	0.584	0.446	0.579	0.657	0.924	0.859	1.419	1.251
	0.971	0.810	0.301	0.197	0.586	0.514	0.586	0.646	0.862	0.950	1.292	1.176
5	0.929	0.877	0.311	0.202	0.586	0.477	0.599	0.576	0.877	0.797	1.425	1.233
	1.160	0.737	0.327	0.151	0.592	0.475	0.555	0.568	0.955	0.921	1.290	1.217
6	1.090	0.747	0.350	0.192	0.506	0.532	0.568	0.602	0.939	0.833	1.238	1.111
	1.090	0.825	0.348	0.184	0.561	0.506	0.527	0.571	0.963	0.864	1.305	1.209
7	1.142	0.799	0.348	0.189	0.623	0.509	0.628	0.612	0.893	0.747	1.292	1.238
	0.999	0.797	0.330	0.200	0.597	0.503	0.576	0.607	0.895	0.989	1.150	1.113
8	1.015	0.864	0.317	0.179	0.566	0.477	0.625	0.573	0.877	0.862	1.277	1.178
	1.080	0.802	0.348	0.210	0.605	0.485	0.631	0.573	0.885	0.773	1.326	1.225
9	1.035	0.706	0.301	0.171	0.568	0.488	0.602	0.537	0.919	0.791	1.349	1.277
	1.051	0.708	0.356	0.195	0.599	0.488	0.605	0.558	0.921	0.768	1.316	1.251
10	1.064	0.791	0.324	0.179	0.607	0.480	0.566	0.509	0.854	0.740	1.404	1.381
	0.900	0.807	0.335	0.202	0.561	0.472	0.581	0.573	0.872	0.779	1.300	1.357

9 家实验室 3R4F 样品共同实验氰化氢数据　　单位：μg/支

		1	2	3	4	5	6	7	8	9	10
实验室 1	$y_{气}$	50.797	50.992	52.873	49.759	52.224	54.495	53.522	52.354	52.160	49.110
	$y_{粒}$	41.650	42.234	36.719	40.287	40.352	39.314	39.898	41.650	35.357	39.963
实验室 2	$y_{气}$	54.284	53.327	54.641	55.687	53.352	46.704	48.697	51.584	52.719	51.874
	$y_{粒}$	53.830	50.254	53.343	48.640	49.483	47.991	49.532	51.932	50.197	49.102

续表

		1	2	3	4	5	6	7	8	9	10
实验室 3	$y_{气}$	51.695	52.405	54.720	53.605	50.370	50.900	53.790	54.845	51.440	53.685
	$y_{粒}$	42.820	38.610	39.910	41.835	44.725	43.540	40.335	43.160	44.300	43.220
实验室 4	$y_{气}$	52.025	48.805	50.630	50.310	51.980	51.495	50.605	53.275	50.955	51.710
	$y_{粒}$	56.130	50.535	53.545	51.310	54.970	52.925	53.515	56.750	53.895	52.990
实验室 5	$y_{气}$	65.500	62.240	65.635	60.850	57.720	61.915	66.980	69.315	64.550	65.955
	$y_{粒}$	35.030	40.950	36.435	37.985	39.325	37.600	28.700	30.105	32.710	33.805
实验室 6	$y_{气}$	51.835	51.560	48.680	50.735	54.890	49.125	49.270	50.410	50.855	53.280
	$y_{粒}$	51.560	45.380	44.800	44.985	45.640	41.600	45.675	40.180	45.990	40.660
实验室 7	$y_{气}$	46.135	45.380	46.415	45.230	48.230	48.500	48.065	46.400	46.890	47.985
	$y_{粒}$	58.000	55.805	58.690	57.010	58.390	59.595	58.970	58.080	58.870	60.280
实验室 8	$y_{气}$	52.050	52.175	53.665	52.280	52.530	54.075	50.060	50.065	53.440	53.300
	$y_{粒}$	34.910	34.730	25.140	34.050	34.015	33.295	32.685	32.365	34.965	33.615
实验室 9	$y_{气}$	64.405	62.105	65.330	69.155	66.460	61.265	61.010	64.075	62.905	64.645
	$y_{粒}$	36.260	32.890	39.405	38.680	40.055	35.330	33.315	35.150	34.700	37.305

第二节　主流烟气中氨测量不确定度评定

一、测量依据

测量依据包括以下标准：

（1）GB/T 19609—2004《卷烟　用常规分析用吸烟机测定　总粒相物和焦油》

（2）GB/T 16450—2004《常规分析用吸烟机　定义和标准条件》

（3）GB/T 16447—2004《烟草及烟草制品　调节和测试的大气环境》

（4）YC/T 377—2019《卷烟　主流烟气中氨的测定　浸渍处理剑桥滤片捕集-离子色谱法》

二、测量条件

1. 环境条件

（1）卷烟样品调节按 GB/T 16447—2004《烟草及烟草制品　调节和测试的大气环境》的要求，在调节大气中调节 48～240h。

（2）气相、粒相收集按 GB/T 16447—2004《烟草及烟草制品　调节和测试的大气环境》的要求，在测试大气中进行。

（3）离子色谱法测定在化学分析实验室内进行，温湿度符合仪器正常工作的要求，无震动、扬尘、电磁干扰等情况。

2. 测量设备

测量设备如下所示。

① 吸烟机（采用直线型吸烟机）、离子色谱仪。

② 计量器具：定量加液器 50mL，实验室计量证书给出最大相对允差 0.030%；

移液枪 10mL，实验室计量证书给出最大相对允差 0.050%；

容量瓶 25mL，实验室计量证书给出最大允差 0.040mL；

移液枪 0.02mL，实验室计量证书给出最大相对允差 0.170%；

移液枪 0.1mL，实验室计量证书给出最大相对允差 0.140%；

移液枪 0.2mL，实验室计量证书给出最大相对允差 0.100%。

三、测量过程

测量过程包括卷烟样品调节，（质量、吸阻）分选，吸烟机抽吸（每通道

4 支），分别收集气相（吸收液 20mL）和粒相，并将滤片加液（20mL），萃取，分别移取气相萃取液（5mL）和粒相萃取液（5mL）合并定容（25mL），过滤，用离子色谱仪测定，根据标准溶液的拟合工作曲线得到结果。

四、数学模型

数学模型如式（8-32）所示。

$$y = k(c' \times V) \tag{8-32}$$

式中 y——目标物氨含量，μg/支；

c'——萃取溶液中氨的测定质量浓度，μg/mL；

V——氨的定容体积，mL；

k——$k=\dfrac{17.03}{n\times 18.04}$，其中 n 是抽吸烟支数，$n=4$。根据测量过程，气相吸收液和粒相萃取液分别是 20mL，而移取量分别为 5mL，即移取的是 1 支卷烟的气相和粒相氨，故 $k=\dfrac{17.03}{18.04}$。

为方便测量不确定度评定，可将式（8-32）转换成式（8-33）。

$$y = c \times V \tag{8-33}$$

式中 c——$c=k\times c'$，μg/（mL·支）。

五、不确定因素

1. 不同时间段测量值差异引入的不确定因素 δ_1

该不确定因素主要包括吸烟机相关参数的差异、环境条件的差异等形成测量结果的差异。而这些差异的具体体现是不同时间段各组间测量结果的差异，即组间差异。

2. 测量重复性引入的不确定因素 δ_2

根据标准，每一测量结果由 2 个平行测量数据取平均值获取。2 个平行测量数据间的差异形成了测量结果的差异，即组内差异。

3. 样品的前处理引入的不确定因素 δ_3

该不确定因素是气相和粒相收集部分加液（各 20mL）不准产生的差异、气相和粒相收集部分移液（各 5mL）不准产生的差异、气相和粒相合并定容（25mL）不准形成的差异。

4. 标准溶液制备引入的不确定因素 δ_4

该不确定因素是在系列标准溶液制备中，各计量器具不准产生的差异。

5. 离子色谱法引入的不确定因素 δ_5

该不确定因素是由拟合工作曲线非线性形成的差异。

6. 离子色谱仪测量重复性引入的不确定因素 δ_6

该不确定因素是离子色谱仪测量稳定性形成的差异。

7. 离子色谱法回收率引入的不确定因素 δ_7

该不确定因素是离子色谱法加标回收率形成的差异。

以上 7 个不确定因素构成了氨测量结果的差异。构成氨浓度差异的不确定因素是 δ_1、δ_2、δ_3、δ_4、δ_5、δ_6、δ_7，即 $f_c(\delta_1, \delta_2, \delta_3, \delta_4, \delta_5, \delta_6, \delta_7)$；构成定容体积差异的不确定因素是 δ_3，即 $f_V(\delta_3)$。

氨测量不确定度评定的因果关系图如图 8-3 所示。

六、不确定分量评定

1. 组间差异的量化

该评定采用多组重复测量，以组间差的估计值予以量化。

组间差估计值的获取是建立在 χ^2 基础上，χ^2 的前提是卷烟样品测量数据服从正态分布。

（1）评定步骤

①：按标准要求，对卷烟样品重复测量，获取样品的浓度值 c；

②：确认各组浓度测量平均值 $\bar{c}$ 呈正态分布；

③：对各 $\bar{c}$ 进行异常值检验，并剔除离群值（歧离值）；

④：计算组间、组内偏差平方和；

⑤：计算组间差的估计值。

（2）评定

① 对某一卷烟样品进行重复测量，获取每支浓度值，单位是 μg/（mL · 支），组数为 m（建议 m 为 8 或 10）；组内重复测量数 $n=2$（标准要求）。

$$c_{11}, \ c_{21}, \ \cdots, \ c_{11}, \ \cdots, \ c_{m1}$$

$$c_{12}, \ c_{22}, \ \cdots, \ c_{i2}, \ \cdots, \ c_{m2}$$

【例 8-26】 用 3R4F 卷烟，在直线型吸烟机上重复收集 10 组氨气、粒相。按标准要求，用离子色谱仪进行测定，获取 2×10＝20 个氨浓度数据，如表 8-23 所示。

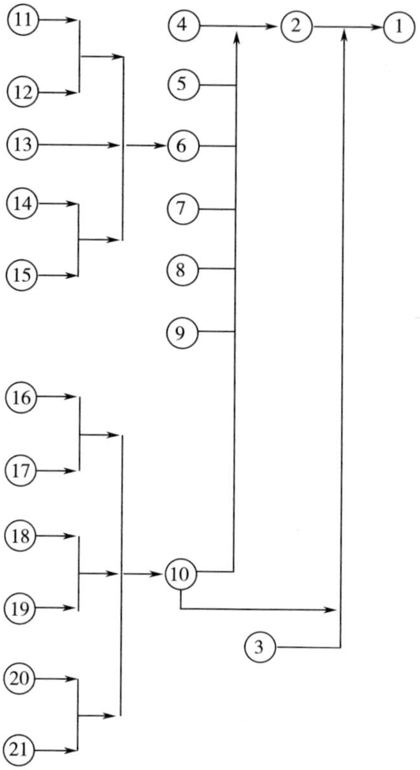

图 8-3　氨测量不确定度评定因果关系图

1—氨　2—氨浓度　3—氨浓度与样品定容体积的相关性　4—组间差异 δ_1　5—组内差异 δ_2　6—系列标准溶液制备形成的差异 δ_4　7—工作曲线非线性形成的差异 δ_5　8—离子色谱仪测量稳定性形成的差异 δ_6　9—离子色谱法加标回收率形成的差异 δ_7　10—前处理 δ_3　11、18—移液　14、20—定容　16—加液　12、15、17、19、21—体膨胀　13—标准品不确定度传递

表 8-23　　**氨浓度值**　　μg/(mL·支)

	1	2	3	4	5	6	7	8	9	10
c_{i1}	0.402	0.391	0.394	0.408	0.410	0.411	0.395	0.377	0.364	0.378
c_{i2}	0.370	0.357	0.358	0.360	0.374	0.382	0.381	0.400	0.398	0.390
$\bar{c}_i$	0.386	0.374	0.376	0.384	0.392	0.396	0.388	0.388	0.381	0.384

② 对 m 个测量平均值进行正态性检验，采用夏皮罗-威尔逊检验法。夏

皮罗-威尔逊检验法见资料性附录 1。

【例 8-27】 把表 8-23 第 3 行中的浓度平均值 $\bar{c}_i$ 由小到大排序，如表 8-24 所示。

表 8-24　$\bar{c}_i$ 排序　μg/(mL·支)

$\bar{c}_i$ 升序									
1	2	3	4	5	6	7	8	9	10
0.374	0.376	0.381	0.384	0.384	0.386	0.388	0.388	0.392	0.396

由于 $m/2=5$，则查表获取 a_k，如表 8-25 所示。

表 8-25　a_k

a_1	a_2	a_3	a_4	a_5
0.5739	0.3291	0.2141	0.1224	0.0399

$$W=\frac{\left\{\sum_{k=1}^{[m/2]}a_k(\bar{c}_{m-k+1}-\bar{c}_k)\right\}^2}{\sum_{k=1}^{m}(\bar{c}_k-\bar{\bar{c}})^2}=0.9765$$

显著性水平取 $\alpha=0.05$

查表临界值 $W(m,\alpha)=0.842$

$W>W(m,\alpha)$，即表 8-23 中的浓度平均值 $\bar{c}_i$ 服从正态分布。

③ 对 m 个测量平均值进行异常值检验；采用格拉布斯检验法。

格拉布斯检验法见资料性附录 2。

【例 8-28】 根据表 8-24 可得

$$\bar{\bar{c}}=\frac{1}{m}\sum_{i=1}^{m}\bar{c}_i=0.385\mu g/(mL\cdot 支)$$

$$s=\sqrt{\frac{\sum_{i=1}^{m}(\bar{c}_i-\bar{\bar{c}})^2}{m-1}}=0.0069\mu g/(mL\cdot 支)$$

$$G_m=\frac{\bar{c}_m-\bar{\bar{c}}}{s}=1.649$$

$$G_1=\frac{\bar{\bar{c}}-\bar{c}_1}{s}=1.599$$

取显著性水平取 $\alpha=0.05$

查表临界值 $G(m, \alpha)=2.290$

G_m，$G_1<G(m, \alpha)$，即 10 个浓度平均值 $\bar{c}_i$ 中没有异常值。

④ 组间偏差平方和 $Q_{间}$ 和组内偏差平方和 $Q_{内}$。

各组平均值的计算如式（8-34）所示。

$$\bar{c}_i=\frac{1}{2}\sum_{j=1}^{2}c_{ij} \tag{8-34}$$

总平均值的计算如式（8-35）所示。

$$\bar{\bar{c}}=\frac{1}{m}\sum_{i=1}^{m}\bar{c}_i \tag{8-35}$$

组间偏差平方和的计算如式（8-36）所示。

$$Q_{间}=\sum_{i=1}^{m}2\left(\bar{c}_t-\bar{\bar{c}}\right)^2 \tag{8-36}$$

组内偏差平方和的计算如式（8-37）所示。

$$Q_{内}=\sum_{i=1}^{m}\sum_{j=1}^{2}\left(c_{ij}-\bar{c}_i\right)^2 \tag{8-37}$$

注：m 为剔除异常值后的组数。

【例 8-29】 $\bar{c}_i$ 已由表 8-23 获取。

$$\bar{\bar{c}}=\frac{1}{m}\sum_{i=1}^{m}\bar{c}_i=0.385\mu g/(mL \cdot 支)$$

$$Q_{间}=\sum_{i=1}^{m}2\left(\bar{c}_i-\bar{\bar{c}}\right)^2=8.617\times10^{-4}\left[\mu g/(mL \cdot 支)\right]^2$$

$$Q_{内}=\sum_{i=1}^{m}\sum_{j=1}^{2}\left(c_{ij}-\bar{c}_i\right)^2=4.961\times10^{-3}\left[\mu g/(mL \cdot 支)\right]^2$$

⑤ 组间差的估计值。

在正态分布的基础上，有：

$$\frac{Q_{间}}{n\sigma_{间}^2+\sigma_{内}^2}\sim\chi^2(m-1);$$

$$\frac{Q_{间}}{2\sigma_{间}^2+\sigma_{内}^2}\sim\chi^2(m-1)$$

$$\frac{Q_{内}}{\sigma_{内}^{2}} \sim \chi^2[m(n-1)];$$

$$\frac{Q_{内}}{\sigma_{内}} \sim \chi^2(m)$$

式中　$\sigma_{间}^2$——组间方差；

$\sigma_{内}^2$——组内方差。

组间差 $\sigma_{间}$ 的估计值的计算如式（8-38）所示。

$$\hat{\sigma}_{间} = \sqrt{\frac{1}{2}\left(\frac{Q_{间}}{m-1} - \frac{Q_{内}}{m}\right)} \tag{8-38}$$

组间差形成的相对不确定分量的计算如式（8-39）所示。

$$u_{r1} = \frac{\hat{\sigma}_{间}}{\bar{\bar{c}}} \tag{8-39}$$

【例 8-30】 以④获取的结果，可得：

$$\hat{\sigma}_{间} = \sqrt{\frac{1}{2}\left(\frac{Q_{间}}{m-1} - \frac{Q_{内}}{m}\right)} = 7.656 \times 10^{-3}\mu g/(mL \cdot 支)$$

组间差形成的相对不确定分量为：

$$u_{r1} = \frac{\hat{\sigma}_{间}}{\bar{\bar{c}}} = 1.989 \times 10^{-2}$$

2. 组内差异的量化

一组测量浓度值 C_{i1} 和 c_{i2}，其平均值为 $\bar{c}_i = \frac{1}{2}\sum_{j=1}^{2} c_{ij}$，极差为 $d_i = |c_{i1} - c_{i2}|$。则 u_2 如式(8 - 40) 所示。

$$u_2 = \frac{d_i}{1.128 \times \sqrt{2}} \tag{8-40}$$

式中　1.128——$n=2$ 时极差转化为标准差的计量系数查表值。

即 $\frac{d}{1.128}$为该组两平行浓度值标准差的估计值。

由于测量报告是以两平行测量平均值出示，因此标准差应转化为平均值的标准差，即标准差 $/\sqrt{2}$。

组内差形成的相对不确定分量的计算如式（8-41）所示。

$$u_{r2} = \frac{u_2}{\bar{c}_i} \tag{8-41}$$

【例 8-31】 以表 8-23 中第 1 列数据为例，以下类同。

$$u_2 = \frac{d_i}{1.128 \times \sqrt{2}} = 2.005 \times 10^{-2} \mu g/(mL \cdot 支)$$

$$\bar{c}_i = \frac{1}{2}\sum_{j=1}^{2} c_{ij} = 0.386 \mu g/(mL \cdot 支)$$

组内差形成的相对不确定分量为：

$$u_{r2} = \frac{u_2}{\bar{c}_i} = 5.193 \times 10^{-2}$$

3. 量化样品前处理引入的差异

测量过程：分别收集气相（吸收液 20mL）和粒相，并将滤片加液（20mL），萃取，分别移取气相萃取液（5mL）和粒相萃取液（5mL）合并定容（25mL）。

即 50mL 定量加液器（20mL）气、粒相各使用 1 次；10mL 移液枪（5mL）气、粒相各使用 1 次；合并定容 25mL 容量瓶使用 1 次。

涉及的计量器具是定量加液器、移液枪和容量瓶，不确定度评定见资料性附录 6。

本部分均以资料性附录 6 中方法一［最大（相对）允差］举例，以下类同。

（1）计量引入的相对不确定分量

通过 $u_{计r} = \frac{D}{\sqrt{6} \times V}$ 或 $u_{计r} = \frac{D_r}{\sqrt{6}}$ 获取 $u_{计、加液r}$、$u_{计、移液r}$、$U_{计、定容r}$。

（2）体膨胀引入的相对不确定分量

通过 $u_{体r} = \frac{\Delta t_{max} \times P}{\sqrt{3}}$ 获取 $u_{体、加液r}$、$u_{体、移液r}$、$u_{体、定容r}$。

（3）各计量器具相对不确定分量合成

考虑计量和体膨胀不相关。

定量加液器的计算如式（8-42）所示。

$$u_{加液r} = \sqrt{u^2_{计、加液r} + u^2_{体、加液r}} \tag{8-42}$$

移液管（枪）的计算如式（8-43）所示。

$$u_{移液r} = \sqrt{u^2_{计、移液r} + u^2_{体、移液r}} \tag{8-43}$$

容量瓶的计算如式（8-44）所示。

$$u_{定容r} = \sqrt{u^2_{计、定容r} + u^2_{体、定容r}} \tag{8-44}$$

（4）样品的前处理形成的相对不确定度分量

考虑加液、移液和定容各不相关，U_r的计算如式（8-45）所示。

$$u_r = \sqrt{2 \times u^2_{加液r} + 2 \times u^2_{移液r} + u^2_{定容r}} \tag{8-45}$$

【例 8-32】　（1）计量引入的相对不确定分量

① 定量加液器：获取的计量证书给出该种 50mL 定量加液器（20mL）的最大相对允差是 0.030%，按三角分布考虑，则有：

$$u_{计、定量r} = \frac{D_r}{\sqrt{6}} = 1.225 \times 10^{-4}$$

② 移液枪：获取的计量证书给出该种 10mL 移液枪（5mL）的最大相对允差是 0.050%，按三角分布考虑，则有：

$$u_{计、移液r} = \frac{D_r}{\sqrt{6}} = 2.041 \times 10^{-4}$$

③ 容量瓶：获取的计量证书给出该种 25mL 容量瓶的最大允差是 0.040mL，按三角分布考虑，则有：

$$u_{计、定容r} = \frac{D}{\sqrt{6} \times V} = 6.532 \times 10^{-4}$$

（2）体膨胀引入的相对不确定分量

由于是同一种萃取剂，故 $u_{体、加液r} = u_{体、移液r} = u_{体、定容r}$。

$\Delta t_{max} = 5℃$，水的体膨胀系数是 0.000208/℃，按均匀分布考虑，则有：

$$u_{体、加液r}=u_{体、移液r}=u_{体、定容r}=u_{体r}=\frac{\Delta t_{max}\times P}{\sqrt{3}}=6.004\times10^{-4}$$

（3）各计量器具相对不确定分量合成

考虑计量和体膨胀不相关。

定量加液器　$u_{加液r}=\sqrt{u_{计、加液r}^2+u_{体、加液r}^2}=6.128\times10^{-4}$

移液管（枪）　$u_{移液r}=\sqrt{u_{计、移液r}^2+u_{体、移液r}^2}=6.342\times10^{-4}$

容量瓶　$u_{定容r}=\sqrt{u_{计、定容r}^2+u_{体、定容r}^2}=8.872\times10^{-4}$

（4）样品的前处理形成的相对不确定度分量

考虑加液、移液和定容各不相关。

$$u_{r3}=\sqrt{2\times u_{加液r}^2+2\times u_{移液r}^2+u_{定容r}^2}=1.531\times10^{-3}$$

4. 量化标准溶液制备引入的差异

（1）制备标准储备液引入的相对不确定度

标准储备液制备引入的不确定度按资料性附录 7 进行评定。

【例 8-33】 采用的标准品是浓度为 200μg/mL 的溶液，相对扩展不确定度为 0.24%（包含因子 $k=2$）。将该标准品作为标准储备液使用，即 $u_{储r}=u_{标r}=\frac{0.24}{2\times100}=0.0012$。

（2）制备标准溶液引入的相对不确定度

标准溶液制备引入的不确定度按资料性附录 8 进行评定。

【例 8-34】 制备各标准溶液过程：用 0.02mL 移液枪移取 0.0125mL 标准储备液，置于 25mL 容量瓶定容；用 0.1mL 移液枪分别移取 0.025mL、0.0375mL、0.05mL、0.0625mL、0.075mL、0.0875mL、0.1mL 标准储备液，分别置于 25mL 容量瓶定容；用 0.2mL 移液枪分别移取 0.1124mL、0.125mL 标准储备液，分别置于 25mL 容量瓶定容，制备过程如表 8-26 所示。

共 10 级标准溶液。

表 8-26　　标准溶液制备

标准溶液		1 级	2 级	3 级	4 级	5 级	6 级	7 级	8 级	9 级	10 级
移液枪	量程/mL	0.02				0.1				0.2	
	移取量/mL	0.0125	0.025	0.0375	0.05	0.0625	0.075	0.0875	0.1	0.1124	0.125

续表

标准溶液	1 级	2 级	3 级	4 级	5 级	6 级	7 级	8 级	9 级	10 级
容量瓶定容/mL	25									
浓度/(μg/mL)	0.1	0.2	0.3	0.4	0.5	0.6	0.7	0.8	0.9	1.0

各标准溶液制备形成的相对不确定分量如表 8-27 所示。

表 8-27　　各标准溶液制备形成的相对不确定分量

		1 级	2 级	3 级	4 级	5 级	6 级	7 级	8 级	9 级	10 级
移液枪	量程/mL	0.02	0.1							0.2	
	最大相对允差/%	0.17	0.140							0.100	
	$u_{计、移液ri}$	6.940×10^{-4}	5.715×10^{-4}							4.082×10^{-4}	
	体膨胀系数/℃	2.08×10^{-4}									
	$u_{体、移液ri}$	6.004×10^{-4}									
	$u_{移液ri}$	9.177×10^{-4}	8.290×10^{-4}							7.261×10^{-4}	
容量瓶	容量/mL	25									
	最大允差/mL	0.04									
	$u_{体、定容ri}$	6.532×10^{-4}									
	体膨胀系数/℃	2.08×10^{-4}									
	$u_{体、定容ri}$	6.004×10^{-4}									
	$u_{定容ri}$	8.872×10^{-4}									
$u_{ri}=\sqrt{u^2_{移液ri}+u^2_{定容ri}}$		1.276×10^{-3}	1.214×10^{-3}							1.146×10^{-3}	

则其相对不确定分量为：

$$u_{r4}=\sqrt{n\times u^2_{储r}+\sum_{i=1}^{n}u^2_{ri}}=5.383\times10^{-3}$$

5. 量化离子色谱法引入的差异

制备的标准溶液为 n 级。各标准溶液的浓度为 C'_1，C'_2，…，C'_i，…，C'_n。将各标准溶液浓度转化成：$C_i=\dfrac{17.03\times C'_i}{18.04}$，可得 C_1，C_2，…，C_i，…，C_n，单位是 μg/（mL · 支）。将各标准溶液通过离子色谱仪测量，获取各对应响应值 e_1，e_2，…e_i，…，e_n。对形成的各对应点(C_i，e_i)进行线形拟合（最

小二乘法)，获取标准工作曲线 $\hat{e}=k\hat{C}+b$。

最小二乘法及残差标准差 S_E 计算见资料性附录 3。通过计算可得离子色谱法标准工作曲线非线性形成的相对不确定分量，如式（8-46）所示。

$$u_{r5}=\frac{S_E}{\bar{C}k}\times\sqrt{\frac{1}{P}+\frac{1}{n}+\frac{(\bar{c}-\bar{C})^2}{L_{CC}}} \tag{8-46}$$

式中 P—— 样品测量数，按标准 $P=2$；

$\bar{C}$—— $\bar{C}=\frac{1}{n}\sum_{i=1}^{n}C_i$；

$\bar{c}$—— 两平行样品测量平均值。

【例 8-35】 按表 8-28 浓度值 C'_i 转化成 $C_i=\frac{17.03\times C'_i}{18.04}$。

表 8-28　　浓度和响应

	1	2	3	4	5	6	7	8	9	10
C'_i /[μg/(mL·支)]	0.1	0.2	0.3	0.4	0.5	0.6	0.7	0.8	0.9	1.0
$C_i=\frac{17.03\times C'_i}{18.04}$ /[μg/(mL·支)]	0.0944	0.1888	0.2832	0.3776	0.4720	0.5664	0.6608	0.7552	0.8496	0.9440
响应 e_i	0.0295	0.0455	0.0687	0.0884	0.1134	0.1399	0.1637	0.1935	0.2131	0.2233

$$L_{Ce}=\sum_{i=1}^{n}(C_i-\bar{C})(e_i-\bar{e})=0.1791$$

$$L_{CC}=\sum_{i=1}^{n}(C_i-\bar{C})^2=0.7352$$

$$L_{ee}=\sum_{i=1}^{n}(e_i-\bar{e})^2=0.0438$$

$$\bar{C}=\frac{1}{n}\sum_{i=1}^{n}C_i=0.5192[\mu g/(mL\cdot 支)]$$

$$\bar{e}=\frac{1}{n}\sum_{i=1}^{n}e_i=0.1279$$

$$k=\frac{L_{Ce}}{L_{CC}}=0.2436(mL\cdot 支/\mu g)$$

$$S_E=\sqrt{\frac{L_{ee}-\frac{L_{Ce}^2}{L_{CC}}}{n-2}}=0.005265$$

取表 8-23 中第 1 列数据

$$\bar{c}=\bar{c}_i=0.386\mu g/(mL \cdot 支)$$

离子色谱法标准工作曲线非线性形成的相对不确定分量为：

$$u_{r5}=\frac{S_E}{\bar{C}k}\times\sqrt{\frac{1}{P}+\frac{1}{n}+\frac{(\bar{c}-\bar{C})^2}{L_{CC}}}=3.289\times10^{-2}$$

6. 量化离子色谱仪测量重复性引入的差异

该评定是考量离子色谱仪的测量稳定性。

对同一萃取液连续进样 n 次，获取 n 个浓度值 c_1，c_2，…，c_i，…，c_n。

浓度均值的计算如式（8-47）所示。

$$\bar{c}=\frac{1}{n}\sum_{i=1}^{n}c_i \tag{8-47}$$

离子色谱仪测量稳定性引入的相对不确定分量的计算如式（8-48）所示。

$$u_{r6}=\frac{1}{\bar{c}}\sqrt{\frac{1}{n-1}\sum_{i=1}^{n}(c_i-\bar{c})^2} \tag{8-48}$$

【例 8-36】　浓度 C_i 的重复测量值如表 8-29 所示。

表 8-29　　**浓度 c_i 重复测量值**　　单位：μg/(mL · 支)

	1	2	3	4	5	6	7	8	9	10
c_i	0.3667	0.3697	0.3710	0.3730	0.3560	0.3568	0.3605	0.3854	0.3870	0.3661

$$\bar{c}=\frac{1}{n}\sum_{i=1}^{n}c_i=0.3692[\mu g/(mL \cdot 支)]$$

离子色谱仪测量稳定性引入的相对不确定分量为：

$$u_{r6}=\frac{1}{\bar{c}}\sqrt{\frac{1}{n-1}\sum_{i=1}^{n}(c_i-\bar{c})^2}=2.876\times10^{-2}$$

7. 量化离子色谱法回收率引入的差异

该评定是考量离子色谱仪加标回收率带来的差异。

选择低、中、高三种标准溶液浓度，进行 3 水平×4 次加标回收率测定，获取 12 个回收率 η_1，η_2，…η_i…η_{12}。

取 $\eta_{max} = MAX\{\eta_1, \eta_2, \cdots, \eta_i \cdots \eta_{12}\}$，$\eta_{min} = MIN\{\eta_1, \eta_2, \cdots, \eta_i, \cdots, \eta_{12}\}$。

加标回收率均值的计算如式（8-49）所示。

$$\bar{\eta} = \frac{1}{12}\sum_{i=1}^{12}\eta_i \tag{8-49}$$

离子色谱仪加标回收率引入的相对不确定分量的计算如式（8-50）所示。

$$u_{r7} = \frac{\eta_{max} - \eta_{min}}{\bar{\eta} \times \sqrt{12}} \tag{8-50}$$[4]

【例 8-37】 不同浓度标准溶液的离子色谱仪加标回收率如表 8-30 所示。

表 8-30　加标回收率　　单位:%

	1	2	3	4
低	107.50	110.50	107.50	111.50
中	103.50	102.00	103.25	101.75
高	102.83	102.50	103.00	102.17

$$\eta_{max} = MAX\{\eta_1, \eta_2, \cdots, \eta_i, \cdots, \eta_{12}\} = 111.50\%$$

$$\eta_{min} = MIN\{\eta_1, \eta_2, \cdots, \eta_i, \cdots, \eta_{12}\} = 101.75\%$$

$$\bar{\eta} = \frac{1}{12}\sum_{i=1}^{12}\eta_i = 104.83\%$$

离子色谱仪加标回收率引入的相对不确定分量为：

$$u_{r7} = \frac{\eta_{max} - \eta_{min}}{\bar{\eta} \times \sqrt{12}} = 2.685 \times 10^{-2}$$

七、不确定度合成

1. 氨浓度各不确定分量合成 $f_c(\delta_1, \delta_2, \delta_3, \delta_4, \delta_5, \delta_6, \delta_7)$

考虑各 u_{ri} 互不相关，$U_{浓r}$ 的计算如式（8-51）所示。

$$u_{浓r} = \sqrt{u_{r1}^2 + u_{r2}^2 + u_{r3}^2 + u_{r4}^2 + u_{r5}^2 + u_{r6}^2 + u_{r7}^2} = \sqrt{\sum_{i=1}^{7}u_{ri}^2} \tag{8-51}$$

测量值取表 8-23 中一组测量浓度值 c_{i1} 和 c_{i2} 的平均值 $\bar{c}_i = \frac{1}{2}\sum_{j=1}^{2}c_{ij}$，即氨

浓度值是 $\bar{c}_i$，单位是 μg/(mL·支)。

氨浓度的不确定分量是 $u_{浓}=\bar{c}_i\times u_{浓r}$，单位是 μg/(mL·支)。

【例 8-38】 根据上述评定，可得各相对不确定分量，如表 8-31 所示。

表 8-31　　各相对不确定分量

u_{r1}	u_{r2}	u_{r3}	u_{r4}	u_{r5}	u_{r6}	u_{r7}
1.989×10^{-2}	5.193×10^{-2}	1.531×10^{-3}	5.383×10^{-3}	3.289×10^{-2}	2.876×10^{-2}	2.658×10^{-2}

$$u_{浓r}=\sqrt{\sum_{i=1}^{7}u_{ri}^2}=7.585\times10^{-2}$$

取表 8-23 中一组测量浓度值 c_{i1} 和 c_{i2}，可得 $\bar{c}_i$ 为：

$$\bar{c}_i=\frac{1}{2}\sum_{j=1}^{2}c_{ij}=0.386\mu g/(mL\cdot 支)$$

氨浓度的不确定度分量为：

$$u_{浓}=\bar{c}_i\times u_{浓r}=2.929\times10^{-2}\mu g/(mL\cdot 支)$$

2. 定容体积不确定分量合成 $f_V(\delta_3)$

$$u_{体r}=u_{r3}$$

定容体积是 25mL，则体积的不确定分量是 $u_{体}=25\times u_{体r}$，单位是 mL。

【例 8-39】 根据表 8-31，可得：

$$u_{体r}=u_{r3}=1.531\times10^{-3}$$

定容体积的不确定分量为：

$$u_{体}=50\times u_{体r}=3.826\times10^{-2}(mL)$$

3. 氨浓度与体积的相关性

当氨气相萃取液和粒相萃取液置于容量瓶中定容，则容量瓶内氨的量值是恒定的，即 $y=c\times V$ 中的 y 是恒定的量值，则 $c\times V=K$ 呈双曲线函数关系（c 和 V 呈反比关系）。本研究要在组间差异的量化中浓度 $\bar{c}_i$ 值附近的微小区间内确定 c 和 V 的相关系数。根据 $c\times V=K$ 可得表 8-32。

表 8-32　　c 和 V 的相关性

V_i/mL	25	23	24	26	27
c_i /[μg/(mL · 支)]	$\bar{c}_i$	$\frac{25}{23}\times\bar{c}_i$	$\frac{25}{24}\times\bar{c}_i$	$\frac{25}{26}\times\bar{c}_i$	$\frac{25}{27}\times\bar{c}_i$

对形成的各对应点(V_i，c_i)进行线形拟合(最小二乘法)，获取 c 和 V 的相关系数 $r(c, V)$。相关系数计算方法见资料性附录 3。

【例 8-40】　取表 8 - 23 中第 1 列数据，$\bar{c}_i = 0.386$μg/(mL · 支)，则可得表 8 - 33。

表 8-33　　c 和 V 的相关性

V_i/mL	25	23	24	26	27
c_i /[μg/(mL · 支)]	$\bar{c}_i$ = 0.386	0.420	0.402	0.371	0.358

采用最小二乘法。可得：

$$r(c, V) = -0.9989 \approx -1$$

4. 氨各不确定分量合成

根据数学模型 $y=c\times V$ 及通用公式：

$$\begin{aligned} u^2(y) &= \sum_{i=1}^{N}\sum_{j=1}^{N}\frac{\partial f}{\partial x_i}\frac{\partial f}{\partial x_j}u(x_i, x_j) \\ &= \sum_{i=1}^{N}\left(\frac{\partial f}{\partial x_i}\right)^2 u^2(x_i) + 2\sum_{i=1}^{N-1}\sum_{j=i+1}^{N}\frac{\partial f}{\partial x_i}\frac{\partial f}{\partial x_j}u(x_i, x_j) \end{aligned}$$

且相关系数 $r(x_i, x_j) = \dfrac{u(x_i, x_j)}{u(x_i)u(x_j)}$。

由于 $N=2$，上式可转换成如式（8-52）所示。

$$u^2(y) = \left(\frac{\partial y}{\partial c}\right)^2 u^2(c) + \left(\frac{\partial y}{\partial V}\right)^2 u^2(V) + 2\frac{\partial y}{\partial c}\frac{\partial y}{\partial V}u(c)u(V)r(c, V) \tag{8-52}$$

根据 $y=c\times V$ 可得：$\dfrac{\partial y}{\partial c}=V$，　$\dfrac{\partial y}{\partial V}=c$。

$r(c, V) = -0.9989 \approx -1$，则 $u(y)$ 如式(8 - 53) 所示。

$$u(y) = \sqrt{V^2u^2(c) + c^2u^2(V) - 2Vu(c)cu(V)}$$

$$=| V \cdot u(c) - c \cdot u(V) | \tag{8-53}$$

【例 8-41】 根据上述评定，可知

$$c = 0.386\mu g/(mL \cdot 支)$$
$$V = 25mL$$
$$u(c) = u_{浓} = 2.929 \times 10^{-2}\mu g/(mL \cdot 支)$$
$$u(V) = u_{i?} = 1.531 \times 10^{-3}mL$$

氨的测量值为：

$$y = c \times V = 9.654(\mu g/支)$$

氨的合成标准不确定度为：

$$u(y) = | V \cdot u(c) - c \cdot u(V) | = 0.717(\mu g/支)$$

八、报告

测量不确定度报告一般有两种出示方式：

（1）测量结果 y，合成标准不确定度 u；

（2）测量结果 y，扩展不确定度 U，包含因子 k。

另：不确定度出示至多 2 位有效数字，且最后 1 位只进不退。

【例 8-42】 根据上述氨各不确定分量合成计算结果可获取测量不确定度报告（1）、（2），如表 8-34、表 8-35 所示。

表 8-34　　氨测量不确定度报告（1）

氨的测量结果	氨的合成标准不确定度
9.65μg/支	0.72μg/支

表 8-35　　氨测量不确定度报告（2）

氨的测量结果	氨的扩展不确定度	包含因子 k
9.7μg/支	1.5μg/支	2

九、其他

1. 评定过程中的几点说明

（1）本部分的例子均采用 3R4F 卷烟作为样品来采集数据，并予以测量

不确定度评定。

（2）本部分出示的氨浓度均通过 $c=\frac{17.03}{18.04}\times c'$ 换算（见四、数学模型）。标准系列浓度亦然。

（3）除组间差异量化时浓度均值以 10 组测量总平均值 $\bar{\bar{c}}$ 出示，获取相对不确定度外，其余的浓度均值均以表 8-23 的第 1 组（第 1 列）出示（两平行测量平均值）。这是为了与标准匹配。

2. 测量数据有效性验证

本部分的例子均采用 3R4F 卷烟作为样品来采集数据。为确认测量仪器的精密度和准确度是否达到要求，从而确保测量结果有效，召集了 9 家实验室，采用 3R4F 卷烟进行共同实验。共同实验实验方案要求的重复测量数是 $2\times10=20$，与测量不确定度评定采用的方案一致。各实验室测量数据见附录 2 中 2-2。实验室编号是实验室 1。

对共同实验结果进行了统计。

显著性水平取 $\alpha=0.01$

（1）采用格拉布斯异常值检验各实验室内的测量值　统计显示没有离群值。

（2）采用曼德尔 h 检验各实验室测量均值　检验方法见资料性附录 5，统计显示没有离群值。

（3）采用曼德尔 k 检验各实验室测量精度　检验方法见资料性附录 5，统计显示有一家实验室（实验室 5）测量精度离群。剔除该实验室数据。

（4）重复性限 r 和再现性限 R　用 8 家实验室数据计算 r 和 R，r 和 R 计算方法见资料性附录 4。结果是：

$$r = 0.75\ \mu g/支，\ R = 1.99\mu g/支$$

另：8 家实验室测量均值最大值是 10.50μg/支，最小值是 8.57μg/支。

判断

整体的测量均值是 9.62μg/支，10 组测量平均值的极差是 0.56μg/支。

$$|测量平均值 - 10.50\ \mu g/支| < R$$

$$|测量平均值 - 8.57\mu g/支| < R$$

$$10组测量平均值的极差 < r$$

即整体的测量仪器对氨的测量，其精密度和准确度均有效，即确认本部分测量不确定度评定中出示的测量数据准确有效。

3. 成梯度评价测量不确定度

测量不确定度评定是对某一样品测量结果的精密度作一个可信程度的评定。即不同样品（水平）测量不确定度评定的结果是不一样的。根据以往的数据选取 6 个卷烟样品，各卷烟样品的氨测量结果成一定的梯度，然后按上述的评定方法进行评定（见表 8-36）。测量数据见附录。

表 8-36　　6 个卷烟样品相对不确定分量评定结果

	u_{r1}	u_{r2}	u_{r3}	u_{r4}	u_{r5}	u_{r6}	u_{r7}
卷烟 1#	1.989	5.193	0.153	0.538	3.289	2.876	2.685
卷烟 2#	6.627	3.119	0.153	0.538	3.827	3.358	2.685
卷烟 3#	3.663	1.525	0.153	0.538	3.591	4.806	2.685
卷烟 4#	2.636	2.767	0.153	0.538	3.431	3.797	2.685
卷烟 5#	3.146	1.857	0.153	0.538	3.471	2.802	2.685
卷烟 6#	2.725	2.149	0.153	0.538	3.484	2.687	2.685

注：表中各值$\times10^{-2}$。

根据合成不确定度的评定方法，可得表 8-37。

表 8-37　　浓度 c、体积 V、测量值 $y_{氨}$、$u(c)$、$u(V)$、$u(y_{氨})$

	c /[μg/(mL·支)]	$u(c)$ /[μg/(mL·支)]	V /mL	$u(V)$ /mL	$y_{氨}$ /(μg/支)	$u(y_{氨})$ /(μg/支)
卷烟 1#	0.386	2.929×10^{-2}	25	3.826×10^{-2}	9.654	0.717
卷烟 2#	0.095	0.885×10^{-2}	25	3.826×10^{-2}	2.372	0.218
卷烟 3#	0.194	1.493×10^{-2}	25	3.826×10^{-2}	4.850	0.365
卷烟 4#	0.278	1.932×10^{-2}	25	3.826×10^{-2}	6.950	0.472
卷烟 5#	0.255	1.627×10^{-2}	25	3.826×10^{-2}	6.372	0.397
卷烟 6#	0.248	1.546×10^{-2}	25	3.826×10^{-2}	6.195	0.377

以 $y_{氨}$ 为横坐标，u（$y_{氨}$）为纵坐标，用最小二乘法对表 8-36 中 6 个对应点进行线性拟合。

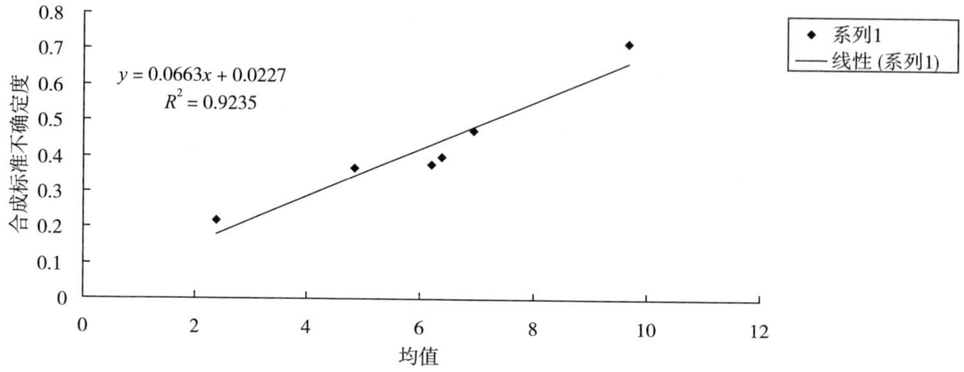

图 8-4　氨合成标准不确定度

上图得线性拟合方程 $\hat{u}_{(氨)} = 0.0663 \times \hat{y}_{氨} + 0.0227$。尽管上图各对应坐标点的分布有一定的离散性，但根据决定系数 $R^2 = 0.9235$，无法拒绝该线性方程获取的 $\hat{u}(y_{氨})$ 是一个有效估计值。

根据 $\hat{u}(y_{氨}) = 0.0663 \times \hat{y}_{氨} + 0.0227$ 可获取各测量值 $y_{氨}$ 对应的合成标准不确定度估计值 $\hat{u}(y_{氨})$，如表 8-38 所示。

表 8-38　　**$y_{氨}$ 对应的 $\hat{u}$ （$y_{氨}$）**　　单位：μg/支

$y_{氨}$	3.00	4.00	5.00	6.00	7.00	8.00	9.00
$\hat{u}(y_{氨})$	0.22	0.29	0.35	0.42	0.49	0.55	0.62

附录

6 个卷烟样品氨浓度测量值　　单位：μg/(mL · 支)

组号	卷烟 1#	卷烟 2#	卷烟 3#	卷烟 4#	卷烟 5#	卷烟 6#
1	0.402	0.093	0.196	0.272	0.251	0.244
	0.370	0.097	0.192	0.284	0.259	0.252
2	0.391	0.093	0.187	0.266	0.244	0.258
	0.357	0.091	0.181	0.269	0.248	0.251
3	0.394	0.087	0.180	0.273	0.244	0.247
	0.358	0.089	0.182	0.274	0.245	0.252

续表

组号	卷烟 1#	卷烟 2#	卷烟 3#	卷烟 4#	卷烟 5#	卷烟 6#
4	0.408	0.090	0.184	0.288	0.250	0.252
	0.360	0.096	0.181	0.271	0.244	0.251
5	0.410	0.089	0.191	0.273	0.246	0.251
	0.374	0.095	0.179	0.287	0.248	0.248
6	0.411	0.101	0.187	0.285	0.255	0.246
	0.382	0.097	0.195	0.285	0.260	0.257
7	0.395	0.098	0.195	0.267	0.257	0.261′
	0.381	0.101	0.190	0.288	0.242	0.263
8	0.377	0.092	0.193	0.271	0.260	0.262
	0.400	0.085	0.195	0.287	0.258	0.261
9	0.364	0.086	0.193	0.266	0.259	0.257
	0.398	0.085	0.191	0.287	0.28	0.261
10	0.378	0.089	0.195	0.292	0.256	0.257
	0.390	0.099	0.194	0.285	0.264	0.259

9 家实验室 3R4F 样品氨共同实验数据　　单位：μg/支

	1	2	3	4	5	6	7	8	9	10
实验室 1	9.654	9.346	9.390	9.597	9.800	9.907	9.700	9.712	9.526	9.590
实验室 2	8.316	8.087	8.525	9.308	8.854	8.808	9.146	8.458	8.930	8.693
实验室 3	9.050	9.250	9.250	9.100	9.200	9.100	9.150	9.000	9.200	9.050
实验室 4	10.400	10.250	10.450	10.750	10.500	10.500	10.500	10.600	10.350	10.700
实验室 5	10.030	8.895	9.310	9.605	9.020	9.780	9.385	10.230	10.325	10.395
实验室 6	8.720	8.600	8.490	9.310	8.635	9.190	9.195	8.955	9.365	9.415
实验室 7	8.425	8.775	8.120	8.830	8.655	8.680	8.745	8.515	8.695	8.665
实验室 8	8.905	8.910	9.010	8.620	8.900	8.020	8.640	9.045	8.305	9.290
实验室 9	8.260	8.485	8.460	8.765	8.215	8.765	8.430	8.790	8.765	8.790

第三节　主流烟气中苯酚测量不确定度评定

一、测量依据

测量依据包括以下标准。

（1）GB/T 19609—2004《卷烟　用常规分析用吸烟机测定　总粒相物和焦油》

（2）GB/T 16450—2004《常规分析用吸烟机　定义和标准条件》

（3）GB/T 16447—2004《烟草及烟草制品　调节和测试的大气环境》

（4）YC/T 255—2008《卷烟主流烟气中主要酚类化合物的测定高效液相色谱法》

二、测量条件

1. 环境条件

（1）卷烟样品调节按 GB/T 16447—2004《烟草及烟草制品　调节和测试的大气环境》的要求，在调节大气中调节 48~240h。

（2）粒相收集按 GB/T 16447—2004《烟草及烟草制品　调节和测试的大气环境》的要求，在测试大气中进行。

（3）液相色谱法测定在化学分析实验室内进行，温湿度符合仪器正常工作的要求，无震动、扬尘、电磁干扰等情况。

2. 测量设备

测量设备如下所示。

① 吸烟机（采用直线型吸烟机）、液相色谱仪。

② 计量器具：定量加液器 50mL，实验室计量证书给出最大相对允差 0.030%；

容量瓶 50mL，实验室计量证书给出最大允差 0.060mL；

容量瓶 100mL，实验室计量证书给出最大允差 0.100mL；

移液枪 1mL，实验室计量证书给出最大相对允差 0.060%；

移液枪 5mL，实验室计量证书给出最大相对允差 0.010%；

移液枪 10mL，实验室计量证书给出最大相对允差 0.050%。

三、测量过程

测量过程包括卷烟样品调节，（质量、吸阻）分选，吸烟机抽吸（每通道

4支），将滤片加液（50mL），萃取，过滤，用液相色谱仪测定，根据标准溶液的拟合工作曲线得到结果。

四、数学模型

数学模型如式（8-54）所示。

$$y = k(c' \times V) \tag{8-54}$$

式中　y——目标物苯酚，μg/支；

c'——萃取溶液中苯酚的测定浓度，μg/mL；

V——苯酚的加液体积，mL；

k——$k=\frac{1}{n}$，其中 n 是抽吸烟支数，$n=4$。

为方便测量不确定度评定，可将（8-54）式转换成式（8-55）。

$$y = c \times V \tag{8-55}$$

式中　c——$c=k\times c'$，μg/（mL·支）。

五、不确定因素

1. 不同时间段测量值差异引入的不确定因素 δ_1

该不确定因素主要包括吸烟机相关参数的差异、环境条件的差异等形成测量结果的差异。而这些差异的具体体现是不同时间段各组间测量结果的差异，即组间差异。

2. 测量重复性引入的不确定因素 δ_2

根据标准，每一测量结果由2个平行测量数据取平均值获取。2个平行测量数据间的差异形成了测量结果的差异，即组内差异。

3. 样品的前处理引入的不确定因素 δ_3

该不确定因素是加液（50mL）不准产生的差异。

4. 标准溶液制备引入的不确定因素 δ_4

该不确定因素是在系列标准溶液制备中，各计量器具不准产生的差异。

5. 液相色谱法引入的不确定因素 δ_5

该不确定因素是由拟合工作曲线非线性形成的差异。

6. 液相色谱仪测量重复性引入的不确定因素 δ_6

该不确定因素是液相色谱仪测量稳定性形成的差异。

7. 液相色谱法回收率引入的不确定因素 δ_7

该不确定因素是液相色谱法加标回收率形成的差异。

以上 7 个不确定因素构成了苯酚测量结果的差异。构成苯酚浓度差异的不确定因素是 δ_1、δ_2、δ_3、δ_4、δ_5、δ_6、δ_7，即 f_c（δ_1，δ_2，δ_3，δ_4，δ_5，δ_6，δ_7）；构成加液体积差异的不确定因素是 δ_3，即 $f_V(\delta_3)$。

苯酚测量不确定度评定的因果关系图如图 8-5 所示。

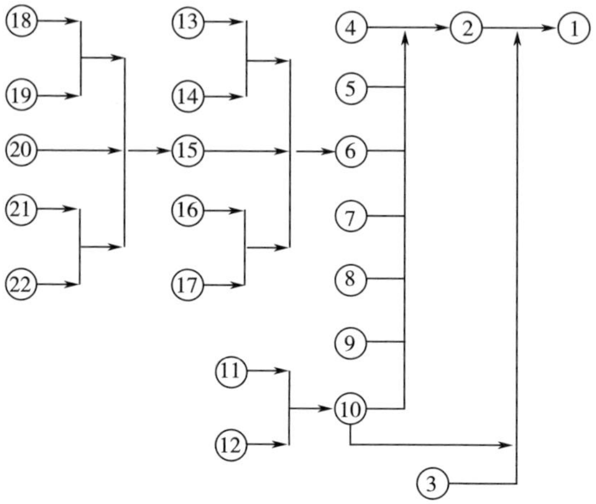

图 8-5　苯酚测量不确定度评定因果关系图

1—苯酚　2—苯酚浓度　3—苯酚浓度与加液体积的相关性　4—组间差异 δ_1　5—组内差异 δ_2　6—系列标准溶液制备形成的差异 δ_4　7—工作曲线非线性形成的差异 δ_5　8—液相色谱仪测量稳定性形成的差异 δ_6　9—液相色谱法加标回收率形成的差异 δ_7　10—前处理 δ_3　11—加液　13、18—移液　16、21—定容　12、14、17、19、22—体膨胀　15、20—储备液和标准品不确定度传递

六、不确定度分量评定

1. 组间差异的量化

该评定采用多组重复测量，以组间差的估计值予以量化。

组间差估计值的获取是建立在 χ^2 基础上，χ^2 的前提是样本（卷烟样品）测量数据服从正态分布。

（1）评定步骤

①：按标准要求，对卷烟样品重复测量，获取样品的浓度值 $\bar{c}$；

②：确认各组浓度测量平均值 $\bar{c}$ 呈正态分布；

③：对各 $\bar{c}$ 进行异常值检验，并剔除离群值（歧离值）；

④：计算组间、组内偏差平方和；

⑤：计算组间差的估计值。

（2）评定

① 对某一卷烟样品进行重复测量，获取每支浓度值，单位是μg/（mL·支），组数为 m（建议 m 为 8 或 10）；组内重复测量数 $n=2$（标准要求）。

$$c_{11},\ c_{21},\ \cdots,\ c_{4},\ \cdots,\ c_{m1}$$

$$c_{12},\ c_{22},\ \cdots,\ c_{i2},\ \cdots,\ c_{m2}$$

【例 8-43】 用 3R4F 卷烟，在直线型吸烟机上重复收集 10 组粒相。按标准要求，用液相色谱仪进行测定，获取 2×10=20 个苯酚浓度数据，如表 8-39 所示。

表 8-39　　苯酚浓度值　　单位：μg/(mL·支)

	1	2	3	4	5	6	7	8	9	10
c_{i1}	0.171	0.176	0.173	0.179	0.165	0.167	0.177	0.167	0.168	0.180
c_{i2}	0.163	0.168	0.168	0.178	0.177	0.165	0.161	0.178	0.162	0.170
$\bar{c}_i$	0.167	0.172	0.171	0.178	0.171	0.166	0.169	0.172	0.165	0.175

② 对 m 个测量平均值进行正态性检验，采用夏皮罗-威尔逊检验法。夏皮罗-威尔逊检验法见资料性附录 1。

【例 8-44】 把表 8-39 第 3 行中的浓度平均值 $\bar{c}_i$ 由小到大排序，如表 8-40 所示。

表 8-40　　$\bar{c}_i$ 排序　　单位：μg/(mL·支)

$\bar{c}_i$ 升序									
1	2	3	4	5	6	7	8	9	10
0.165	0.166	0.167	0.169	0.171	0.171	0.172	0.172	0.175	0.178

由于 $m/2=5$，则查表 8-41 获取 a_k。

表 8-41　　a_k

a_1	a_2	a_3	a_4	a_5
0.5739	0.3291	0.2141	0.1224	0.0399

$$W = \frac{\left\{ \sum_{k=1}^{[m/2]} a_k (\bar{c}_{m-k+1} - \bar{c}_k) \right\}^2}{\sum_{k=1}^{m} (\bar{c}_k - \bar{\bar{c}})^2} = 0.9665$$

显著性水平取 $\alpha = 0.05$

查表临界值 $W(m, \alpha) = 0.842$

$W > W(m, \alpha)$，即表 8 - 38 中的浓度平均值 $\bar{c}_i$ 服从正态分布。

③对 m 个测量平均值进行异常值检验；采用格拉布斯检验法见资料性附录 2。

【例 8-45】 根据表 8-39 可得：

$$\bar{\bar{c}} = \frac{1}{m} \sum_{i=1}^{m} \bar{c}_i = 0.171[\mu g/(mL \cdot 支)]$$

$$s = \sqrt{\frac{\sum_{i=1}^{m} (\bar{c}_i - \bar{\bar{c}})^2}{m - 1}} = 0.0041[\mu g/(mL \cdot 支)]$$

$$G_m = \frac{\bar{c}_m - \bar{\bar{c}}}{s} = 1.873$$

$$G_1 = \frac{\bar{\bar{c}} - \bar{c}_1}{s} = 1.364$$

取显著性水平取 $\alpha = 0.05$

查表临界值 $G(m, \alpha) = 2.290$

G_m，$G_1 < G(m, \alpha)$，即 10 个浓度平均值 $\bar{c}_i$ 中没有异常值。

④ 组间偏差平方和 $Q_{间}$ 和组内偏差平方和 $Q_{内}$。

各组平均值的计算如式（8-56）所示。

$$\bar{c}_i = \frac{1}{2} \sum_{j=1}^{2} c_{ij} \tag{8-56}$$

总平均值的计算如式（8-57）所示。

$$\bar{\bar{c}} = \frac{1}{m} \sum_{i=1}^{m} \bar{c}_i \tag{8-57}$$

组间偏差平方和的计算如式（8-58）所示。

$$Q_{间} = \sum_{i=1}^{m} 2 (\bar{c}_i - \bar{\bar{c}})^2 \tag{8-58}$$

组内偏差平方和的计算如式（8-59）所示。

$$Q_{内} = \sum_{i=1}^{m}\sum_{j=1}^{2}(c_{ij} - \bar{c}_i)^2 \tag{8-59}$$

式中　m—— 剔除异常值后的组数。

【例 8-46】　$\bar{c}_i$ 已由表 8-38 获取。

$$\bar{\bar{c}} = \frac{1}{m}\sum_{i=1}^{m}\bar{c}_i = 0.171\mu g/(mL \cdot 支)$$

$$Q_{间} = \sum_{i=1}^{m}2(\bar{c}_i - \bar{\bar{c}})^2 = 3.073 \times 10^{-4}[\mu g/(mL \cdot 支)]^2$$

$$Q_{内} = \sum_{i=1}^{m}\sum_{j=1}^{2}(c_{ij} - \bar{c}_i)^2 = 4.240 \times 10^{-4}[\mu g/(mL \cdot 支)]^2$$

⑤组间差的估计值。

在正态分布的基础上，有：

$$\frac{Q_{间}}{n\sigma_{间}^2 + \sigma_{内}^2} \sim \chi^2(m-1),\ \frac{Q_{间}}{2\sigma_{间}^2 + \sigma_{内}^2} \sim \chi^2(m-1)$$

$$\frac{Q_{内}}{\sigma_{内}^2} \sim \chi^2[m(n-1)],\ \frac{Q_{内}}{\sigma_{内}^2} \sim \chi^2(m)$$

式中　$\sigma_{间}^2$——组间方差；

$\sigma_{内}^2$——组内方差。

组间差 $\sigma_{间}$ 的估计值的计算如式（8-60）所示。

$$\hat{\sigma}_{间} = \sqrt{\frac{1}{2}\left(\frac{Q_{间}}{m-1} - \frac{Q_{内}}{m}\right)} \tag{8-60}$$

组间差形成的相对不确定分量的计算如式（8-61）所示。

$$u_{r1} = \frac{\hat{\sigma}_{间}}{\bar{\bar{c}}} \tag{8-61}$$

【例 8-47】　以④获取的结果，可得：

$$\hat{\sigma}_{间} = \sqrt{\frac{1}{2}\left(\frac{Q_{间}}{m-1} - \frac{Q_{内}}{m}\right)} = 5.327 \times 10^{-3}[\mu g/(mL \cdot 支)]$$

组间差形成的相对不确定分量为：

$$u_{r1} = \frac{\hat{\sigma}_{间}}{\bar{\bar{c}}} = 3.122 \times 10^{-2}$$

2. 组内差异的量化

一组测量浓度值 c_{i1} 和 c_{i2}，其平均值为 $\bar{c}_i = \frac{1}{2}\sum_{j=1}^{2} c_{ij}$，极差为 $d_i = |c_{i1} - c_{i2}|$。则有：

$$u_2 = \frac{d_i}{1.128 \times \sqrt{2}}$$

式中 1.128——$n=2$ 时极差转化为标准差的计量系数查表值。

即 $\frac{d}{1.128}$为该组两平行浓度值标准差的估计值。

由于测量报告是以两平行测量平均值出示，因此标准差应转化为平均值的标准差，即标准差 $/\sqrt{2}$。

组内差形成的相对不确定分量的计算如式（8-62）所示。

$$u_{r2} = \frac{u_2}{\bar{c}_t} \tag{8-62}$$

【例 8-48】 以表 8-38 中第 1 列数据为例。以下类同

$$u_2 = \frac{d_i}{1.128 \times \sqrt{2}} = 4.858 \times 10^{-3}\mu g/(mL \cdot 支)$$

$$\bar{c}_i = \frac{1}{2}\sum_{j=1}^{2} c_{ij} = 0.167\mu g/(mL \cdot 支)$$

组内差形成的相对不确定分量为：

$$u_{r2} = \frac{u_2}{\bar{c}_i} = 2911 \times 10^{-2}$$

3. 量化样品前处理引入的差异

测量过程：对粒相（滤片）加液。

涉及的计量器具是定量加液器，不确定度评定见资料性附录 6。

本部分均以资料性附录 6 中方法一[最大(相对) 允差] 举例，以下类同。

（1）计量引入的相对不确定分量，如式（8-63）所示。

$$u_{计r} = \frac{D}{\sqrt{6} \times V} \text{或} u_{计r} = \frac{D_r}{\sqrt{6}} \tag{8-63}$$

（2）体膨胀引入的相对不确定分量，如式（8-64）所示。

$$u_{体r} = \frac{\Delta t_{max} \times P}{\sqrt{3}} \tag{8-64}$$

（3）样品的前处理形成的相对不确定分量

考虑 $u_{计r}$和 $u_{体r}$不相关，u_r的计算如式（8-65）所示。

$$u_r = \sqrt{u_{计r}^2 + u_{体r}^2} \tag{8-65}$$

【例 8-49】　（1）计量引入的相对不确定分量

定量加液器，获取的计量证书给出该种 50mL 定量加液器的最大相对允差是 0.030%，按三角分布考虑，则有：

$$u_{计、定量r} = \frac{D_r}{\sqrt{6}} = 1.225 \times 10^{-4}$$

（2）体膨胀引入的相对不确定分量

Δt_{max} = 5℃，水的体膨胀系数是 0.000208/℃，按均匀分布考虑，则有：

$$u_{体、加液r} = u_{体r} = \frac{\Delta t_{max} \times P}{\sqrt{3}} = 6.004 \times 10^{-4}$$

（3）样品的前处理形成的相对不确定分量

考虑计量和体膨胀不相关。

$$\text{定量加液器} \; u_{r3} = \sqrt{u_{计、加液r}^2 + u_{体、加液r}^2} = 6.128 \times 10^{-4}$$

4. 量化标准溶液制备引入的差异

（1）制备标准储备液引入的相对不确定度

标准储备液制备引入的不确定度按资料性附录 7 进行评定。

【例 8-50】　采用的标准品是浓度为 1000μg/mL 的溶液，相对扩展不确定度为 0.24%（包含因子 $k=2$），即 $u_{标r} = \frac{0.24}{2 \times 100} = 0.0012$。

制备标准储备液的过程：用 1mL 移液枪移取 1mL 标准品，置于 100mL 容量瓶定容，获取浓度是 10μg/mL 的标准储备液，各标准储备液的制备见表 8-42。

表 8-42　各标准储备液制备

$u_{标r}$	0.0012					
移液枪	量程/mL	最大相对允差/%	$u_{计、移液r}$	体膨胀系数/℃	$u_{体、移液r}$	$u_{移液r}$
	1	0.060	2.449×10^{-4}	2.08×10^{-4}	6.004×10^{-4}	6.485×10^{-4}
容量瓶	容量/mL	最大允差/mL	$u_{计、定容r}$	体膨胀系数/℃	$u_{体、定容r}$	$u_{定容r}$
	100	0.100	4.082×10^{-4}	2.08×10^{-4}	6.004×10^{-4}	7.261×10^{-4}
$u_{储r}=\sqrt{0.0012^2+u_{移液r}^2+u_{定容r}^2}=1.545\times10^{-3}$						

（2）制备标准溶液引入的相对不确定度

标准溶液制备引入的不确定度按资料性附录 8 进行评定。

【例 8-51】 制备标准溶液的过程：用 1mL 移液枪移取 1mL 标准储备液，置于 50mL 容量瓶定容；用 5mL 移液枪分别移取 2mL、5mL 标准储备液，分别置于 50mL 容量瓶定容；用 10mL 移液枪分别移取 10mL 和 2×10mL 标准储备液，分别置于 50mL 容量瓶定容。

共 5 级标准溶液，其制备如表 8-43。

表 8-43　标准溶液制备

		1 级	2 级	3 级	4 级	5 级
移液枪	移液枪量程/mL	1	5		10	
	移取量/mL	1	2	5	10	2×10
容量瓶容量/mL				50		
浓度/（μg/mL）		0.2	0.4	1.0	2.0	4.0

标准溶液制备形成的相对不确定分量如表 8-44 所示。

表 8-44　标准溶液制备形成的相对不确定分量

		1 级	2 级	3 级	4 级	5 级
移液枪	量程/mL	1	5	5	10	10
	最大相对允差/%	0.06	0.01		0.05	
	$u_{计、移液ri}$	2.449×10^{-4}	4.082×10^{-4}		2.041×10^{-4}	
	体膨胀系数/℃			2.08×10^{-4}		
	$u_{体、移液ri}$			6.004×10^{-4}		
	$u_{移液ri}$	6.485×10^{-4}	6.018×10^{-4}		6.342×10^{-4}	8.969×10^{-4}

续表

		1 级	2 级	3 级	4 级	5 级
容量瓶	容量/mL			50		
	最大允差/mL			0.06		
	$u_{体、定容ri}$			2.449×10^{-4}		
	体膨胀系数/℃			2.08×10^{-4}		
	$u_{体、定容ri}$			6.004×10^{-4}		
	$u_{定容ri}$			6.485×10^{-4}		
$u_{ri}=\sqrt{u_{移液ri}^2+u_{定容ri}^2}$		1.377×10^{-3}	1.315×10^{-3}		1.331×10^{-3}	1.766×10^{-3}

则其相对不确定分量为：

$$u_{r4} = \sqrt{n \times u_{储r}^2 + \sum_{i=1}^{n} u_{ri}^2} = 4.334 \times 10^{-3}$$

5. 量化液相色谱法引入的差异

制备的标准溶液为 n 级。各标准溶液的浓度为 C'_1，C'_2，…，C'_t，…，C'_n。将各标准溶液浓度转化成：$C_i=\dfrac{C'_i}{n}$，可得 C_1，C_2，…，C_i，…，C_n，单位是 μg/（mL·支）。将各标准溶液通过液相色谱仪测量，获取各对应响应值 e_1，e_2，…e_i…，e_n。对形成的各对应点$(C_i，e_i)$进行线形拟合（最小二乘法），获取标准工作曲线 $\hat{e}=k\hat{C}+b$。

最小二乘法及残差标准差 S_E 计算见资料性附录 3。通过计算可得液相色谱法标准工作曲线非线性形成的相对不确定分量，如式（8-66）所示。

$$u_{r5} = \frac{S_E}{\bar{C}k} \times \sqrt{\frac{1}{P} + \frac{1}{n} + \frac{(\bar{c} - \bar{C})^2}{L_{CC}}} \tag{8-66}$$

式中　P—— 样品测量数，按标准 $P = 2$；

$\bar{C}$—— $\bar{C} = \dfrac{1}{n}\sum_{i=1}^{n} C_i$；

$\bar{c}$—— 两平行样品测量平均值。

【例 8-52】 按表 8-42 浓度 C_i'转化成 $C_i=\frac{C_i'}{n}$，如表 8-45 所示。

表 8-45　　浓度和响应

	1	2	3	4	5
C_i'/（μg/mL）	0.2	0.4	1.0	2.0	4.0
$C_i=\frac{C_i'}{n}$/[μg/(mL·支)]	0.05	0.10	0.25	0.50	1.00
响应 e_i	4.869	9.628	23.852	47.723	95.305

$$L_{Ce}=\sum_{i=1}^{n}(C_i-\bar{C})(e_i-\bar{e})=57.4125$$

$$L_{CC}=\sum_{i=1}^{n}(C_i-\bar{C})^2=0.6030$$

$$L_{ee}=\sum_{i=1}^{n}(e_i-\bar{e})^2=5466.3279$$

$$\bar{C}=\frac{1}{n}\sum_{i=1}^{n}C_i=0.38\mu g/(mL\cdot 支)$$

$$\bar{e}=\frac{1}{n}\sum_{i=1}^{n}e_i=36.2754$$

$$k=\frac{L_{Ce}}{L_{CC}}=95.2114\,[\mu g/(mL\cdot 支)]^{-1}$$

$$S_E=\sqrt{\frac{L_{ee}-\frac{L_{Ce}^2}{L_{CC}}}{n-2}}=0.03121$$

取表 8-38 中第 1 列数据可得：

$$\bar{c}=\bar{c}_t=0.167\mu g/(mL\cdot 支)$$

液相色谱法标准工作曲线非线性形成的相对不确定分量为：

$$u_{r5}=\frac{S_E}{\bar{C}k}\times\sqrt{\frac{1}{P}+\frac{1}{n}+\frac{(\bar{c}-\bar{C})^2}{L_{CC}}}=7.589\times10^{-4}$$

6. 量化液相色谱仪测量重复性引入的差异

该评定是考量液相色谱仪的测量稳定性。

对同一萃取液连续进样 n 次，获取 n 个浓度值 c_1，c_2，…，c_t，…，c_n。

浓度均值的计算如式（8-67）所示。

$$\bar{c} = \frac{1}{n}\sum_{i=1}^{n} c_i \tag{8-67}$$

液相色谱仪测量稳定性引入的相对不确定分量的计算如式（8-68）所示。

$$u_{r6} = \frac{1}{\bar{c}}\sqrt{\frac{1}{n-1}\sum_{i=1}^{n}(c_i - \bar{c})^2} \tag{8-68}$$

【例 8-53】 浓度 C_i 的重复测量值如表 8-46 所示。

表 8-46　　浓度 c_i 重复测量值　　单位：μg/(mL·支)

	1	2	3	4	5	6	7	8	9	10
c_i	0.1928	0.1935	0.1930	0.1930	0.1920	0.1928	0.1935	0.1918	0.1905	0.1910

$$\bar{c} = \frac{1}{n}\sum_{i=1}^{n} c_i = 0.1924\mu g/(mL \cdot 支)$$

液相色谱仪测量稳定性引入的相对不确定分量为：

$$u_{r6} = \frac{1}{\bar{c}}\sqrt{\frac{1}{n-1}\sum_{i=1}^{n}(c_i - \bar{c})^2} = 5.349 \times 10^{-3}$$

7. 量化液相色谱仪回收率引入的差异

该评定是考量液相色谱仪加标回收率带来的变异。

选择低、中、高三种标准溶液浓度，进行 3 水平×4 次加标回收率测定，获取 12 个回收率 η_1，η_2，$\cdots\eta_i$，$\cdots$，η_{12}。

取 η_{max} = MAX $\{\eta_1, \eta_2, \cdots, \eta_i, \cdots, \eta_{12}\}$，$\eta_{min}$ = MIN $\{\eta_1, \eta_2, \cdots, \eta_i, \cdots, \eta_{12}\}$。

加标回收率均值的计算如式（8-69）所示。

$$\bar{\eta} = \frac{1}{12}\sum_{i=1}^{12} \eta_i \tag{8-69}$$

液相色谱仪加标回收率引入的相对不确定分量的计算如式（8-70）所示。

$$u_{r7} = \frac{\eta_{max} - \eta_{min}}{\bar{\eta} \times \sqrt{12}} \tag{8-70}$$

【例 8-54】 不同浓度标准溶液的液相色谱仪加标回收率如表 8-47 所示。

表 8-47 加标回收率 单位:%

	1	2	3	4
低	110.00	111.33	106.67	110.33
中	107.17	108.67	110.17	113.33
高	105.92	106.50	105.58	105.50

$$\eta_{max} = \text{MAX}\{\eta_1, \eta_2, \cdots, \eta_i, \cdots, \eta_{12}\} = 113.33\%$$

$$\eta_{min} = \text{MIN}\{\eta_1, \eta_2, \cdots, \eta_i, \cdots, \eta_{12}\} = 105.50\%$$

$$\bar{\eta} = \frac{1}{12}\sum_{i=1}^{12}\eta_i = 108.43\%$$

液相色谱仪加标回收率引入的相对不确定分量为:

$$u_{r7} = \frac{\eta_{max} - \eta_{min}}{\bar{\eta} \times \sqrt{12}} = 2.085 \times 10^{-2}$$

七、不确定度合成

1. 苯酚浓度各不确定分量合成 $f_c(\delta_1, \delta_2, \delta_3, \delta_4, \delta_5, \delta_6, \delta_7)$

考虑各 u_{ri} 互不相关，$u_{浓r}$ 的计算如式（8-71）所示。

$$u_{浓r} = \sqrt{u_{r1}^2 + u_{r2}^2 + u_{r3}^2 + u_{r4}^2 + u_{r5}^2 + u_{r6}^2 + u_r^2} = \sqrt{\sum_{i=1}^{7}u_{ri}^2} \quad (8-71)$$

测量值取表 8 - 39 中一组测量浓度值 c_{i1} 和 c_{i2} 的平均值 $\bar{c}_i = \frac{1}{2}\sum_{j=1}^{2}c_{ij}$，即苯酚浓度值是 $\bar{c}_i$，单位是 μg/(mL · 支)；

苯酚浓度的不确定分量是 $u_{浓} = \bar{c}_i \times u_{浓r}$，单位是 μg/(mL · 支)。

【例 8-55】 根据上述评定，可得各相对不确定分量，如表 8-48 所示。

表 8-48 各相对不确定分量

u_{r1}	u_{r2}	u_{r3}	u_{r4}	u_{r5}	u_{r6}	u_{r7}
3.122×10^{-2}	2.911×10^{-2}	6.128×10^{-4}	4.334×10^{-3}	7.589×10^{-4}	5.349×10^{-3}	2.058×10^{-2}

$$u_{浓r} = \sqrt{\sum_{i=1}^{7}u_{ri}^2} = 4.802 \times 10^{-2}$$

以表 8-38 中第 1 列测量浓度值为例，以下类同。

$$\bar{c}_i = \frac{1}{2}\sum_{j=1}^{2} c_{ij} = 0.167\mu g/(mL \cdot 支)$$

苯酚浓度的不确定分量为：

$$u_{浓} = \bar{c}_i \times u_{浓r} = 8.013 \times 10^{-3}\mu g/(mL \cdot 支)$$

2. 萃取液体积不确定分量合成 f_V（δ_3）

$$u_{体r} = u_{r3}$$

苯酚萃取液的体积是 50mL，则体积的不确定分量是 $u_{体} = 50 \times u_{体r}$，单位是 mL。

【例 8-56】 根据表 8-47，可得：

$$u_{体r} = u_{r3} = 6.128 \times 10^{-4}$$

苯酚体积的不确定分量为：

$$u_{体} = 50 \times u_{体r} = 3.064 \times 10^{-2} mL$$

3. 苯酚浓度与体积的相关性

当滤片置于萃取瓶中，萃取瓶中苯酚的量值是恒定的，即 $y = c \times V$ 中的 y 是恒定的量值，则 $c \times V = K$ 呈双曲线函数关系（c 和 V 呈反比关系）。本研究要在表 8-39 中浓度 $\bar{c}_i$ 附近的微小区间内确定 c 和 V 的相关系数。根据 $c \times V = K$ 可得表 8-49。

表 8-49　　c 和 V 的相关性

V_i/mL	50	48	49	51	52
c_i /[μg/(mL·支)]	$\bar{c}_i$	$\frac{50}{48} \times \bar{c}_i$	$\frac{50}{49} \times \bar{c}_i$	$\frac{50}{51} \times \bar{c}_i$	$\frac{50}{52} \times \bar{c}_i$

对形成的各对应点(V_i，c_i)进行线形拟合(最小二乘法)，获取 c 和 V 的相关系数 $r(c, V)$。相关系数计算方法见资料性附录 3。

【例 8-57】 取表 8 - 1 中第 1 列数据，$\bar{c}_i = 0.167\mu g/(mL \cdot 支)$，则可得表 8-50。

表 8-50　c 和 V 的相关性

V_i/mL	50	48	49	51	52
c_i /[μg/(mL·支)]	$\bar{c}_i$=0.167	0.174	0.170	0.164	0.160

采用最小二乘法。可得：

$$r(c,\ V) = -0.9997 \approx -1$$

4. 苯酚各不确定度分量合成

根据数学模型 $y=c\times V$ 及通用公式如式（8-72）、式（8-73）所示。

$$\begin{aligned} u^2(y) &= \sum_{i=1}^{N}\sum_{j=1}^{N}\frac{\partial f}{\partial x_i}\frac{\partial f}{\partial x_j}u(x_i,\ x_j) \\ &= \sum_{i=1}^{N}\left(\frac{\partial f}{\partial x_i}\right)^2 u^2(x_i) + 2\sum_{i=1}^{N-1}\sum_{j=i+1}^{N}\frac{\partial f}{\partial x_i}\frac{\partial f}{\partial x_j}u(x_i,\ x_j) \end{aligned}$$

且相关系数 $r(x_i,\ x_j)=\dfrac{u(x_i,\ x_j)}{u(x_i)u(x_j)}$。

由于 $N=2$，上式可转换成式（8-72）。

$$u^2(y) = \left(\frac{\partial y}{\partial c}\right)^2 u^2(c) + \left(\frac{\partial y}{\partial V}\right)^2 u^2(V) + 2\frac{\partial y}{\partial c}\frac{\partial y}{\partial V}u(c)u(V)r(c,\ V) \tag{8-72}$$

根据 $y=c\times V$ 可得：$\dfrac{\partial y}{\partial c}=V$，　$\dfrac{\partial y}{\partial V}=c$。

r（c，V）$=-0.9997\approx-1$。则 u（y）如式（8-73）所示。

$$\begin{aligned} u(y) &= \sqrt{V^2u^2(c) + c^2u^2(V) - 2Vu(c)cu(V)} \\ &= |V\cdot u(c) - c\cdot u(V)| \end{aligned} \tag{8-73}$$

【例 8-58】 根据上述评定，可知：

$$c = 0.167\mu g/(mL\cdot 支)$$

$$V = 50mL$$

$$u(c) = u_{浓} = 8.013\times10^{-3}\mu g/(mL\cdot 支)$$

$$u(V) = u_{体} = 3.064\times10^{-2}mL$$

苯酚的测量值为：

$$y = c \times V = 8.344\mu g/支$$

苯酚的合成标准不确定度为：

$$u(y) = |V \cdot u(c) - c \cdot u(V)| = 0.396\mu g/支$$

八、报告

测量不确定度报告一般有两种出示方式：

（1）测量结果 y，合成标准不确定度 u；

（2）测量结果 y，扩展不确定度 U，包含因子 k。

另：不确定度出示至多2位有效数字，且最后1位只进不退。

【例8-59】 根据合成不确定度，可获取测量不确定度报告（1）、（2），如表8-51和表8-52所示。

表8-51　　测量不确定度报告方式（1）

苯酚的测量结果	苯酚的合成标准不确定度
8.34μg/支	0.40 μg/支

表8-52　　测量不确定度报告方式（2）

苯酚的测量结果	苯酚的扩展不确定度	包含因子
8.34μg/支	0.80μg/支	2

九、其他

1. 评定过程中的几点说明

（1）本部分的例子均采用3R4F卷烟作为样品来采集数据，并予以测量不确定度评定。

（2）本部分出示的苯酚浓度均通过 $c_{气} = \frac{1}{n} \times c'_{气}$ 换算（见四、数学模型）。标准系列浓度亦然。

（3）除组间差异量化时的浓度均值以10组测量总平均值 $\bar{\bar{c}}$ 出示，获取相对不确定度外，其余的浓度均值均以表8-39的第1组（第1列）出示（两平行测量平均值）。这是为了与标准匹配。

2. 测量数据有效性验证

本部分的例子均采用3R4F卷烟作为样品来采集数据。为确认测量仪器的精密度和准确度是否达到要求，从而确保测量结果有效，召集了9家实验室，采用3R4F卷烟进行共同实验。共同实验实验方案要求的重复测量数是2×10=20，与测量不确定度评定采用的方案一致。各实验室测量数据见附录2。实验室编号是实验室1。

对共同实验结果进行了统计。

显著性水平取 $\alpha=0.01$

（1）采用格拉布斯异常值检验各实验室内的测量值

统计显示有一家实验室（实验室8）组内出现离群值，剔除该离群值。

（2）采用曼德尔 h 检验各实验室测量均值，检验方法见资料性附录5。

统计显示没有离群值。

（3）采用曼德尔 k 检验各实验室测量精度，检验方法见资料性附录5。

统计显示没有离群值。

（4）重复性限 r 和再现性限 R

用9家实验室数据（其中一家实验室9组数据）计算 r 和 R，r 和 R 计算方法见资料性附录4。结果是

$$r = 0.89\mu g/\text{支},\quad R = 3.22\mu g/\text{支}$$

另：9家实验室测量均值最大值是9.82μg/支，最小值是6.38μg/支

判断

整体的测量均值是8.53μg/支，10组测量平均值的极差是0.67μg/支。

$$|\text{测量平均值} - 9.82\mu g/\text{支}| < R$$

$$|\text{测量平均值} - 6.38\mu g/\text{支}| < R$$

$$10\text{组测量平均值的极差} < r$$

即整体的测量仪器对苯酚的测量，其精密度和准确度均有效，即确认本部分测量不确定度评定中出示的测量数据准确有效。

3. 成梯度评价测量不确定度

测量不确定度评定是对某一样品测量结果的精密度作一个可信程度的评定。即不同样品（水平）测量不确定度评定的结果是不一样的。根据以往的数据选取6个卷烟样品，各卷烟样品的苯酚测量结果成一定的梯度，然后按上述的评定方法进行评定结果如表8-53所示。

表 8-53　　6 个卷烟样品相对不确定度分量评定结果

	u_{r1}	u_{r2}	u_{r3}	u_{r4}	u_{r5}	u_{r6}	u_{r7}
卷烟 1#	3.122	2.911	0.061	0.433	0.076	0.535	2.085
卷烟 2#	4.948	3.582	0.061	0.433	0.080	1.459	2.085
卷烟 3#	3.444	2.068	0.061	0.433	0.076	0.914	2.085
卷烟 4#	4.160	2.507	0.061	0.433	0.074	1.096	2.085
卷烟 5#	1.564	2.433	0.061	0.433	0.072	0.636	2.085
卷烟 6#	3.159	3.380	0.061	0.433	0.072	0.317	2.085

注：表中各值$\times 10^{-2}$。

根据 7 的评定方法，可得表 8-54。

表 8-54　　浓度 c、体积 V、测量值 $y_{苯酚}$、$u(c)$、$u(V)$、$u(y_{苯酚})$

	c /[μg/(mL·支)]	$u(c)$ /[μg/(mL·支)]	V /mL	$u(V)$ /mL	$y_{苯酚}$ /(μg/支)	$u(y_{苯酚})$ /(μg/支)
卷烟 1#	0.167	0.801×10^{-2}	50	3.064×10^{-2}	8.344	0.396
卷烟 2#	0.066	0.435×10^{-2}	50	3.064×10^{-2}	3.281	0.216
卷烟 3#	0.167	0.774×10^{-2}	50	3.064×10^{-2}	8.338	0.382
卷烟 4#	0.250	1.354×10^{-2}	50	3.064×10^{-2}	12.500	0.669
卷烟 5#	0.341	1.246×10^{-2}	50	3.064×10^{-2}	17.069	0.612
卷烟 6#	0.380	1.941×10^{-2}	50	3.064×10^{-2}	19.013	0.959

以 $y_{苯酚}$ 为横坐标，u（$y_{苯酚}$）为纵坐标，用最小二乘法对表 8-54 中 6 个对应点进行线性拟合。

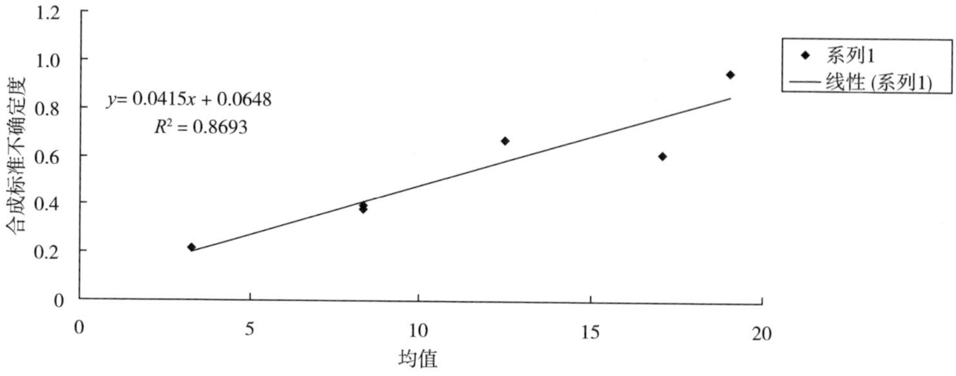

图 8-6　苯酚合成标准不确定度

上图卷烟 5#点（17.069，0.612）有偏离嫌疑（本研究仅对决定系数 R^2 < 0.9 的可能偏离对应点进行确认）。以 95%置信概率，建立拟合线性方程的置信区间。

其上、下置信区间的计算方法是：

$$\bar{y}_j \pm t_{0.5\alpha,\ n-2} S_E \sqrt{1 + \frac{1}{n} + \frac{(\bar{x}_j - \bar{\bar{x}})^2}{L_{xx}}}$$

式中　$t_{0.5\alpha,n-2}$——置信概率为 95%时 t 分布的分位点。

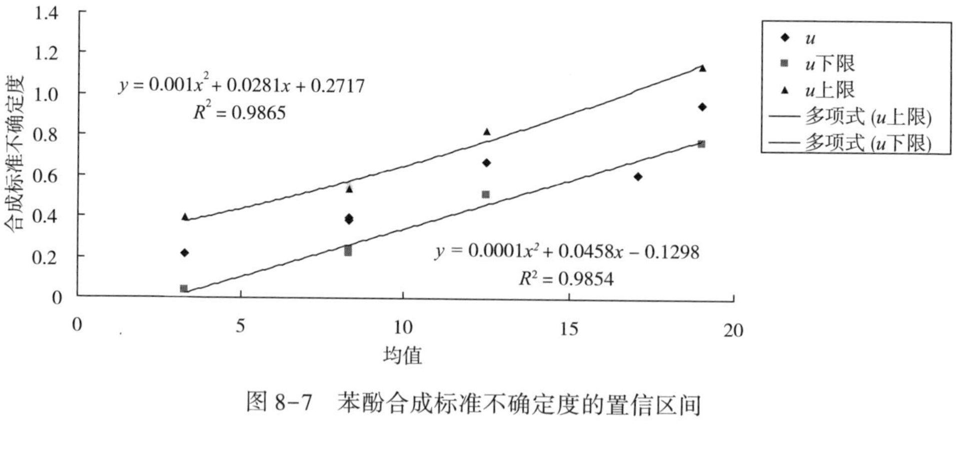

图 8-7　苯酚合成标准不确定度的置信区间

当苯酚测量值 y = 17.069μg/支时，其合成不确定度的置信下限是 y = 0.0001× 17.069² + 0.0458 × 17.069 − 0.1298 = 0.681μg/支，故卷烟 5＃点

(17.069，0.612) 异常，予以剔除。

以剩余 5 个对应点进行线性拟合，得拟合曲线，如图 8-8 所示。

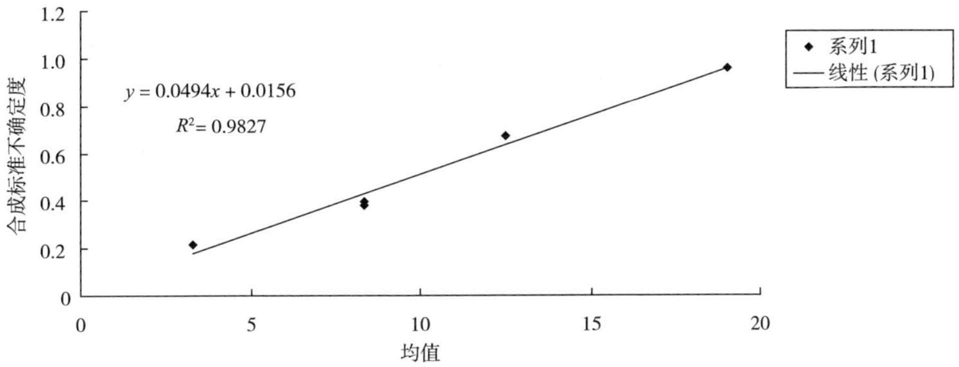

图 8-8　苯酚合成标准不确定度

由图 8-8 得线性拟合方程 $\hat{u}(y_{苯酚}) = 0.0494 \times \hat{y}_{苯酚} + 0.0156$。尽管图中各对应坐标点的分布有一定的离散性，但根据决定系数 $R^2 = 0.9827$，无法拒绝该线性方程获取的 $\hat{u}(y_{苯酚})$ 是一个有效估计值。

根据 $\hat{u}(y_{苯酚}) = 0.0494 \times \hat{y}_{苯酚} + 0.0156$ 可获取各测量值 $y_{苯酚}$ 对应的合成标准不确定度估计值 $\hat{u}(y_{苯酚})$，如表 8-55 所示。

表 8-55　　$y_{苯酚}$ 对应的 $\hat{u}$ ($y_{苯酚}$)　　单位：μg/支

$y_{苯酚}$	4.00	5.00	6.00	7.00	8.00	9.00	10.00	11.00
$\hat{u}(y_{苯酚})$	0.21	0.26	0.31	0.36	0.41	0.46	0.51	0.56
$y_{苯酚}$	12.00	13.00	14.00	15.00	16.00	17.00	18.00	19.00
$\hat{u}(y_{苯酚})$	0.61	0.66	0.71	0.76	0.81	0.86	0.90	0.95

十、转换吸烟机型（转盘）捕集

转盘型吸烟机的评定方法与直线型吸烟机的评定方法相同，只是定量加液器的加液量由 50mL 变为 100mL。以 3R4F 卷烟样品为例。

1. 各不确定分量评定

(1) 不同时间段测量值变异引入的不确定分量

苯酚的浓度值如表 8-56 所示。

表 8-56　　苯酚浓度值　　单位：μg/(mL·支)

	1	2	3	4	5	6	7	8	9	10
c_{i1}	0.082	0.076	0.078	0.079	0.079	0.074	0.073	0.074	0.075	0.077
c_{i2}	0.078	0.077	0.078	0.081	0.075	0.075	0.080	0.078	0.080	0.078
$\bar{c}_i$	0.080	0.077	0.078	0.080	0.077	0.075	0.077	0.076	0.077	0.078

$$u_{r1} = 2.770 \times 10^{-2}$$

（2）测量重复性引入的不确定分量

$$\bar{c}_i = 7.983 \times 10^{-2} \mu g/(mL \cdot 支)$$

$$u_{r2} = 2.631 \times 10^{-2}$$

（3）样品的前处理引入的不确定分量

$$V = 100 mL$$

$$u_{r3} = 6.128 \times 10^{-4}$$

（4）标准溶液制备引入的不确定分量

$$u_{r4} = 4.334 \times 10^{-3}$$

（5）液相色谱法引入的不确定分量

$$u_{r5} = 7.951 \times 10^{-4}$$

（6）液相色谱仪测量重复性引入的不确定分量

$$u_{r6} = 1.908 \times 10^{-2}$$

苯酚浓度的重复性测量数据如表 8-57 所示。

表 8-57　　苯酚浓度重复性测量数据　　单位：μg/(mL·支)

1	2	3	4	5	6	7	8	9	10
0.072	0.075	0.074	0.075	0.075	0.076	0.075	0.075	0.075	0.072

（7）液相色谱法回收率引入的不确定分量

$$u_{r7} = 2.085 \times 10^{-2}$$

2. 各不确定分量合成

（1）苯酚浓度不确定分量

$$u_{浓r} = \sqrt{\sum_{i=1}^{7} u_{ri}^2} = 4.773 \times 10^{-2}$$

$$\bar{c}_i = \frac{1}{2}\sum_{j=1}^{2} c_{ij} = 7.983 \times 10^{-2}\mu g/(mL \cdot 支)$$

$$u_{浓} = \bar{c}_i \times u_{浓r} = 3.810 \times 10^{-3}\mu g/(mL \cdot 支)$$

（2）苯酚萃取液体积不确定分量

$$u_{体r} = u_{r3} = 6.128 \times 10^{-4}$$

$$V = 100mL$$

$$u_{体} = 100 \times u_{体r} = 6.128 \times 10^{-2}mL$$

3. 苯酚合成标准不确定度

苯酚的测量值为：

$$y = 7.982\mu g/支$$

苯酚的合成标准不确定度为：

$$u(y) = 0.376\mu g/支$$

4. 转盘型吸烟机与直线型吸烟机测量结果及合成不确定度比较

同为3R4F卷烟，直线型吸烟机形成的点(8.344，0.386)，转盘型吸烟机形成的点(7.982，0.376)。

将点(7.982，0.376) 置于直线型吸烟机测量不确定度所确定的置信区间内。

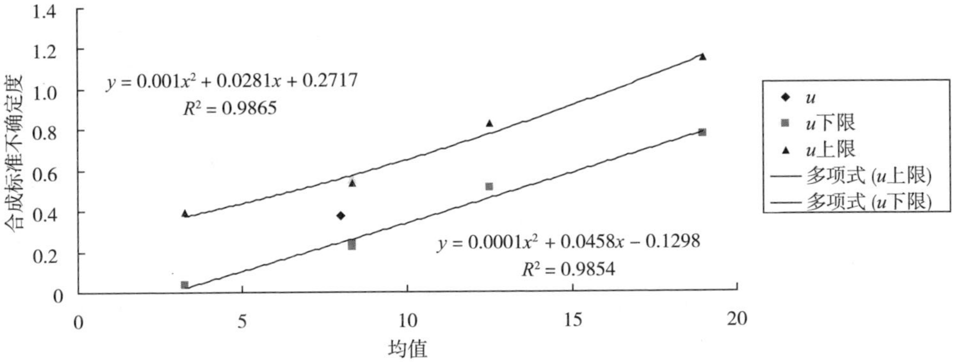

图 8-9　苯酚转盘合成标准不确定度

在苯酚测量值和合成标准不确定度上，转盘型吸烟机与直线型吸烟机存在一定的差异，但前者的结果仍然包含于后者所确定的置信区间内。

附录

6 个卷烟样品苯酚浓度测量值 单位：μg/(mL·支)

组号	卷烟 1#	卷烟 2#	卷烟 3#	卷烟 4#	卷烟 5#	卷烟 6#
1	0.171	0.068	0.164	0.255	0.348	0.370
	0.163	0.064	0.170	0.245	0.335	0.390
2	0.176	0.058	0.169	0.251	0.334	0.392
	0.168	0.069	0.173	0.259	0.335	0.354
3	0.173	0.064	0.182	0.249	0.328	0.377
	0.168	0.070	0.176	0.254	0.327	0.390
4	0.179	0.071	0.178	0.272	0.313	0.353
	0.178	0.060	0.180	0.259	0.352	0.376
5	0.165	0.061	0.180	0.284	0.340	0.378
	0.177	0.058	0.173	0.266	0.334	0.352
6	0.167	0.065	0.176	0.248	0.318	0.388
	0.165	0.062	0.171	0.250	0.338	0.388
7	0.177	0.064	0.180	0.262	0.335	0.370
	0.160	0.071	0.181	0.268	0.339	0.356
8	0.167	0.065	0.173	0.254	0.348	0.390
	0.178	0.058	0.176	0.268	0.324	0.351
9	0.168	0.067	0.170	0.268	0.334	0.372
	0.170	0.060	0.172	0.260	0.326	0.354
10	0.180	0.067	0.164	0.257	0.332	0.379
	0.170	0.066	0.178	0.270	0.333	0.351

9 家实验室 3R4F 样品苯酚共同实验数据 单位：μg/支

	1	2	3	4	5	6	7	8	9	10
实验室 1	8.606	8.531	8.919	8.550	8.306	8.444	8.619	8.250	8.344	8.750
实验室 2	7.883	7.822	7.145	6.708	7.168	6.847	6.940	6.694	7.068	7.644
实验室 3	10.250	10.900	9.700	9.550	9.400	9.600	9.550	9.900	9.700	9.650
实验室 4	7.955	7.605	8.155	8.010	8.370	7.925	7.755	7.885	7.970	8.200
实验室 5	6.625	6.515	6.460	6.470	6.770	6.980	6.740	6.925	6.935	6.635
实验室 6	6.450	6.450	6.700	6.450	6.550	6.050	6.550	6.600	5.800	6.250
实验室 7	6.915	7.195	7.205	6.850	7.330	6.825	7.385	7.160	7.295	7.950
实验室 8	8.240	7.940	7.715	7.315	7.570	7.320	7.470	5.620	7.280	7.595
实验室 9	6.870	6.590	6.385	5.995	6.430	6.920	6.480	6.850	6.625	6.730

第四节　主流烟气中巴豆醛测量不确定度评定

一、测量依据

测量依据包括以下标准。

（1）GB/T 19609—2004《卷烟　用常规分析用吸烟机测定　总粒相物和焦油》

（2）GB/T 16450—2004《常规分析用吸烟机　定义和标准条件》

（3）GB/T 16447—2004《烟草及烟草制品　调节和测试的大气环境》

（4）YC/T 254—2008《卷烟主流烟气中主要羰基化合物的测定高效液相色谱法》

二、测量条件

1. 环境条件

（1）卷烟样品调节按 GB/T 16447—2004《烟草及烟草制品　调节和测试的大气环境》的要求，在调节大气中调节 48～240h。

（2）粒相收集按 GB/T 16447—2004《烟草及烟草制品　调节和测试的大气环境》的要求，在测试大气中进行。

（3）液相色谱法测定在化学分析实验室内进行，温湿度符合仪器正常工作的要求，无震动、扬尘、电磁干扰等情况。

2. 测量设备

测量设备如下所示。

① 吸烟机（采用直线型吸烟机）、液相色谱仪。

② 计量器具：定量加液器 100mL，实验室计量证书给出最大相对允差 0.030%；

容量瓶 100mL，实验室计量证书给出最大允差 0.100mL；

容量瓶 25mL，实验室计量证书给出最大允差 0.040mL；

移液枪 1mL，实验室计量证书给出最大相对允差 0.060%；

移液枪 10mL，实验室计量证书给出最大相对允差 0.050%。

三、测量过程

测量过程包括卷烟样品调节，分选，用加有衍生化试剂的滤片由吸烟机抽吸（每通道 2 支，2 张滤片置于 1 个萃取瓶）捕集粒相物，将滤片加液，萃取，过滤，用液相色谱仪测定，根据标准溶液的拟合工作曲线得到结果。

四、数学模型

数学模型如式（8-74）所示。

$$y = k(c' \times V) \tag{8-74}$$

式中　y——目标物巴豆醛含量，μg/支；

c'——萃取溶液中巴豆醛的测定含量，μg/支；

V——巴豆醛的加液体积，mL；

k——$k=\frac{1}{n}$，其中 n 是抽吸烟支数，$n=2\times2=4$。

为方便测量不确定度评定，可将（8-74）式转换成式（8-75）。

$$y = c \times V \tag{8-75}$$

式中　c——$c=k\times c'$，μg/（mL・支）。

五、不确定因素

1. 不同时间段测量值差异引入的不确定因素 δ_1

该不确定因素主要包括吸烟机相关参数的差异、环境条件的差异等形成测量结果的差异。而这些差异的具体体现是不同时间段各组间测量结果的差异，即组间差异。

2. 测量重复性引入的不确定因素 δ_2

根据标准，每一测量结果由 2 个平行测量数据（2×2 支=4 支获取 1 个测量数据）取平均值获取。2 个平行测量数据间的差异形成了测量结果的差异，即组内差异。

3. 样品的前处理引入的不确定因素 δ_3

该不确定因素是加液（100mL）不准产生的差异。

4. 标准溶液制备引入的不确定因素 δ_4

该不确定因素是在系列标准溶液制备中，各计量器具不准产生的差异。

5. 液相色谱法引入的不确定因素 δ_5

该不确定因素是由拟合工作曲线非线性形成的差异。

6. 液相色谱仪测量重复性引入的不确定因素 δ_6

该不确定因素是液相色谱仪测量稳定性形成的差异。

7. 液相色谱法回收率引入的不确定因素 δ_7

该不确定因素是液相色谱法加标回收率形成的差异。

以上 7 个不确定因素构成了巴豆醛测量结果的差异。构成巴豆醛浓度差异的不确定因素是 δ_1、δ_2、δ_3、δ_4、δ_5、δ_6、δ_7，即 f_c（δ_1，δ_2，δ_3，δ_4，δ_5，δ_6，δ_7）；构成加液体积差异的不确定因素是 δ_3，即 f_V（δ_3）。

巴豆醛测量不确定度评定的因果关系图如图 8-10 所示。

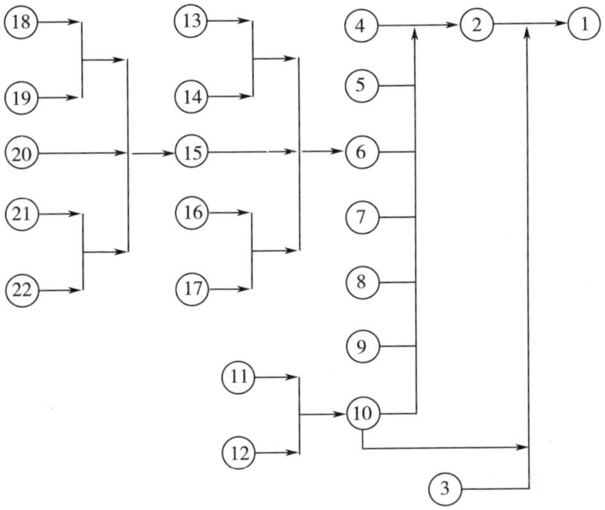

图 8-10　巴豆醛测量不确定度评定因果关系图

1—巴豆醛　2—巴豆醛浓度　3—巴豆醛浓度与加液体积的相关性　4—组间差异 δ_1　5—组内差异 δ_2　6—系列标准溶液制备形成的差异 δ_4　7—工作曲线非线性形成的差异 δ_5　8—液相色谱仪测量稳定性形成的差异 δ_6　9—液相色谱法加标回收率形成的差异 δ_7　10—前处理 δ_3　11—加液　13、18—移液　16、21—定容　12、14、17、19、22—体膨胀　15、20—储备液和标准品不确定度传递

六、不确定分量评定

1. 组间差异的量化

该评定采用多组重复测量，以组间差的估计值予以量化。

组间差估计值的获取是建立在 χ^2 基础上，χ^2 的前提是样本（卷烟样品）测量数据服从正态分布。

（1）评定步骤

①：按标准要求，对卷烟样品重复测量，获取样品的浓度值 c；

②：确认各组浓度测量平均值 $\bar{c}$ 呈正态分布；

③：对各 $\bar{c}$ 进行异常值检验，并剔除离群值（歧离值）；

④：计算组间、组内偏差平方和；

⑤：计算组间差的估计值。

（2）评定

①对某一卷烟样品进行重复测量，获取每支浓度值，单位是 μg/（mL · 支），组数为 m（建议 m 为 8 或 10）；组内重复测量数 $n=2$（标准要求）。

$$c_{11}, c_{21}, \cdots, c_{i1}, \cdots, c_{m1}$$

$$c_{12}, c_{22}, \cdots, c_{i2}, \cdots, c_{m2}$$

【例 8-60】 用 3R4F 卷烟，在直线型吸烟机上重复收集 10 组粒相。按标准要求，用液相色谱仪进行测定，获取 2×10＝20 个巴豆醛浓度数据，如表 8-58 所示。

表 8-58　　巴豆醛浓度值　　单位：μg/（mL · 支）

	1	2	3	4	5	6	7	8	9	10
c_{i1}	0.111	0.114	0.107	0.112	0.108	0.112	0.108	0.111	0.109	0.113
c_{i2}	0.115	0.113	0.109	0.107	0.112	0.116	0.114	0.112	0.106	0.111
$\bar{c}_i$	0.113	0.113	0.108	0.110	0.110	0.114	0.111	0.112	0.108	0.112

②对 m 个测量平均值进行正态性检验，采用夏皮罗-威尔逊检验法。夏皮罗-威尔逊检验法见资料性附录 1。

【例 8-61】 把表 8-58 第 3 行中的浓度平均值 $\bar{c}_i$ 由小到大排序，结果如表 8-59 所示。

表 8-59　　$\bar{C}_i$ 排序　　单位：μg/(mL · 支)

$\bar{C}_i$ 升序									
1	2	3	4	5	6	7	8	9	10
0.108	0.108	0.110	0.110	0.111	0.112	0.112	0.113	0.113	0.114

由于 $m/2=5$，则查表获取 a_k，如表 8-60 所示。

表 8-60　　a_k

a_1	a_2	a_3	a_4	a_5
0.5739	0.3291	0.2141	0.1224	0.0399

$$W = \frac{\left\{\sum_{k=1}^{[m/2]} a_k(\bar{c}_{m-k+1} - \bar{c}_k)\right\}^2}{\sum_{k=1}^{m}(\bar{c}_k - \bar{\bar{c}})^2} = 0.9125$$

显著性水平取 $\alpha = 0.05$

查表临界值 $W(m, \alpha) = 0.842$

$W > W(m, \alpha)$，即表 8-4-1 中的浓度平均值 $\bar{c}_i$ 服从正态分布。

③对 m 个测量平均值进行异常值检验；采用格拉布斯检验法。格拉布斯检验法见资料性附录 2。

【例 8-62】　根据表 8-58 可得：

$$\bar{\bar{c}} = \frac{1}{m}\sum_{i=1}^{m}\bar{c}_i = 0.111\mu g/(mL \cdot 支)$$

$$s = \sqrt{\frac{\sum_{i=1}^{m}(\bar{c}_i - \bar{\bar{c}})^2}{m-1}} = 0.0022\mu g/(mL \cdot 支)$$

$$G_m = \frac{\bar{c}_m - \bar{\bar{c}}}{s} = 1.213$$

$$G_1 = \frac{\bar{\bar{c}} - \bar{c}_1}{s} = 1.503$$

取显著性水平取 $\alpha = 0.05$

查表临界值 $G(m, \alpha) = 2.290$

G_m，$G_1 < G(m, \alpha)$，即 10 个浓度平均值 $\bar{c}_i$ 中没有异常值。

④组间偏差平方和 $Q_{间}$ 和组内偏差平方和 $Q_{内}$。

各组平均值的计算如式（8-76）所示。

$$\bar{c}_i = \frac{1}{2}\sum_{j=1}^{2} c_{ij} \tag{8-76}$$

总平均值的计算如式（8-77）所示。

$$\bar{\bar{c}} = \frac{1}{m}\sum_{i=1}^{m}\bar{c}_i \tag{8-77}$$

组间偏差平方和的计算如式（8-78）所示。

$$Q_{间} = \sum_{i=1}^{m}2\left(\bar{c}_i - \bar{\bar{c}}\right)^2 \tag{8-78}$$

组内偏差平方和的计算如式（8-79）所示。

$$Q_{内} = \sum_{i=1}^{m}\sum_{j=1}^{2}\left(c_{ij} - \bar{c}_i\right)^2 \tag{8-79}$$

注：m 为剔除异常值后的组数。

【例 8-63】 $\bar{c}_i$ 已由表 8-57 获取。

$$\bar{\bar{c}} = \frac{1}{m}\sum_{i=1}^{m}\bar{c}_i = 0.111\mu g/(mL \cdot 支)$$

$$Q_{间} = \sum_{i=1}^{m}2\left(\bar{c}_i - \bar{\bar{c}}\right)^2 = 8.786 \times 10^{-5}\left[\mu g/(mL \cdot 支)\right]^2$$

$$Q_{内} = \sum_{i=1}^{m}\sum_{j=1}^{2}\left(c_{ij} - \bar{c}_i\right)^2 = 5.941 \times 10^{-5}\left[\mu g/(mL \cdot 支)\right]^2$$

⑤组间差的估计值。

在正态分布的基础上，有：

$$\frac{Q_{间}}{n\sigma_{间}^2 + \sigma_{内}^2} \sim \chi^2(m-1)$$

$$\frac{Q_{间}}{2\sigma_{间}^2 + \sigma_{内}^2} \sim \chi^2(m-1)$$

$$\frac{Q_{内}}{\sigma_{内}^2} \sim \chi^2[m(n-1)]$$

$$\frac{Q_{内}}{\sigma_{内}^2} \sim \chi^2(m)$$

式中 $\sigma_{间}^2$——组间方差；

$\sigma_{内}^2$——组内方差。

组间差 $\sigma_{间}$ 的估计值为：

$$\hat{\sigma}_{间} = \sqrt{\frac{1}{2}\left(\frac{Q_{间}}{m-1} - \frac{Q_{内}}{m}\right)}$$

组间差形成的相对不确定分量的计算如式（8-80）所示。

$$u_{r1} = \frac{\hat{\sigma}_{间}}{\bar{\bar{c}}} \tag{8-80}$$

【例 8-64】 以④获取的结果，可得：

$$\hat{\sigma}_{间} = \sqrt{\frac{1}{2}(\frac{Q_{间}}{m-1} - \frac{Q_{内}}{m})} = 2.908 \times 10^{-3}\mu g/(mL \cdot 支)$$

组间差形成的相对不确定分量为：

$$u_{r1} = \frac{\hat{\sigma}_{间}}{\bar{\bar{c}}} = 2.622 \times 10^{-2}$$

2. 组内差异的量化

一组测量浓度值 c_{i1} 和 c_{i2}，其平均值为 $\bar{c}_i = \frac{1}{2}\sum_{j=1}^{2} c_{ij}$，极差为 $d_i = |c_{i1} - c_{i2}|$。则有：

$$u_2 = \frac{d_i}{1.128 \times \sqrt{2}}$$

式中 1.128 ——$n=2$ 时极差转化为标准差的计量系数查表值。

即 $\frac{d}{1.128}$为该组两平行浓度值标准差的估计值。

由于测量报告是以两平行测量平均值出示，因此标准差应转化为平均值的标准差，即标准差$/\sqrt{2}$。

组内差形成的相对不确定分量的计算如式（8-81）所示。

$$u_{r2} = \frac{u_2}{\bar{c}_i} \tag{8-81}$$

【例 8-65】 以表 8-58 中第 1 列数据为例，以下类同。

$$u_2 = \frac{d_i}{1.128 \times \sqrt{2}} = 2.006 \times 10^{-3}\mu g/(mL \cdot 支)$$

$$\bar{c}_i = \frac{1}{2}\sum_{j=1}^{2} c_{ij} = 0.113\mu g/(mL \cdot 支)$$

组内差形成的相对不确定分量为：

$$u_{r2} = \frac{u_2}{\bar{c}_i} = 1.775 \times 10^{-2}$$

3. 量化样品前处理引入的差异

测量过程：将滤片加液（100mL），萃取。

涉及的计量器具是定量加液器，不确定度评定见资料性附录 6。

本部分均以资料性附录 6 中方法一［最大（相对）允差］举例，以下类同。

（1）计量引入的相对不确定分量

通过 $u_{计r}=\frac{D}{\sqrt{6}\times V}$ 或 $u_{计r}=\frac{D_r}{\sqrt{6}}$ 获取 $u_{计、加液r}$。

（2）体膨胀引入的相对不确定分量

通过 $u_{体r}=\frac{\Delta_{max}\times P}{\sqrt{3}}$ 获取 $u_{体、加液r}$。

（3）样品的前处理形成的相对不确定分量

考虑计量和体膨胀不相关。

定量加液器 $u_{r3}=\sqrt{u^2_{计、加液r}+u^2_{体、加液r}}$

【例 8-66】 （1）计量引入的相对不确定分量

定量加液器，获取的计量证书给出该种 100mL 定量加液器的最大相对允差是 0.03%，按三角分布考虑，则有：

$$u_{计、定量r} = \frac{D_r}{\sqrt{6}} = 1.225 \times 10^{-4}$$

（2）体膨胀引入的相对不确定分量

$\Delta t_{max}=5$℃，乙腈的体膨胀系数是 0.00137/℃，按均匀分布考虑，则有：

$$u_{体、加液r} = u_{体r} = \frac{\Delta t_{max} \times P}{\sqrt{3}} = 3.955 \times 10^{-3}$$

（3）样品的前处理形成的相对不确定分量

考虑计量和体膨胀不相关。

定量加液器 $u_{r3}=\sqrt{u^2_{计、加液r}+u^2_{体、加液r}}=3.957\times10^{-3}$

4. 量化标准溶液制备引入的差异

（1）制备标准储备液引入的相对不确定度

标准储备液制备引入的不确定度按资料性附录 7 进行评定。

【例 8-67】 采用的标准品是 1000mg/L 巴豆醛 2.4 二硝基苯腙溶液，相对扩展不确定度为 0.24%（包含因子 $k=2$），即 $u_{标r}=\frac{0.24}{2\times100}=0.0012$。

制备标准储备液的过程：用 1mL 移液枪移取 714μL 标准品，置于 100mL 容量瓶定容，获取浓度为 2μg/mL 的标准储备液。

标准储备液制备形成的相对不确定分量如表 8-61 所示。

表 8-61　　标准储备液制备形成的相对不确定分量

$u_{标r}$	0.0012					
移液枪	量程/mL	最大相对允差/%	$u_{计、移液r}$	体膨胀系数/℃	$u_{体、移液r}$	$u_{移液r}$
	1	0.060	2.449×10^{-4}	1.37×10^{-3}	3.955×10^{-3}	3.962×10^{-3}
容量瓶	容量/mL	最大允差/mL	$u_{计、定容r}$	体膨胀系数/℃	$u_{体、定容r}$	$u_{定容r}$
	100	0.100	4.082×10^{-4}	1.37×10^{-3}	3.955×10^{-3}	3.976×10^{-3}
$u_{储r}=\sqrt{0.0012^2+u_{移液r}^2+u_{定容r}^2}=5.740\times10^{-3}$						

（2）制备标准溶液引入的相对不确定度

标准溶液制备引入的不确定度按资料性附录 8 进行评定。

【例 8-68】 制备各标准溶液过程：用 10mL 移液枪移取 1.5mL、5mL、10mL、2×10mL，2 级储备液，置于 25mL 容量瓶定容。另将 2 级储备液作为 1 个标准溶液。

共 5 级标准溶液，如表 8-62 所示。

表 8-62　　标准溶液制备

标准溶液		1 级	2 级	3 级	4 级	5 级
移液枪	量程/mL	10	10	10	10	1
	移取量/mL	1.5	5	10	2×10	0.714
容量瓶定容 / mL		25	25	25	25	100
浓度 /（μg/mL）		0.12	0.4	0.8	1.6	2.0

各标准溶液制备形成的相对不确定分量如表 8-63 所示。

表 8-63　　各标准溶液制备形成的相对不确定分量

		1 级	2 级	3 级	4 级	5 级
移液枪	量程/mL	10				
	最大相对允差/%	0.050				
	$u_{计、移液ri}$	2.041×10^{-4}				
	体膨胀系数 /℃	1.37×10^{-3}				
	$u_{体、移液ri}$	3.955×10^{-3}				
	$u_{移液ri}$	3.960×10^{-3}				
容量瓶	容量 /mL	25				
	最大允差 /mL	0.040				
	$u_{计、定容ri}$	1.633×10^{-4}				
	体膨胀系数 /℃	1.37×10^{-3}				
	$u_{体、定容ri}$	3.955×10^{-3}				
	$u_{定容ri}$	3.958×10^{-3}				
$u_{ri}=\sqrt{u_{移液ri}^2+u_{定容ri}^2}$			5.599×10^{-3}		6.858×10^{-3}	5.740×10^{-3}

则其相对不确定分量为：

$$u_{r4}=\sqrt{(3+2)\times u_{储r}^2+\sum_{i=1}^{n}u_{ri}^2}=1.1841\times10_{-2}$$

5. 量化液相色谱法引入的差异

制备的标准溶液为 n 级。各标准溶液的浓度为 C_1'，C_2'，…，C_i'，…，C_n'。将各标准溶液浓度转化成：$C_i=\dfrac{C_i'}{n}$，可得 C_1，C_2，…，C_i，…，C_n，单位是 μg/（mL·支）。将各标准溶液通过液相色谱仪测量，获取各对应响应值 e_1，e_2，…e_i，…，e_n。对形成的各对应点(C_i，e_i)进行线形拟合（最小二乘法），获取标准工作曲线 $\hat{e}=k\hat{C}+b$。

最小二乘法及残差标准差 S_E 计算见资料性附录 3。通过计算可得液相色谱法标准工作曲线非线性形成的相对不确定分量，如式（8-82）所示。

$$u_{r5} = \frac{S_E}{\bar{C}k} \times \sqrt{\frac{1}{P} + \frac{1}{n} + \frac{(\bar{c} - \bar{C})^2}{L_{CC}}} \tag{8-82}$$

式中　P—— 样品测量数，按标准 $P = 2$；

$\bar{C}$—— $\bar{C} = \frac{1}{n}\sum_{i=1}^{n} C_i$；

$\bar{c}$—— 两平行样品测量平均值。

【例 8-69】 按表 8-62 浓度值 $C_i{}'$转化成 $C_i = \frac{C'_i}{n}$，如表 8-64 所示。

表 8-64　　**浓度和响应**

	1	2	3	4	5
$C_i{}'$/(μg/mL)	0.12	0.40	0.80	1.60	2.00
$C_i = \frac{C'_i}{n}$/[μg/mL·支]	0.03	0.10	0.20	0.40	0.50
响应 e_i	23.939	78.828	159.250	318.280	394.820

$$L_{Ce} = \sum_{i=1}^{n} (C_i - \bar{C})(e_i - \bar{e}) = 125.2942$$

$$L_{CC} = \sum_{i=1}^{n} (C_i - \bar{C})^2 = 0.1583$$

$$L_{ee} = \sum_{i=1}^{n} (e_i - \bar{e})^2 = 99161.8499$$

$$\bar{C} = \frac{1}{n}\sum_{i=1}^{n} C_i = 0.246(\text{mL}\cdot\text{支})/\mu\text{g}$$

$$\bar{e} = \frac{1}{n}\sum_{i=1}^{n} e_i = 195.0234$$

$$k = \frac{L_{Ce}}{L_{CC}} = 791.398\,[\mu\text{g}/(\text{mL}\cdot\text{支})]^{-1}$$

$$S_E = \sqrt{\frac{L_{ee} - \frac{L_{Ce}^2}{L_{CC}}}{n-2}} = 1.1882$$

取表 8-58 中第 1 列数据可得：

$$\bar{c} = \bar{c}_i = 0.113[\mu\text{g}/(\text{mL}\cdot\text{支})]$$

液相色谱法标准工作曲线非线性形成的相对不确定分量为：

$$u_{r5} = \frac{S_E}{\bar{C}k} \times \sqrt{\frac{1}{P} + \frac{1}{n} + \frac{(\bar{c} - \bar{C})^2}{L_{CC}}} = 5.499 \times 10^{-3}$$

6. 量化液相色谱仪测量重复性引入的差异

该评定是考量液相色谱仪的测量稳定性。

对同一萃取液连续进样 n 次，获取 n 个浓度值 c_1，c_2，…，c_i，…，c_n。

浓度均值的计算如式（8-83）所示。

$$\bar{c} = \frac{1}{n}\sum_{i=1}^{n} c_i \tag{8-83}$$

液相色谱仪测量稳定性引入的相对不确定分量的计算如式（8-84）所示。

$$u_{r6} = \frac{1}{\bar{c}}\sqrt{\frac{1}{n-1}\sum_{i=1}^{n}(c_i - \bar{c})^2} \tag{8-84}$$

【例 8-70】 浓度 C_i 的重复测量值如表 8-65 所示。

表 8-65　　浓度 c_i 重复测量值　　单位：μg/(mL·支)

	1	2	3	4	5	6	7	8	9	10
c_i	0.1140	0.1142	0.1137	0.1138	0.1138	0.1143	0.1139	0.1137	0.1143	0.1140

$$\bar{c} = \frac{1}{n}\sum_{i=1}^{n} c_i = 0.1140[\mu g/(mL \cdot 支)]$$

液相色谱仪测量稳定性引入的相对不确定分量为：

$$u_{r6} = \frac{1}{\bar{c}}\sqrt{\frac{1}{n-1}\sum_{i=1}^{n}(c_i - \bar{c})^2} = 2.028 \times 10^{-3}$$

7. 量化液相色谱法回收率引入的差异

该评定是考量液相色谱仪加标回收率带来的差异。

选择低、中、高三种标准溶液浓度，进行 3 水平×4 次加标回收率测定，获取 12 个回收率 η_1，η_2，…η_i，…，η_{12}。

取 $\eta_{max} = MAX\{\eta_1, \eta_2, \cdots, \eta_t, \cdots, \eta_{12}\}$，$\eta_{min} = MIN\{\eta_1, \eta_2, \cdots, \eta_i, \cdots, \eta_{12}\}$。

加标回收率均值的计算如式（8-85）所示。

$$\bar{\eta} = \frac{1}{12}\sum_{i=1}^{12}\eta_i \tag{8-85}$$

液相色谱仪加标回收率引入的相对不确定分量的计算如式（8-86）所示。

$$u_{气rT} = \frac{\eta_{max} - \eta_{min}}{\bar{\eta} \times \sqrt{12}} \tag{8-86}$$

【例 8-71】 不同浓度标准溶液的液相色谱仪加标回收率如表 8-66 所示。

表 8-66　　加标回收率　　单位:%

	1	2	3	4
低	88.50	86.00	85.10	95.10
中	92.10	96.70	96.90	93.10
高	90.60	98.70	87.50	85.90

$$\eta_{max} = \text{MAX}\{\eta_1, \eta_2, \cdots, \eta_i, \cdots, \eta_{12}\} = 98.70\%$$
$$\eta_{min} = \text{MIN}\{\eta_1, \eta_2, \cdots, \eta_i, \cdots, \eta_{12}\} = 85.10\%$$
$$\bar{\eta} = \frac{1}{12}\sum_{i=1}^{12}\eta_i = 91.35\%$$

液相色谱仪加标回收率引入的相对不确定分量为：

$$u_{r7} = \frac{\eta_{max} - \eta_{min}}{\bar{\eta} \times \sqrt{12}} = 4.298 \times 10^{-2}$$

七、不确定度合成

1. 巴豆醛浓度各不确定分量合成 $f_c(\delta_1, \delta_2, \delta_3, \delta_4, \delta_5, \delta_6, \delta_7)$

考虑各 u_{ri} 互不相关，$U_{浓r}$ 的计算如式（8-87）所示。

$$u_{浓r} = \sqrt{u_{r1}^2 + u_{r2}^2 + u_{r3}^2 + u_{r4}^2 + u_{r5}^2 + u_{r6}^2 + u_{r7}^2} = \sqrt{\sum_{i=1}^{7} u_{ri}^2} \tag{8-87}$$

测量值取表 8-57 中一组测量浓度值 c_{i1} 和 c_{i2} 的平均值 $\bar{c}_i = \frac{1}{2}\sum_{j=1}^{2} c_{ij}$，即巴豆醛浓度值是 $\bar{c}_i$，单位是 μg/(mL·支)；

巴豆醛浓度的不确定分量是 $u_{浓} = \bar{c}_i \times u_{浓r}$，单位是 μg/(mL·支)。

【例 8-72】 根据上述评定，可得各相对不确定分量，如表 8-67 所示。

表 8-67　　各相对不确定分量

u_{r1}	u_{r2}	u_{r3}	u_{r4}	u_{r5}	u_{r6}	u_{r7}
2.622×10^{-2}	1.775×10^{-2}	3.957×10^{-4}	1.841×10^{-2}	5.499×10^{-3}	2.028×10^{-3}	4.298×10^{-2}

$$u_{浓r} = \sqrt{\sum_{i=1}^{7} u_{ri}^2} = 5.691 \times 10^{-2}$$

取表 8-57 中一组测量浓度值 c_{i1} 和 c_{i2}，可得：

$$\bar{c}_i = \frac{1}{2}\sum_{j=1}^{2} c_{ij} = 0.113[\mu g/(mL \cdot 支)]$$

巴豆醛浓度的不确定分量为：

$$u_{浓} = \bar{c}_i \times u_{浓r} = 6.430 \times 10^{-3}[\mu g/(mL \cdot 支)]$$

2. 萃取液体积不确定分量合成 f_V（δ_3）

$$u_{体r} = u_{r3}$$

巴豆醛萃取液的体积是 100mL，则体积的不确定分量是 $u_{体}=100\times u_{体r}$，单位是 mL。

【例 8-73】 根据表 8-67，可得：

$$u_{体r} = u_{r3} = 3.957 \times 10^{-3}$$

萃取液体积的不确定分量为：

$$u_{体} = 100 \times u_{体r} = 3.957 \times 10^{-1}(mL)$$

3. 巴豆醛浓度与体积的相关性

当滤片置于萃取瓶中，萃取瓶中巴豆醛的量值是恒定的，即 $y=c\times V$ 中的 y 是恒定的量值，则 $c\times V=K$ 呈双曲线函数关系（c 和 V 呈反比关系）。本研究要在表 8-58 中浓度 $\bar{c}_i$附近的微小区间内确定 c 和 V 的相关系数。根据 $c\times V=K$ 可得表 8-68。

表 8-68　　c 和 V 的相关性

V_i/mL	100	96	98	102	104
c_i/[μg/(mL·支)]	$\bar{c}_i$	$\frac{100}{96}\times\bar{c}_i$	$\frac{100}{98}\times\bar{c}_i$	$\frac{100}{102}\times\bar{c}_i$	$\frac{100}{104}\times\bar{c}_i$

对形成的各对应点（V_i，c_i）进行线形拟合（最小二乘法），获取 c 和 V 的相关系数 r（c，V）。相关系数计算方法见资料性附录 3。

【例 8-74】 取表 8-57 中第 1 列数据，$\bar{c}_i$=0.113μg/(mL·支)，则可得表 8-69。

表 8-69　　c 和 V 的相关性

V_i/mL	100	96	98	102	104
c_i/[μg/(mL·支)]	$\bar{c}_i$=0.113	0.118	0.115	0.111	0.109

采用最小二乘法。可得：

$$r(c, V) = -0.9997 \approx -1$$

4. 巴豆醛各不确定度分量合成

根据数学模型 $y=c\times V$ 及通用公式：

$$\begin{aligned} u^2(y) &= \sum_{i=1}^{N}\sum_{j=1}^{N}\frac{\partial f}{\partial x_i}\frac{\partial f}{\partial x_j}u(x_i, x_j) \\ &= \sum_{i=1}^{N}\left(\frac{\partial f}{\partial x_i}\right)^2 u^2(x_i) + 2\sum_{i=1}^{N-1}\sum_{j=i+1}^{N}\frac{\partial f}{\partial x_i}\frac{\partial f}{\partial x_j}u(x_i, x_j) \end{aligned}$$

且相关系数 $r(x_i, x_j)=\dfrac{u(x_i, x_j)}{u(x_i)u(x_j)}$。

由于 $N=2$，上式可转换成

$$u^2(y) = \left(\frac{\partial y}{\partial c}\right)^2 u^2(c) + \left(\frac{\partial y}{\partial V}\right)^2 u^2(V) + 2\frac{\partial y}{\partial c}\frac{\partial y}{\partial V}u(c)u(V)r(c, V)$$

根据 $y=c\times V$ 可得：$\dfrac{\partial y}{\partial c}=V$，$\dfrac{\partial y}{\partial V}=c$。

$r(c, V)=-0.9997\approx-1$。则 $u(y)$ 的计算如式（8-88）所示。

$$u(y) = \sqrt{V^2u^2(c) + c^2u^2(V) - 2Vu(c)cu(V)}$$

$$= |Vu(c) - cu(V)| \quad (8-88)$$

【例 8-75】 根据上述评定，可知：

$$c = 0.113\mu g/(mL \cdot 支)$$

$$V = 100mL$$

$$u(c) = u_{浓} = 6.430 \times 10^{-3}\mu g/(mL \cdot 支)$$

$$u(V) = u_{体} = 3.957 \times 10^{-1}mL$$

巴豆醛的测量值为：

$$y = c \times V = 11.30\ \mu g/支$$

巴豆醛的合成标准不确定度为：

$$u(y) = |V \cdot u(c) - c \cdot u(V)| = 0.598\mu g/mL$$

八、报告

测量不确定度报告一般有两种出示方式：

① 测量结果 y，合成标准不确定度 u；

② 测量结果 y，扩展不确定度 U，包含因子 k。

另：不确定度出示至多 2 位有效数字，且最后 1 位只进不退。

【例 8-76】 根据上述评定可获取测量不确定度报告（1）、（2），如表 8-70 和表 8-71 所示。

表 8-70　　巴豆醛测量不确定度报告（1）

巴豆醛的测量结果	巴豆醛的合成标准不确定度
11.30μg/支	0.60μg/支

表 8-71　　巴豆醛测量不确定度报告（2）

巴豆醛的测量结果	巴豆醛的扩展不确定度	包含因子
11.3μg/支	1.2μg/支	2

九、其他

1. 评定过程中的几点说明

（1）本部分的例子均采用 3R4F 卷烟作为样品来采集数据，并予以测量不确定度评定。

（2）本部分出示的巴豆醛浓度均通过 $c_{气}=\frac{1}{n}\times c'_{气}$ 换算（见四、数学模型）。标准系列浓度亦然。

（3）除组间差异的量化中浓度均值以10组测量总平均值 $\bar{c}$ 出示，获取相对不确定度外，其余的浓度均值均以表8-58的第1组（第1列）出示（两平行测量平均值）。这是为了与标准匹配。

2. 测量数据有效性验证

本部分的例子均采用3R4F卷烟作为样品来采集数据。为确认测量仪器的精密度和准确度是否达到要求，从而确保测量结果有效，召集了9家实验室，采用3R4F卷烟进行共同实验。共同实验实验方案要求的重复测量数是2×10=20，与测量不确定度评定采用的方案一致。各实验室测量数据见附录2中2-4。实验室编号是实验室1。

对共同实验结果进行了统计。

显著性水平取 $\alpha=0.01$

（1）采用格拉布斯异常值检验各实验室内的测量值

统计显示没有离群值。

（2）采用曼德尔 h 检验各实验室测量均值，检验方法见资料性附录5。

统计显示有1家实验室（实验室6）出现离群值，剔除该实验室数据。

（3）采用曼德尔 k 检验各实验室测量精度，检验方法见资料性附录5。

统计显示有2家实验室（实验室4、实验室5）出现离群值，剔除该2家实验室数据。

（4）重复性限 r 和再现性限 R

用6家实验室数据计算 r 和 R，r 和 R 计算方法见资料性附录4。结果是

$$r = 0.96\mu g/支，R = 1.40\mu g/支$$

另：6家实验室测量均值最大值是11.51μg/支，最小值是10.36μg/支。

判断

整体的测量均值是11.09μg/支，10组测量平均值的极差是0.60μg/支。

$$|测量平均值 - 11.51\mu g/支| < R$$

$$|测量平均值 - 10.36\mu g/支| < R$$

$$10组测量平均值的极差 < r$$

即整体的测量仪器对巴豆醛的测量，其精密度和准确度均有效，即确认本部分测量不确定度评定中出示的测量数据准确有效。

3. 成梯度评价测量不确定度

测量不确定度评定是对某一样品测量结果的精密度作一个可信程度的评定。即不同样品（水平）测量不确定度评定的结果是不一样的。根据以往的数据选取6个卷烟样品，各卷烟样品的巴豆醛测量结果成一定的梯度，然后按上述的评定方法进行评定，如表8-72所示。测量数据见附录。

表8-72　　6个卷烟样品相对不确定分量评定结果

	u_{r1}	u_{r2}	u_{r3}	u_{r4}	u_{r5}	u_{r6}	u_{r7}
卷烟1#	2.622	1.775	0.396	1.841	0.550	0.203	4.298
卷烟2#	3.771	2.737	0.396	1.841	0.605	0.163	4.298
卷烟3#	1.128	3.288	0.396	1.841	0.568	0.251	4.298
卷烟4#	3.220	1.469	0.396	1.841	0.530	0.178	4.298
卷烟5#	3.514	2.934	0.396	1.841	0.522	0.166	4.298
卷烟6#	2.658	2.814	0.396	1.841	0.512	0.177	4.298

注：表中各值$\times 10^{-2}$。

根据合成不确定度的评定方法，可得表8-73。

表8-73　　浓度c、体积V、测量值$y_{巴豆醛}$、$u(c)$、$u(V)$、$u(y_{巴豆醛})$

	c /[μg/(mL·支)]	$u(c)$ /[μg/(mL·支)]	V /mL	$u(V)$ /mL	$y_{巴豆醛}$ /(μg/支)	$u(y_{巴豆醛})$ /(μg/支)
卷烟1#	0.113	0.643×10^{-2}	100	0.396	11.300	0.598
卷烟2#	0.034	0.228×10^{-2}	100	0.396	3.435	0.215
卷烟3#	0.084	0.493×10^{-2}	100	0.396	8.390	0.459
卷烟4#	0.154	0.907×10^{-2}	100	0.396	15.360	0.846
卷烟5#	0.175	1.152×10^{-2}	100	0.396	17.520	1.083
卷烟6#	0.223	1.360×10^{-2}	100	0.396	22.280	1.272

以$y_{巴豆醛}$为横坐标，u（$y_{巴豆醛}$）为纵坐标，用最小二乘法对表8-73中6个对应点进行线性拟合。

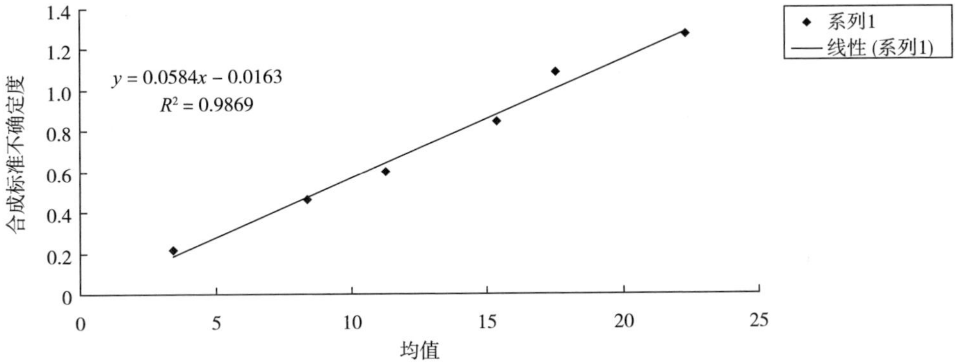

图 8-11　巴豆醛合成标准不确定度

上图得线性拟合方程 $\hat{u}(y_{巴豆醛}) = 0.0584 \times \hat{y}_{巴豆醛} - 0.0163$。尽管上图各对应坐标点的分布有一定的离散性，但根据决定系数 $R^2 = 0.9869$，无法拒绝该线性方程获取的 $\hat{u}(y_{巴豆醛})$ 是一个有效估计值。

根据 $\hat{u}(y_{巴豆醛}) = 0.0584 \times \hat{y}_{巴豆醛} - 0.0163$ 可获取各测量值 $y_{巴豆醛}$ 对应的合成标准不确定度估计值 $\hat{u}(y_{巴豆醛})$，如表 8-74 所示。

表 8-74　$y_{巴豆醛}$ 对应的 $\hat{u}(y_{巴豆醛})$　单位：μg/支

$y_{巴豆醛}$	4.00	6.00	8.00	10.00	12.00	14.00	16.00	18.00	20.00	22.00
$\hat{u}(y_{巴豆醛})$	0.22	0.33	0.45	0.55	0.68	0.80	0.92	1.03	1.15	1.27

附录

6 个卷烟样品氰化氢气相和粒相浓度测量值

单位：μg/(mL·支)

组号	卷烟 1#	卷烟 2#	卷烟 3#	卷烟 4#	卷烟 5#	卷烟 6#
1	0.111	0.035	0.086	0.155	0.179	0.228
	0.115	0.034	0.082	0.152	0.171	0.218
2	0.114	0.032	0.087	0.150	0.179	0.218
	0.113	0.035	0.081	0.149	0.161	0.222
3	0.107	0.034	0.084	0.147	0.168	0.230
	0.108	0.032	0.087	0.145	0.173	0.212

续表

组号	卷烟 1#	卷烟 2#	卷烟 3#	卷烟 4#	卷烟 5#	卷烟 6#
4	0. 112	0. 034	0. 087	0. 146	0. 164	0. 231
	0. 107	0. 032	0. 081	0. 143	0. 179	0. 228
5	0. 108	0. 036	0. 083	0. 143	0. 161	0. 209
	0. 112	0. 033	0. 082	0. 145	0. 170	0. 216
6	0. 112	0. 032	0. 087	0. 155	0. 166	0. 208
	0. 116	0. 032	0. 082	0. 146	0. 162	0. 222
7	0. 108	0. 032	0. 083	0. 152	0. 167	0. 231
	0. 114	0. 033	0. 087	0. 147	0. 165	0. 210
8	0. 111	0. 032	0. 082	0. 145	0. 173	0. 222
	0. 112	0. 034	0. 088	0. 151	0. 170	0. 223
9	0. 109	0. 035	0. 081	0. 154	0. 178	0. 230
	0. 106	0. 035	0. 087	0. 156	0. 180	0. 218
10	0. 113	0. 034	0. 084	0. 151	0. 165	0. 229
	0. 110	0. 035	0. 081	0. 145	0. 178	0. 215

巴豆醛 9 家实验室 3R4F 样品共同实验数据 单位：μg/ 支

	1	2	3	4	5	6	7	8	9	10
实验室 1	11. 300	11. 340	10. 765	10. 950	10. 980	11. 360	11. 130	11. 165	10. 760	11. 170
实验室 2	11. 161	10. 261	10. 740	11. 087	10. 562	11. 444	11. 504	10. 791	10. 555	10. 879
实验室 3	10. 850	10. 900	10. 650	10. 700	10. 450	10. 350	11. 000	10. 850	11. 150	10. 950
实验室 4	9. 515	9. 475	11. 245	10. 430	9. 515	10. 850	9. 510	11. 250	10. 250	8. 465
实验室 5	10. 005	11. 445	9. 875	9. 945	9. 030	11. 315	11. 170	10. 325	10. 905	10. 855
实验室 6	12. 745	12. 530	11. 690	12. 685	13. 305	13. 125	12. 320	12. 735	12. 215	12. 085
实验室 7	9. 840	10. 290	10. 440	10. 705	10. 455	10. 315	10. 450	10. 210	10. 540	10. 365
实验室 8	11. 380	12. 190	11. 850	12. 105	11. 935	11. 405	11. 220	11. 380	10. 595	11. 000
实验室 9	10. 475	10. 890	10. 615	10. 465	11. 090	10. 550	10. 680	11. 005	11. 350	11. 280

第五节　主流烟气中 NNK 测量不确定度评定

一、测量依据

测量依据包括以下标准。

（1）GB/T 19609—2004《卷烟　用常规分析用吸烟机测定　总粒相物和焦油》

（2）GB/T 16450—2004《常规分析用吸烟机　定义和标准条件》

（3）GB/T 16447—2004《烟草及烟草制品　调节和测试的大气环境》

（4）YQ/T 17—2012《卷烟主流烟气中烟草特有 *N*-亚硝胺的测定——液相色谱串联质谱联用法》

二、测量条件

1. 环境条件

（1）卷烟样品调节　按 GB/T 16447—2004《烟草及烟草制品　调节和测试的大气环境》的要求，在调节大气中调节 48~240h。

（2）粒相收集　按 GB/T 16447—2004《烟草及烟草制品　调节和测试的大气环境》的要求，在测试大气中进行。

（3）液相色谱串联质谱联用法测定　在化学分析实验室内进行，温湿度符合仪器正常工作的要求，无震动、扬尘、电磁干扰等情况。

2. 测量设备

测量设备如下所示。

① 吸烟机（采用直线型吸烟机）、液相色谱串联质谱联用仪。

② 计量器具：移液枪 1mL，实验室计量证书给出最大相对允差 0.060%；

移液枪 5mL，实验室计量证书给出最大相对允差 0.010%；

移液枪 10mL，实验室计量证书给出最大相对允差 0.050%；

定量加液器 50mL，实验室计量证书给出最大相对允差 0.030%；

容量瓶 50mL，实验室计量证书给出最大允差 0.060mL；

容量瓶 100mL，实验室计量证书给出最大允差 0.100mL；

容量瓶 500mL，实验室计量证书给出最大允差 0.150mL；

天平，实验室计量证书给出最大允差 0.2mg。

三、测量过程

测量过程包括卷烟样品调节，（质量、吸阻）分选，吸烟机抽吸（每通道

5 支)，将滤片加萃取液 15mL（包含内标），萃取，过滤，用液相色串联质谱联用仪测定，根据标准溶液的拟合工作曲线得到结果。

四、数学模型

数学模型如式（8-89）所示。

$$y = k(c' \times m_{内}) \tag{8-89}$$

式中　y——目标物 NNK，μg/支；

c'——萃取溶液中 NNK（质量）与内标（质量）的比值；

$m_{内}$——内标（质量），μg；

k——$k=\frac{1}{n}$，其中 n 是抽吸烟支数，$n=5$。

为方便测量不确定度评定，可将式 8-88 转换成式（8-90）

$$y = c \times m_{内} \tag{8-90}$$

式中　c——$c=k\times c'$，支。

五、不确定因素

1. 不同时间段测量值差异引入的不确定因素 δ_1

该不确定因素主要包括吸烟机相关参数的差异、环境条件的差异等形成测量结果的差异。而这些差异的具体体现是不同时间段各组间测量结果的差异，即组间差异。

2. 测量重复性引入的不确定因素 δ_2

根据标准，每一测量结果由 2 个平行测量数据取平均值获取。2 个平行测量数据间的差异形成了测量结果的差异，即组内差异。

3. 样品的前处理引入的不确定因素 δ_3

该不确定因素是：定量加液器加入 15mL 萃取液中内标量不准产生的差异。

4. 标准溶液制备引入的不确定因素 δ_4

该不确定因素是在系列标准溶液制备中，各计量器具不准产生的差异。

5. 液相色谱　质谱联用法引入的不确定因素 δ_5

该不确定因素是由拟合工作曲线非线性形成的差异。

6. 液相色谱　质谱联用仪测量重复性引入的不确定因素 δ_6

该不确定因素是液相色串联质谱联用仪测量稳定性形成的差异。

7. 液相色谱　质谱联用法回收率引入的不确定因素 δ_7

该不确定因素是液相色串联质谱联用法加标回收率形成的差异。

以上 7 个不确定因素构成了 NNK 测量结果的差异。构成 NNK 与内标比值差异的不确定因素是 δ_1、δ_2、δ_3、δ_4、δ_5、δ_6、δ_7，即 $f_c(\delta_1, \delta_2, \delta_3, \delta_4, \delta_5, \delta_6, \delta_7)$；构成内标(体积)差异的不确定因素是 δ_3，即 $f_V(\delta_3)$。

NNK 测量不确定度评定的因果关系图如图 8-12 所示。

六、不确定分量评定

1. 组间差异的量化

该评定采用多组重复测量，以组间差的估计值予以量化。

组间差估计值的获取是建立在 χ^2 基础上，χ^2 的前提是样本（卷烟样品）测量数据服从正态分布。

（1）评定步骤

① 按标准要求，对卷烟样品重复测量，获取样品的 NNK 与内标比值 c；

② 确认各组 NNK 与内标（质量）比值的平均值 $\bar{c}$ 呈正态分布；

③ 对各 $\bar{c}$ 进行异常值检验，并剔除离群值（歧离值）；

④ 计算组间、组内偏差平方和；

⑤ 计算组间差的估计值。

（2）评定

①对某一卷烟样品进行重复测量，获取每支 NNK 与内标（质量）比值，单位是支，组数为 m（建议 m 为 8 或 10）；组内重复测量数 $n=2$（标准要求）。

$$c_{11}, c_{21}, \cdots, c_{i1}, \cdots, c_{m1}$$

$$c_{12}, c_{22}, \cdots, c_{i2}, \cdots, c_{m2}$$

【例 8-77】 用 3R4F 卷烟，在直线型吸烟机上重复收集 10 组粒相。按标准要求，用液相色串联质谱联用仪进行测定，获取 2×10 = 20 个 NNK 与内标比值，如表 8-75 所示。

表 8-75　NNK 与内标比值　　单位：支

	1	2	3	4	5	6	7	8	9	10
c_{i1}	0.525	0.532	0.522	0.537	0.542	0.534	0.520	0.537	0.544	0.533
c_{i2}	0.530	0.530	0.520	0.533	0.541	0.548	0.548	0.535	0.542	0.548
$\bar{c}_i$	0.527	0.531	0.521	0.535	0.542	0.541	0.534	0.536	0.543	0.540

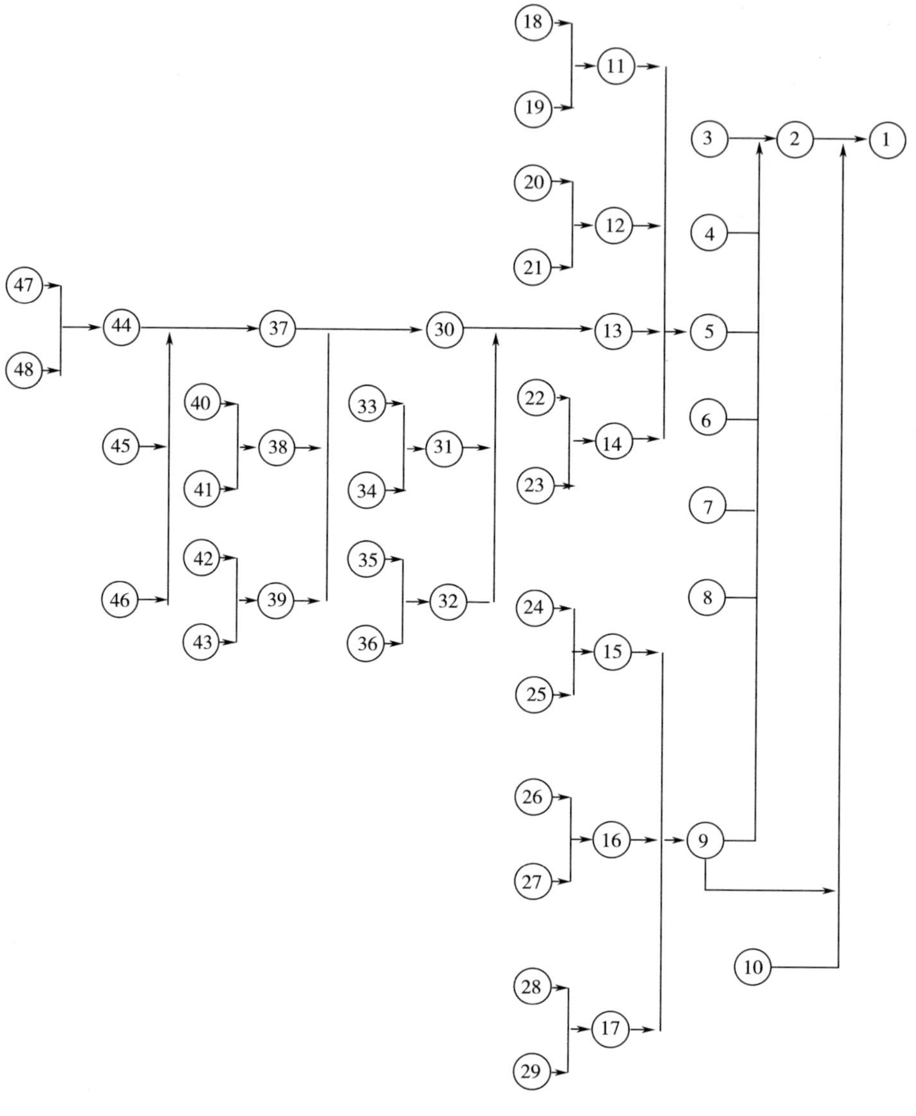

图 8-12　NNK 测量不确定度评定因果关系图

1—NNK　2—NNK 内标质量比　10—NNK 内标质量比与内标加入量的相关性　3—组间差异 δ_1　4—组内差异 δ_2　5—系列标准溶液制备形成的差异 δ_4　6—工作曲线非线性形成的差异 δ_5　7—液相色串联质谱联用仪测量稳定性形成的差异 δ_6　8—液相色串联质谱联用法加标回收率形成的差异 δ_7　9—前处理 δ_3　11、14、15、31、38—移液枪　12、16、32、39、44—容量瓶　17—加液器　18、22、24、33、40—移液　20、26、35、42、47—定容　45—天平　28—加液　19、21、23、25、27、29、34、36、41、43、48—体膨胀　13、30、37、46—储备液和标准品不确定度传递其中，萃取液的内标浓度为 10.0ng/mL，加萃取液 15mL，即内标质量 150ng。

②对 m 个 NNK 与内标（质量）比值的平均值进行正态性检验，采用夏皮罗–威尔逊检验法。夏皮罗–威尔逊检验法见资料性附录 1。

【例 8–78】 把表 8–74 第 3 行中 NNK 与内标比值的平均值 $\bar{c}_i$ 由小到大排序，如表 8–76 所示。

表 8–76　　**$\bar{c}_i$ 排序**　　单位：ng/(mL·支)

$\bar{c}_i$ 升序									
1	2	3	4	5	6	7	8	9	10
0.521	0.527	0.531	0.534	0.535	0.536	0.540	0.541	0.542	0.543

由于 $m/2=5$，则查表获取 a_k，如表 8–77 所示。

表 8–77　　**a_k**

a_1	a_2	a_3	a_4	a_5
0.5739	0.3291	0.2141	0.1224	0.0399

$$W = \frac{\left\{ \sum_{k=1}^{[m/2]} a_k(\bar{c}_{m-k+1} - \bar{c}_k) \right\}^2}{\sum_{k=1}^{m} (\bar{c}_k - \bar{\bar{c}})^2} = 0.9300$$

显著性水平取 $\alpha = 0.05$

查表临界值 $W(m,\ \alpha) = 0.842$

$W > W(m,\ \alpha)$，即表 8 – 75 中的 NNK 与内标比值的平均值 $\bar{c}_i$ 服从正态分布。

③对 m 个均值 $\bar{c}_i$ 进行异常值检验；采用格拉布斯检验法。格拉布斯检验法见资料性附录 2。

【例 8–79】 根据表 8–76 可得：

$$\bar{\bar{c}} = \frac{1}{m}\sum_{i=1}^{m}\bar{c}_i = 0.535/\text{支}$$

$$s = \sqrt{\frac{\sum_{i-1}^{m} (\bar{c}_i - \bar{\bar{c}})^2}{m-1}} = 7.015 \times 10^{-3}/\text{支}$$

$$G_m = \frac{\bar{c}_m - \bar{\bar{c}}}{s} = 1.155$$

$$G_1 = \frac{\bar{\bar{c}} - \bar{c}_1}{s} = 1.990$$

取显著性水平取 $\alpha = 0.05$

查表临界值 $G(m, \alpha) = 2.290$

G_m，$G_1 < G(m, \alpha)$，即10个NNK与内标比值的平均值 $\bar{c}_i$ 中没有异常值。

④组间偏差平方和 $Q_{间}$ 和组内偏差平方和 $Q_{内}$

各组平均值的计算如式（8-91）所示。

$$\bar{c}_i = \frac{1}{2}\sum_{j=1}^{2} c_{ij} \tag{8-91}$$

总平均值的计算如式（8-92）所示。

$$\bar{\bar{c}} = \frac{1}{m}\sum_{i=1}^{m} \bar{c}_i \tag{8-92}$$

组间偏差平方和的计算如式（8-93）所示。

$$Q_{间} = \sum_{i=1}^{m} 2\,(\bar{c}_i - \bar{\bar{c}})^2 \tag{8-93}$$

组内偏差平方和的计算如式（8-94）所示。

$$Q_{内} = \sum_{i=1}^{m}\sum_{j=1}^{2}\,(c_{ij} - \bar{c}_i)^2 \tag{8-94}$$

注：m 为剔除异常值后的组数。

【例8-80】 $\bar{c}_i$ 已由表8-75获取。

$$\bar{\bar{c}} = \frac{1}{m}\sum_{i=1}^{n} \bar{c}_t = 0.535/\text{支}$$

$$Q_{间} = \sum_{i=1}^{m} 2\,(\bar{c}_i - \bar{\bar{c}})^2 = 8.859 \times 10^{-4}/\text{支}^2$$

$$Q_{内} = \sum_{i=1}^{m}\sum_{j=1}^{2}\,(c_{ij} - \bar{c}_i)^2 = 6.164 \times 10^{-4}/\text{支}^2$$

⑤组间差的估计值

在正态分布的基础上，有：

$$\frac{Q_{间}}{n\sigma_{间}^{2}+\sigma_{内}^{2}} \sim \chi^{2}(m-1)$$

$$\frac{Q_{间}}{2\sigma_{间}^{2}+\sigma_{内}^{2}} \sim \chi^{2}(m-1)$$

$$\frac{Q_{内}}{\sigma_{内}^{2}} \sim \chi^{2}[m(n-1)]$$

$$\frac{Q_{内}}{\sigma_{内}^{2}} \sim \chi^{2}(m)$$

式中　$\sigma_{间}^{2}$——组间方差；

$\sigma_{内}^{2}$——组内方差。

组间差 $\sigma_{间}$ 的估计值如式（8-95）所示。

$$\hat{\sigma}_{间}=\sqrt{\frac{1}{2}\left(\frac{Q_{间}}{m-1}-\frac{Q_{内}}{m}\right)} \tag{8-95}$$

组间差形成的相对不确定分量的计算如式（8-96）所示。

$$u_{r1}=\frac{\hat{\sigma}_{间}}{\bar{\bar{c}}} \tag{8-96}$$

【例 8-81】　以④获取的结果，可得：

$$\hat{\sigma}_{间}=\sqrt{\frac{1}{2}\left(\frac{Q_{间}}{m-1}-\frac{Q_{内}}{m}\right)}=9.228\times10^{-3}(1/支)$$

组间差形成的相对不确定分量为：

$$u_{r1}=\frac{\hat{\sigma}_{间}}{\bar{\bar{c}}}=1.725\times10^{-2}$$

2. 组内差异的量化

一组 NNK 与内标比值 c_{i1} 和 c_{i2}，其平均值为 $\bar{c}_i=\frac{1}{2}\sum_{j=1}^{2}c_{ij}$，极差为 $d_i=|c_{i1}-c_{i2}|$。则有：

$$u_2=\frac{d_i}{1.128\times\sqrt{2}}$$

式中　1.128——$n=2$ 时极差转化为标准差的计量系数查表值。

即 $\frac{d}{1.128}$ 为该组两平行 NNK 与内标比值标准差的估计值。

由于测量报告是以两平行测量平均值出示，因此标准差应转化为平均值的标准差，即标准差 $/\sqrt{2}$。

组内差形成的相对不确定分量的计算如式（8-97）所示。

$$u_{r_2} = \frac{u_2}{\bar{c}_i} \tag{8-97}$$

【例 8-82】 以表 8-75 中第 1 列数据为例，以下类同。

$$u_2 = \frac{d_i}{1.128 \times \sqrt{2}} = 3.009 \times 10^{-3}/\text{支}$$

$$\bar{c}_i = \frac{1}{2}\sum_{j=1}^{2} c_{ij} = 0.527/\text{支}$$

组内差形成的相对不确定分量为：

$$u_{r2} = \frac{u_2}{\bar{c}_i} = 5.706 \times 10^{-3}$$

3. 量化样品前处理引入的差异

测量过程：①配制萃取溶液：移取 5mL 内标溶液（浓度 1μg/mL）于 500mL 容量瓶中，用 0.1mol/L 乙酸铵溶液定容，萃取溶液内标浓度是 10.0ng/mL。②加液：将滤片用定量加液器加入 15mL 萃取液（内标浓度 10ng/mL），萃取。

注：评定定量加液器加入 15mL 萃取液形成的相对不确定度分量，该相对不确定度分量就是加入 150ng 内标形成的相对不确定度分量。

评定萃取液配制涉及的计量器具是移液枪和容量瓶。评定加液涉及的计量器具是定量加液器，不确定度评定见资料性附录 6。

本部分均以资料性附录 6 中方法一［最大（相对）允差］举例，以下类同。

（1）计量引入的相对不确定分量

通过 $u_{\text{计}r} = \frac{D}{\sqrt{6} \times V}$ 或 $u_{\text{计}r} = \frac{D_r}{\sqrt{6}}$ 获取 $u_{\text{计、移液}r}$、$u_{\text{计、容量}r}$、$u_{\text{计、加液}r}$。

（2）体膨胀引入的相对不确定分量

通过 $u_{体r}=\dfrac{\Delta t_{max}\times P}{\sqrt{3}}$获取 $u_{体、移液r}$、$u_{体、容量r}$、$u_{体、加液r}$。

（3）样品的前处理形成的相对不确定分量

考虑计量和体膨胀不相关。

移液枪的计算如式（8-98）所示。

$$u_{移液r}=\sqrt{u_{计、移液r}^2+u_{体、移液r}^2} \tag{8-98}$$

容量瓶的计算如式（8-99）所示。

$$u_{容量r}=\sqrt{u_{计、容量r}^2+u_{体、容量r}^2} \tag{8-99}$$

配制的计算如式（8-100）所示。

$$u_{配制r}=\sqrt{u_{移液r}^2+u_{容量r}^2} \tag{8-100}$$

定量加液器的计算如式（8-101）所示。

$$u_{加液r}=\sqrt{u_{计、加液r}^2+u_{体、加液r}^2} \tag{8-101}$$

考虑 $u_{配制r}$和 $u_{加液r}$不相关，则样品前处理形成的不确定度的计算如式（8-102）所示。

$$u_{r3}=\sqrt{u_{配制r}^2+u_{加液r}^2} \tag{8-102}$$

【例 8-83】

（1）萃取溶液配制

① 移液枪。

a. 计量引入的相对不确定分量。

移液枪，获取的计量证书给出该种 5mL 移液枪的最大相对允差是 0.010%，按三角分布考虑，则有：

$$u_{计、移液r}=\frac{D_r}{\sqrt{6}}=4.082\times10^{-5}$$

b. 体膨胀引入的相对不确定分量。

$\Delta t_{max}=5℃$，甲醇的体膨胀系数是 $1.18\times10^{-3}/℃$，按均匀分布考虑，则有：

$$u_{体、移液r} = u_{体r} = \frac{\Delta t_{\max} \times P}{\sqrt{3}} = 3.406 \times 10^{-3}$$

c. 则 $u_{移液r} = \sqrt{u^2_{计、移液r} + u^2_{体、移液r}} = 3.407 \times 10^{-3}$。

② 容量瓶。

a. 计量引入的相对不确定分量。

容量瓶，获取的计量证书给出该种 500mL 容量瓶的最大允差是 0.15mL，按三角分布考虑，则有：

$$u_{计、容量r} = \frac{D_r}{\sqrt{6} \times 500} = 1.225 \times 10^{-4}$$

b. 体膨胀引入的相对不确定分量。

$\Delta t_{\max} = 5℃$，水的体膨胀系数是 $2.08 \times 10^{-4}/℃$，按均匀分布考虑，则有：

$$u_{体、容量r} = u_{体r} = \frac{\Delta t_{\max} \times P}{\sqrt{3}} = 6.004 \times 10^{-4}$$

c. 则 $u_{容量r} = \sqrt{u^2_{计、容量r} + u^2_{体、容量r}} = 6.128 \times 10^{-4}$。

考虑移液枪和容量瓶不相关，则萃取溶液配制形成的相对不确定度为：

$$u_{配制r} = \sqrt{u^2_{移液r} + u^2_{容量r}} = 3.461 \times 10^{-3}$$

（2）加液

① 计量引入的相对不确定分量。

定量加液器，获取的计量证书给出该种 50mL 定量加液器的最大相对允差是 0.030%，按三角分布考虑，则有：

$$u_{计、定量r} = \frac{D_r}{\sqrt{6}} = 1.225 \times 10^{-4}$$

② 体膨胀引入的相对不确定分量。

$\Delta t_{\max} = 5℃$，水的体膨胀系数是 $2.08 \times 10^{-4}/℃$，按均匀分布考虑，则有：

$$U_{体、加液r} = u_{体r} = \frac{\Delta t_{\max} \times P}{\sqrt{3}} = 6.004 \times 10^{-4}$$

（3）样品的前处理形成的相对不确定分量

考虑计量和体膨胀不相关。

定量加液器 $u_{加液r}=\sqrt{u_{计、加液r}^2+u_{体、加液r}^2}=6.128\times10^{-4}$

考虑 $u_{配制r}$ 和 $u_{加液r}$ 不相关，则样品前处理形成的不确定度为：

$$u_{r3} = \sqrt{u_{配制r}^2 + u_{加液r}^2} = 3.515 \times 10^{-3}$$

4. 量化标准溶液制备引入的差异

(1) 制备标准储备液引入的相对不确定度

标准储备液制备引入的不确定度按资料性附录 7 进行评定。

【例 8-84】 采用的标准品是纯度为 98%NNK 粉末，没有注明不确定度，视其为 0。

制备标准储备液的过程：用分辨率 0.1mg 天平称取标准品 51.0mg，置于 50mL 容量瓶，用甲醇定容，制备成浓度为 1.00mg/mL 的 1 级标准储备液。将该溶液作为 1 级标准储备液使用。用 1mL 移液枪移取 1mL 1 级标准储备液，置于 100mL 容量瓶，用甲醇定容，制备成浓度为 10μg/mL 的 2 级标准储备液。用 10mL 移液枪移取 10mL 2 级标准储备液，置于 100mL 容量瓶，用甲醇定容，制备成浓度为 1μg/mL 的 3 级标准储备液。

各级标准储备液制备形成的相对不确定分量见表 8-78。

表 8-78　　各级标准储备液制备形成的相对不确定分量

1级标准储备液	天平	量程 /g	最大允差/mg	$u_{天平}$ 50mL 容量瓶的质量约为 45g			
		50	0.2	3.629×10^{-6}			
	容量瓶	容量/mL	最大允差/mL	$u_{计、定容r}$	体膨胀系数/℃	$u_{体、定容r}$	$u_{定容r}$
		50	0.060	4.899×10^{-4}	1.18×10^{-3}	3.406×10^{-3}	3.441×10^{-3}
		$u_{储r1}=u_{天平r}^2+u_{定容r}^2=3.441\times10^{-3}$					
2级标准储备液	移液枪	量程/mL	最大相对允差/%	$u_{计、移液r}$	体膨胀系数/℃	$u_{体、移液r}$	$u_{移液r}$
		1	0.060	2.449×10^{-4}	1.18×10^{-3}	3.406×10^{-3}	3.415×10^{-3}
	容量瓶	容量/mL	最大允差/mL	$u_{计、定容r}$	体膨胀系数/℃	$u_{体、定容r}$	$u_{定容r}$
		100	0.100	4.082×10^{-4}	1.18×10^{-3}	3.406×10^{-3}	3.431×10^{-3}
		$u_{储r2}=u_{储r1}^2+u_{移液r}^2+u_{定容r}^2=5.939\times10^{-3}$					

续表

3级标准储备液	移液枪	量程/mL	最大相对允差/%	$u_{计、移液r}$	体膨胀系数/℃	$u_{体、移液r}$	$u_{移液r}$
		10	0.050	2.041×10^{-4}	1.18×10^{-3}	3.406×10^{-3}	3.412×10^{-3}
	容量瓶	容量/mL	最大允差/mL	$u_{计、定容r}$	体膨胀系数/℃	$u_{体、定容r}$	$u_{定容r}$
		100	0.100	4.082×10^{-4}	1.18×10^{-3}	3.406×10^{-3}	3.431×10^{-3}
$u_{储r3}=u^2_{储r2}+u^2_{移液r}+u^2_{定容r}=7.661\times10^{-3}$							

（2）制备标准溶液引入的相对不确定度

标准溶液制备引入的不确定度按资料性附录8进行评定。

内标溶液的浓度是1.0μg/mL。

萃取液的内标浓度是10ng/mL。

【例8-85】 制备各标准溶液过程：用1mL移液枪移取0.1mL、0.2mL、0.5mL 3级储备液；用5mL移液枪移取1mL、2mL、5mL 3级储备液，分别置于6个100mL容量瓶中。再在每个容量瓶中分别加入1mL内标溶液，然后用乙酸铵液定容。则各容量瓶的内标浓度均为10ng/mL。

共6级标准溶液，如表8-79。

表8-79　　标准溶液制备

标准溶液		1级	2级	3级	4级	5级	6级
移液枪	量程/mL		1			5	
	移取量/mL	0.1	0.2	0.5	1	2	5
内标加入量/ng				1000			
容量瓶 /mL				100			
NNK质量/ng		100	200	500	1000	2000	5000
NNK与内标比值		0.1	0.2	0.5	1	2	5

各标准溶液制备形成的相对不确定分量如表8-80所示。

表 8-80　各标准溶液制备形成的相对不确定分量

			1 级	2 级	3 级	4 级	5 级	6 级
移液枪	NNK	量程/mL		1			5	
		最大相对允差/%		0.060			0.010	
		$u_{计、移液r}$		2.449×10^{-4}			4.082×10^{-5}	
		体膨胀系数 /℃			1.18×10^{-3}			
		$u_{体、移液r}$			3.406×10^{-3}			
		$u_{移液NNKr}$		3.415×10^{-3}			3.407×10^{-3}	
	内标	量程/mL			1			
		最大相对允差/%			0.060			
		$u_{计、移液r}$			2.449×10^{-4}			
		体膨胀系数 /℃			1.18×10^{-3}			
		$u_{体、移液r}$			3.406×10^{-3}			
		$u_{移液、内标r}$			3.415×10^{-3}			
容量瓶		容量/mL			100			
		最大允差/mL			0.100			
		$u_{计、定容r}$			4.082×10^{-4}			
		体膨胀系数 /℃			2.08×10^{-4}			
		$u_{体、定容r}$			6.004×10^{-4}			
		$u_{定容r}$			7.261×10^{-4}			
$u_{ri}=\sqrt{u^2_{移液、NNKri}+u^2_{移液、内标ri}+u^2_{定容r}}$				9.085×10^{-3}			9.082×10^{-3}	
3 级储备液					7.661×10^{-3}			

则其相对不确定分量为：

$$u_{r4}=\sqrt{6\times u^2_{储r3}+\sum_{i=1}^{n}u^2_{ri}}=2.225\times10^{-2}$$

5. 量化液相色谱-质谱联用法引入的差异

制备的标准溶液为 n 级。各标准溶液的 NNK 与内标（质量）比值为 C'_1，C'_2，…，C'_i，…，C'_n。将各标准溶液 NNK 与内标（质量）比值转化成：$C_i=\frac{C'_i}{n}$，可得 C'_1，C'_2，…，C'_i，…，C'_n，单位是支。将各标准溶液通过液

相色串联质谱联用仪测量，获取各对应响应比值 e_1，e_2，$\cdots e_i$，$\cdots$，e_n。对形成的各对应点(C_i，e_i)进行线形拟合（最小二乘法），获取标准工作曲线 $\hat{e}=k\hat{C}+b$。

最小二乘法及残差标准差 S_E 计算见资料性附录 3。通过计算可得液相色串联质谱联用法标准工作曲线非线性形成的相对不确定分量

$$u_{r5} = \frac{S_E}{\bar{C}k} \times \sqrt{\frac{1}{P} + \frac{1}{n} + \frac{(\bar{c} - \bar{C})^2}{L_{CC}}}$$

式中　P——样品测量数，按标准 $P=2$；

$\bar{C}$——$\bar{C}=\frac{1}{n}\sum_{i=1}^{n} C_i$；

$\bar{c}$——两平行样品测量平均值。

【例 8-86】 按表 8-79 NNK 与内标比值 C_i'转化成 $C_i=\frac{C_i'}{n}$，如表 8-81 所示。

表 8-81　NNK 与内标（质量）比值和响应

	1 级	2 级	3 级	4 级	5 级	6 级
C_i'	0.1	0.2	0.5	1	2	5
$C_i=\frac{C_i'}{n}$/(支)	0.02	0.04	0.1	0.2	0.4	1
响应比 e_i	0.0712	0.1768	0.4740	0.8654	1.8381	4.8032

$$L_{Ce} = \sum_{i=1}^{n} (C_i - \bar{C})(e_i - \bar{e}) = 3.354$$

$$L_{CC} = \sum_{i=1}^{n} (C_i - \bar{C})^2 = 0.696$$

$$L_{ee} = \sum_{i=1}^{n} (e_i - \bar{e})^2 = 16.174$$

$$\bar{C} = \frac{1}{n}\sum_{i=1}^{n} C_i = 0.293/\text{支}$$

$$\bar{e} = \frac{1}{n}\sum_{i=1}^{n} e_i = 1.371$$

$$k = \frac{L_{Ce}}{L_{CC}} = 4.820$$

$$S_E = \sqrt{\frac{L_{ee} - \frac{L_{Ce}^2}{L_{CC}}}{n-2}} = 0.0454$$

取表 8-75 中第 1 列数据，可得

$$\bar{c} = \bar{c}_i = 0.527/\text{支}$$

液相色串联质谱联用法标准工作曲线非线性形成的相对不确定分量为：

$$u_{r5} = \frac{S_E}{\bar{C}k} \times \sqrt{\frac{1}{P} + \frac{1}{n} + \frac{(\bar{c} - \bar{C})^2}{L_{CC}}} = 2.771 \times 10^{-2}$$

6. 量化液相色谱-质谱联用仪测量重复性引入的差异

该评定是考量液相色串联质谱联用仪的测量稳定性。

对同一萃取液连续进样 n 次，获取 n 个 c_1，c_2，…，c_i，…，c_n。

均值的计算如式（8-103）所示。

$$\bar{c} = \frac{1}{n}\sum_{i=1}^{n} c_i \tag{8-103}$$

液相色串联质谱联用仪测量稳定性引入的相对不确定分量的计算如式（8-104）所示。

$$u_{r6} = \frac{1}{\bar{c}}\sqrt{\frac{1}{n-1}\sum_{i=1}^{n}(c_i - \bar{c})^2} \tag{8-104}$$

【例 8-87】　C_i 的重复测量值如表 8-82 所示。

表 8-82　**c_i 重复测量值**　单位：支

	1	2	3	4	5	6	7	8	9	10
c_i	0.550	0.552	0.545	0.552	0.549	0.549	0.545	0.537	0.547	0.550

$$\bar{c} = \frac{1}{n}\sum_{i=1}^{n} c_i = 0.548/\text{支}$$

液相色串联质谱联用仪测量稳定性引入的相对不确定分量为：

$$u_{r6} = \frac{1}{\bar{c}}\sqrt{\frac{1}{n-1}\sum_{i=1}^{n}(c_i - \bar{c})^2} = 8.244 \times 10^{-3}$$

7. 量化液相色谱-质谱联用法回收率引入的差异

该评定是考量液相色串联质谱联用仪加标回收率带来的差异。

选择低、中、高三种标准溶液 NNK 与内标比值，进行 3 水平×4 次加标回收率测定，获取 12 个回收率 η_1，η_2，$\cdots\eta_i$，$\cdots$，η_{12}。

取 $\eta_{max} = \text{MAX}\{\eta_1, \eta_2, \cdots, \eta_i, \cdots, \eta_{12}\}$，$\eta_{min} = \text{MIN}\{\eta_1, \eta_2, \cdots, \eta_i, \cdots, \eta_{12}\}$。

加标回收率均值的计算如式（8-105）所示。

$$\bar{\eta} = \frac{1}{12}\sum_{i=1}^{12}\eta_i \tag{8-105}$$

液相色串联质谱联用仪加标回收率引入的相对不确定分量的计算如式（8-106）所示。

$$u_{r7} = \frac{\eta_{max} - \eta_{min}}{\bar{\eta} \times \sqrt{12}} \tag{8-106}$$

【例 8-88】 不同浓度标准溶液的液相色串联质谱联用仪加标回收率如表 8-83 所示。

表 8-83　　加标回收率　　单位：%

	1	2	3	4
低	105.75	105.55	106.00	105.10
中	102.25	101.49	101.70	104.14
高	102.51	102.48	103.03	104.15

$$\eta_{max} = \text{MAX}\{\eta_1, \eta_2, \cdots, \eta_i, \cdots, \eta_{12}\} = 106.00\%$$

$$\eta_{min} = \text{MIN}\{\eta_1, \eta_2, \cdots, \eta_i, \cdots, \eta_{12}\} = 101.49\%$$

$$\bar{\eta} = \frac{1}{12}\sum_{i=1}^{12}\eta_i = 103.68\%$$

液相色串联质谱联用仪加标回收率引入的相对不确定分量为：

$$u_{r7} = \frac{\eta_{max} - \eta_{min}}{\bar{\eta} \times \sqrt{12}} = 1.256 \times 10^{-2}$$

七、不确定度合成

1. NNK 与内标比值 c 各不确定分量合成 f_c（δ_1，δ_2，δ_3，δ_4，δ_5，δ_6，δ_7）

考虑各 u_{ri} 互不相关。

$$u_{浓r} = \sqrt{u_{r1}^2 + u_{r2}^2 + u_{r3}^2 + u_{r4}^2 + u_{r5}^2 + u_{r6}^2 + u_{r7}^2} = \sqrt{\sum_{i=1}^{7} u_{ri}^2}$$

取表 8-74 中一组 c_{i1} 和 c_{i2} 的平均值 $\bar{c}_i = \frac{1}{2}\sum_{j=1}^{2} c_{ij}$，单位是 ng/(mL·支)；

不确定分量是 $u_{比值} = \bar{c}_i \times u_{比值r}$，单位是 ng/(mL·支)。

【例 8-89】 根据上述评定，可得各相对不确定分量，如表 8-84 所示。

表 8-84　　各相对不确定分量

u_{r1}	u_{r2}	u_{r3}	u_{r4}	u_{r5}	u_{r6}	u_{r7}
1.725×10^{-2}	5.706×10^{-3}	3.515×10^{-3}	2.225×10^{-2}	2.771×10^{-2}	8.244×10^{-3}	1.256×10^{-2}

$$u_{比值r} = \sqrt{\sum_{i=1}^{7} u_{ri}^2} = 4.279 \times 10^{-2}$$

取 8-75 中一组 c_{i1} 和 c_{i2}，可得：

$$\bar{c}_i = \frac{1}{2}\sum_{j=1}^{2} c_{ij} = 0.527/ 支$$

不确定分量为：

$$u_{比值} = \bar{c}_i \times u_{比值r} = 2.257 \times 10^{-2}/ 支$$

2. 内标（质量）不确定分量合成 f_V（δ_3）

$$u_{内r} = u_{r3}$$

内标质量是 150ng，则内标质量的不确定分量是 $u_{内} = m_{内} \times u_{内} = 150 \times u_{内r}$，单位是 ng。

【例 8-90】 根据表 8-84，可得：

$$u_{内r} = u_{r3} = 3.515 \times 10^{-3}$$

内标质量的不确定分量为：

$$u_{内} = 150 \times u_{内r} = 0.527\text{ng}$$

3. c 与 $m_{内}$ 的相关性

当滤片置于萃取瓶中，萃取瓶中 NNK 的量值是恒定的，即 $y=c\times m_{内}$ 中的 y 是恒定的量值，则 $c\times m_{内}=K$ 呈双曲线函数关系（c 和 $m_{内}$ 呈反比关系）。本研究要在组间差异的量化中 $\bar{c}_i$ 值附近的微小区间内确定 c 和 $m_{内}$ 的相关系数。根据 $c\times m_{内}=K$ 可得表 8-85。

表 8-85　　c 和 $m_{内}$ 的相关性

$m_{内}$ /ng	150	146	148	152	154
c_i / 支	$\bar{c}_i$	$\frac{1}{146}\times\bar{c}_i$	$\frac{1}{148}\times\bar{c}_i$	$\frac{1}{152}\times\bar{c}_i$	$\frac{1}{154}\times\bar{c}_i$

对形成的各对应点（$m_{内i}$，c_i）进行线形拟合（最小二乘法），获取 c 和 $m_{内}$ 的相关系数 r（c，$m_{内}$）。相关系数计算方法见资料性附录 3。

【例 8-91】 取表 8-75 中第 1 列数据，$\bar{c}_i=0.527$/支，则可得表 8-86。

表 8-86　　c 和 $m_{内}$ 的相关性

$m_{内}$ /ng	150	146	148	152	154
c_i / 支	$\bar{c}_i=0.527$	0.542	0.534	0.520	0.514

采用最小二乘法。可得：

$$r(c, V) = -0.9999 \approx -1$$

4. NNK 各不确定分量合成

根据数学模型 $y=c\times V$ 及通用公式：

$$u^2(y) = \sum_{i=1}^{N}\sum_{j=1}^{N}\frac{\partial f}{\partial x_i}\frac{\partial f}{\partial x_j}u(x_i, x_j)$$

$$= \sum_{i=1}^{N}\left(\frac{\partial f}{\partial x_i}\right)^2 u^2(x_i) + 2\sum_{i=1}^{N-1}\sum_{j=i+1}^{N}\frac{\partial f}{\partial x_i}\frac{\partial f}{\partial x_j}u(x_i, x_j)$$

且相关系数 $r(x_i, x_j)=\dfrac{u(x_i, x_j)}{u(x_i)u(x_j)}$。

由于 $N=2$，上式可转换成

$$u^2(y) = \left(\frac{\partial y}{\partial c}\right)^2 u^2(c) + \left(\frac{\partial y}{\partial m_{内}}\right)^2 u^2(m_{内}) + 2\frac{\partial y}{\partial c}\frac{\partial y}{\partial m_{内}}u(c)u(m_{内})r(c, m_{内})$$

根据 $y=c\times m_{内}$ 可得：$\frac{\partial y}{\partial c}=m_{内}$，$\frac{\partial y}{\partial m_{内}}=c$。

$r(c, m_{内})=-0.9999\approx-1$。则 $u(y)$ 的计算如式（8-107）所示。

$$\begin{aligned} u(y) &= \sqrt{m_{内}^2 u^2(c) + c^2u^2(m_{内}) - 2m_{内}u(c)cu(m_{内})} \\ &= |m_{内}u(c) - cu(m_{内})| \end{aligned} \tag{8-107}$$

【例 8-92】 根据上述评定，可知：

$$c = 0.527/支$$

$$m_{内} = 150ng$$

$$u(c) = u_{比值} = 2.257\times10^{-2}/支$$

$$u(m_{内}) = u_{内} = 0.527ng$$

NNK 的测量值为：

$$y = c\times m_{内} = 79.100ng/支$$

NNK 的合成标准不确定度为：

$$u(y) = |m_{内}u(c) - cu(m_{内})| = 3.107ng/支$$

八、报告

测量不确定度报告一般有两种出示方式：

① 测量结果 y，合成标准不确定度 u；

② 测量结果 y，扩展不确定度 U，包含因子 k。

另：不确定度出示至多 2 位有效数字，且最后 1 位只进不退。

【例 8-93】 根据上述评定，可获取测量不确定度报告，如表 8-87 和表 8-88 所示。

表 8-87　　NNK 测量不确定度报告（1）

NNK 的测量结果	NNK 的合成标准不确定度
79.1ng/支	3.2ng/支

表 8-88　　　　NNK 测量不确定度报告（2）

NNK 的测量结果	NNK 的扩展不确定度	包含因子
79.1ng/支	6.3ng/支	2

九、其他

1. 评定过程中的几点说明

（1）本部分的例子均采用 3R4F 卷烟作为样品来采集数据，并予以测量不确定度评定。

（2）本部分出示的 NNK 与内标比值均通过 $c=\frac{1}{n}\times c'$ 换算（见四、数学模型）。标准系列浓度亦然。

（3）除组间差异量化时 NNK 与内标比值的均值以 10 组测量总平均值 $\bar{\bar{c}}$ 出示，获取相对不确定度外，其余 NNK 与内标比值的均值均以表 8-75 的第 1 组（第 1 列）出示（两平行测量平均值）。这是为了与标准匹配。

2. 测量数据有效性验证

本部分的例子均采用 3R4F 卷烟作为样品来采集数据。为确认测量仪器的精密度和准确度是否达到要求，从而确保测量结果有效，召集了 9 家实验室，采用 3R4F 卷烟进行共同实验。共同实验实验方案要求的重复测量数是 2×10=20，与测量不确定度评定采用的方案一致。各实验室测量数据见附录 2 中 2-5。实验室编号是实验室 1。

对共同实验结果进行了统计。

显著性水平取 $\alpha=0.01$

（1）采用格拉布斯异常值检验各实验室内的测量值

统计显示没有离群值。

（2）采用曼德尔 h 检验各实验室测量均值，检验方法见资料性附录 5。

统计显示有一家实验室（实验室 4）均值出现离群值，剔除该实验室数据。

（3）采用曼德尔 k 检验各实验室测量精度，检验方法见资料性附录 5。

统计显示有一家实验室（实验室 8）精度出现离群值，剔除该实验室数据。

（4）重复性限 r 和现性限 R

用 7 家实验室数据计算 r 和 R，r 和 R 计算方法见资料性附录 4。结果是

$$r = 4.66\text{ng/支},\ R = 9.93\text{ng/支}$$

另：7 家实验室测量均值最大值是 84.27ng/支，最小值是 76.24ng/支
判断
整体的测量均值是 80.26ng/支，10 组测量平均值的极差是 3.3ng/支。

$$|\text{测量平均值} - 84.27\text{ng/支}| < R$$
$$|\text{测量平均值} - 76.24\text{ng/支}| < R$$
$$10\text{组测量平均值的极差} < r$$

即整体的测量仪器对 NNK 的测量，其精密度和准确度均有效，即确认本部分测量不确定度评定中出示的测量数据准确有效。

3. 成梯度评价测量不确定度

测量不确定度评定是对某一样品测量结果的精密度作一个可信程度的评定。即不同样品（水平）测量不确定度评定的结果是不一样的。根据以往的数据选取 6 个卷烟样品，各卷烟样品的 NNK 测量结果成一定的梯度，然后按上述的评定方法进行评定，如表 8-89 所示。

表 8-89　　6 个卷烟样品相对不确定分量评定结果

	u_{r1}	u_{r2}	u_{r3}	u_{r4}	u_{r5}	u_{r6}	u_{r7}
卷烟 1#	1.725	0.571	0.352	2.225	2.771	0.824	1.256
卷烟 2#	1.638	1.635	0.352	2.225	2.809	0.589	1.256
卷烟 3#	2.564	2.039	0.352	2.225	2.806	0.416	1.256
卷烟 4#	2.983	3.278	0.352	2.225	2.795	0.651	1.256
卷烟 5#	2.275	1.859	0.352	2.225	2.759	0.988	1.256
卷烟 6#	2.685	1.505	0.352	2.225	2.713	0.665	1.256

注：表中各值 $\times 10^{-2}$。

根据合成不确定度的评定方法，可得表 8-90。

表 8-90　浓度 c、体积 V、测量值 y_{NNK}、$u(c)$、$u(V)$、$u(y_{NNK})$

	c /支	$u(c)$ /支	$m_{内}$ ng	$u(m_{内})$ ng	y_{NNK} ng/支	$u(y_{NNK})$ ng/支
卷烟 1#	0. 5273	0. 0226	150	0. 00352	79. 100	3. 107
卷烟 2#	0. 0306	0. 0014	150	0. 00352	4. 600	0. 191
卷烟 3#	0. 0328	0. 0016	150	0. 00352	4. 920	0. 231
卷烟 4#	0. 0408	0. 0024	150	0. 00352	6. 120	0. 338
卷烟 5#	0. 0697	0. 0034	150	0. 00352	10. 455	0. 474
卷烟 6#	0. 1111	0. 0054	150	0. 00352	16. 660	0. 756

以 y_{NNK} 为横坐标，u（y_{NNK}）为纵坐标，用最小二乘法对表 8-89 中 6 个对应点进行线性拟合，如图 8-13 所示。

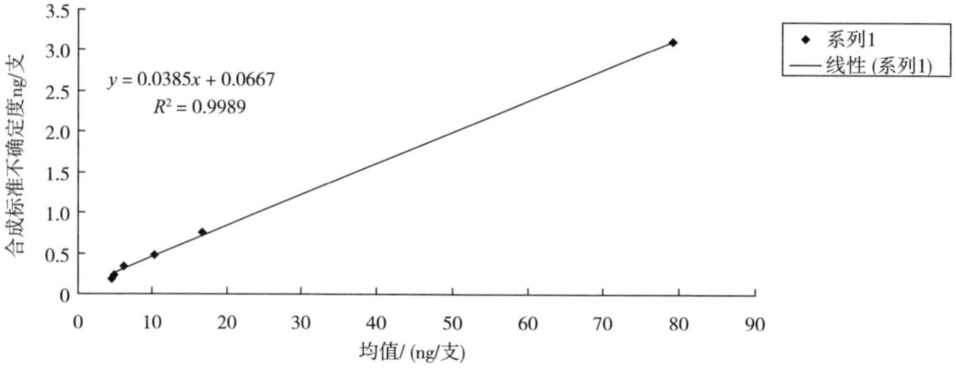

图 8-13　NNK 合成标准不确定度

图 8 - 13 中，线性拟合方程 $\hat{u}(_{NNK}) = 0.0385 \times \hat{y}_{NNK} + 0.0667$。尽管图 8 - 13 中各对应坐标点的分布有一定的离散性，但根据决定系数 $R^2 = 0.9989$，无法拒绝该线性方程获取的 $\hat{u}(y_{NNK})$ 是一个有效估计值。

根据 $\hat{u}(_{NNK}) = 0.0385 \times \hat{y}_{NNK} + 0.0667$ 可获取各测量值 y_{NNK} 对应的合成标准不确定度估计值 $\hat{u}(y_{NNK})$，如表 8 - 91 所示。

表 8-91　　NNK 合成标准不确定度估计值 $\hat{u}$ (y_{NNK})　　单位：ng/支

y_{NNK}	5	6	7	8	9	10	11	12	13	14	15	16
$\hat{u}(y_{NNK})$	0.26	0.30	0.34	0.37	0.41	0.45	0.49	0.53	0.57	0.61	0.64	0.68
y_{NNK}	20	25	30	35	40	45	50	55	60	65	70	75
$\hat{u}(y_{NNK})$	0.84	1.03	1.22	1.41	1.61	1.80	1.99	2.18	2.38	2.57	2.76	2.95

以 95%置信概率，建立拟合线性方程的置信区间。

其上、下置信区间的计算方法是：

$$\bar{y}_j \pm t_{0.5\alpha,\ n-2} S_E \sqrt{1 + \frac{1}{n} + \frac{(\bar{x}_j - \bar{\bar{x}})^2}{L_{xx}}}$$

式中　$t_{0.5\alpha,n-2}$——为置信概率为 95%时的 t 分布的分位点。

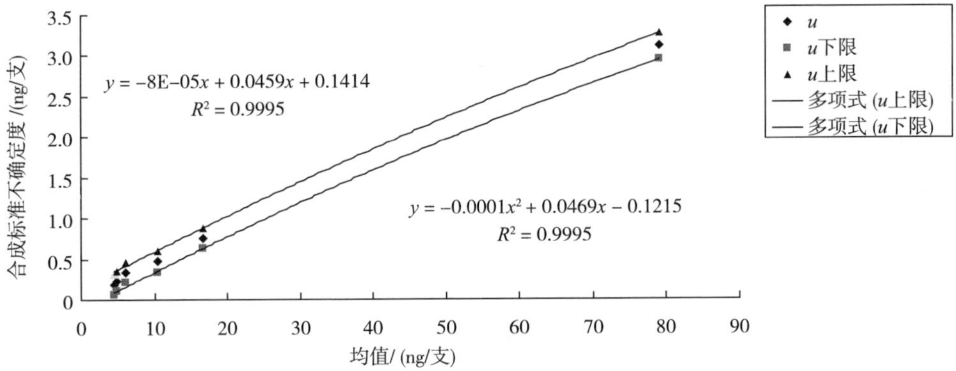

图 8-14　NNK 合成标准不确定度的置信区间

十、转换吸烟机型（转盘）捕集

转盘型吸烟机的评定方法与直线型吸烟机的评定方法相同。以 3R4F 卷烟样品为例。

1. 各不确定分量评定

（1）不同时间段测量值差异引入的不确定分量，如表 8-92 所示。

表 8-92　　NNK 与内标比值　　单位：支

	1	2	3	4	5	6	7	8	9	10
c_{i1}	0.552	0.550	0.539	0.535	0.537	0.545	0.537	0.537	0.533	0.543
c_{i2}	0.544	0.544	0.551	0.545	0.531	0.550	0.536	0.526	0.537	0.566
$\bar{c}_i$	0.548	0.547	0.545	0.540	0.534	0.548	0.537	0.531	0.535	0.555

$$u_{r1} = 1.873 \times 10^{-2}$$

（2）测量重复性引入的不确定分量

$$\bar{c}_i = 0.548/\text{支}$$

$$u_{r2} = 0.945 \times 10^{-2}$$

（3）样品的前处理引入的不确定分量

$$u_{r3} = 0.352 \times 10^{-2}$$

（4）标准溶液制备引入的不确定分量

$$u_{r4} = 2.225 \times 10^{-2}$$

（5）液相色串联质谱联用法引入的不确定分量

$$u_{r5} = 2.689 \times 10^{-2}$$

（6）液相色串联质谱联用仪测量重复性引入的不确定分量，如表 8-93 所示。

表 8-93　　NNK 内标质量比值测量重复性　　单位：支

1	2	3	4	5	6	7	8	9	10
0.543	0.555	0.549	0.546	0.550	0.544	0.537	0.550	0.539	0.554

$$u_{r6} = 1.112 \times 10^{-2}$$

（7）液相色串联质谱联用法回收率引入的不确定分量

$$u_{r7} = 1.256 \times 10^{-2}$$

2. 各不确定分量合成

（1）NNK 与内标比值不确定分量

$$u_{\text{比值}r} = \sqrt{\sum_{i=1}^{7} u_{ri}^2} = 4.418 \times 10^{-2}$$

$$\bar{c}_i = \frac{1}{2}\sum_{j=1}^{2} c_{ij} = 0.548/\text{支}$$

$$u_{\text{比值}} = \bar{c}_i \times u_{\text{比值}r} = 2.422 \times 10^{-2}/\text{支}$$

（2）内标质量不确定分量

$$u_{m内r} = u_{r3} = 3.515 \times 10^{-3}$$
$$m_{内} = 150\text{ng}$$
$$u_{m内} = 150 \times u_{m内r} = 0.527\text{ng}$$

（3）NNK 合成标准不确定度

NNK 的测量值为：

$$y = 82.230\text{ng/支}$$

NNK 的合成标准不确定度为：

$$u(y) = 3.344\text{ng/支}$$

（4）转盘型吸烟机与直线型吸烟机测量结果及合成不确定度比较

同为 3R4F 卷烟，直线型吸烟机形成的点（79.100，3.107），转盘型吸烟机形成的点（82.230，3.344）。

将点（82.230，3.344）置于直线型吸烟机测量不确定度所确定的置信区间内，如图 8-15 所示。

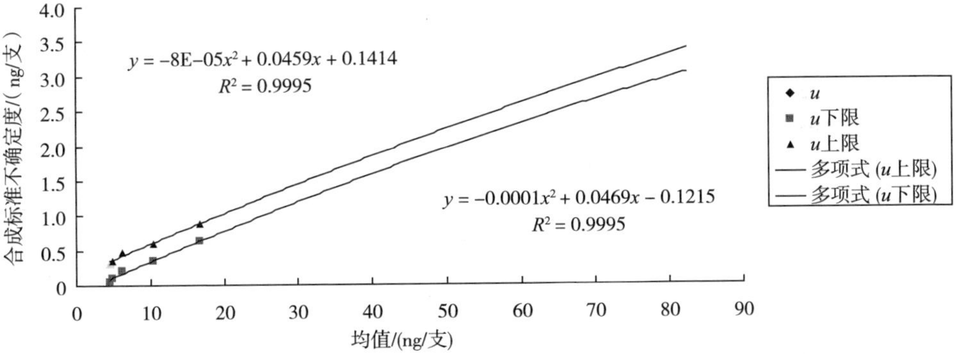

图 8-15　NNK 转盘吸烟机测量结果

当 NNK 测量值 $y = 82.230$ng/支时，其合成不确定度的置信上限是 $y = -0.00008 \times 82.230^2 + 0.0459 \times 82.230 + 0.1414 = 3.375$ng/支，故（82.230，3.344）包含在置信区间内。

在 NNK 测量值和合成标准不确定度上，转盘型吸烟机与直线型吸烟机存在一定的差异，但前者的结果仍然包含于后者所确定的置信区间内。

附录

6 个卷烟样品 NNK 与内标比值 单位：支

组号	卷烟 1#	卷烟 2#	卷烟 3#	卷烟 4#	卷烟 5#	卷烟 6#
1	0. 5249	0. 0311	0. 0333	0. 0397	0. 0707	0. 1124
	0. 5297	0. 0303	0. 0323	0. 0419	0. 0687	0. 1097
2	0. 5322	0. 0293	0. 0318	0. 0425	0. 0702	0. 1114
	0. 5296	0. 0299	0. 0321	0. 0388	0. 0660	0. 1069
3	0. 5220	0. 0315	0. 0325	0. 0409	0. 0677	0. 1067
	0. 5202	0. 0297	0. 0342	0. 0387	0. 0663	0. 1088
4	0. 5374	0. 0319	0. 0325	0. 0379	0. 0659	0. 1055
	0. 5335	0. 0297	0. 0346	0. 0419	0. 0701	0. 1041
5	0. 5424	0. 0297	0. 0335	0. 0409	0. 0699	0. 1110
	0. 5411	0. 0298	0. 0322	0. 0409	0. 0667	0. 1100
6	0. 5338	0. 0293	0. 0321	0. 0378	0. 0660	0. 1123
	0. 5476	0. 0311	0. 0320	0. 0382	0. 0657	0. 1073
7	0. 5201	0. 0305	0. 0323	0. 0422	0. 0657	0. 1110
	0. 5477	0. 0311	0. 0324	0. 0376	0. 0673	0. 1107
8	0. 5372	0. 0307	0. 0324	0. 0375	0. 0665	0. 1059
	0. 5351	0. 0299	0. 0339	0. 0395	0. 0656	0. 1121
9	0. 5445	0. 0302	0. 0323	0. 0390	0. 0669	0. 1129
	0. 5419	0. 0309	0. 0315	0. 0409	0. 0668	0. 1113
10	0. 5328	0. 0294	0. 0326	0. 0401	0. 0657	0. 1111
	0. 5476	0. 0315	0. 0311	0. 0389	0. 0688	0. 1135

9 家实验室 3R4F 样品 NNK 共同实验数据 单位：ng/支

	1	2	3	4	5	6	7	8	9	10
实验室 1	79. 10	79. 64	78. 17	80. 32	81. 26	81. 11	80. 09	80. 42	81. 48	81. 03
实验室 2	77. 24	76. 82	77. 41	74. 97	80. 86	79. 26	75. 73	78. 59	76. 99	73. 03
实验室 3	85. 22	86. 04	83. 21	81. 32	83. 43	81. 77	83. 48	86. 67	83. 66	83. 26
实验室 4	98. 95	96. 90	96. 90	99. 40	94. 85	95. 20	95. 95	96. 55	94. 20	95. 80
实验室 5	82. 67	79. 88	80. 36	80. 48	81. 92	83. 43	80. 83	80. 33	82. 58	83. 41
实验室 6	85. 20	84. 06	83. 21	83. 26	84. 42	86. 90	84. 69	82. 91	84. 75	83. 28
实验室 7	72. 68	72. 14	78. 00	79. 09	77. 01	75. 48	78. 60	77. 73	75. 19	76. 49
实验室 8	74. 03	81. 13	73. 97	69. 68	75. 04	61. 58	77. 60	78. 40	79. 26	72. 79
实验室 9	81. 00	81. 15	82. 65	82. 35	84. 15	82. 05	83. 55	82. 35	81. 90	83. 55

第六节　主流烟气中苯并［a］芘测量不确定度评定

一、测量依据

测量依据包括以下标准。

（1）GB/T 19609—2004《卷烟　用常规分析用吸烟机测定　总粒相物和焦油》

（2）GB/T 16450—2004《常规分析用吸烟机　定义和标准条件》

（3）GB/T 16447—2004《烟草及烟草制品　调节和测试的大气环境》

（4）GB/T 21130—2007《卷烟　烟气总粒相物中苯并［a］芘的测定》

二、测量条件

1. 环境条件

（1）卷烟样品调节按 GB/T 16447—2004《烟草及烟草制品　调节和测试的大气环境》的要求，在调节大气中调节 48~240h。

（2）粒相收集按 GB/T 16447—2004《烟草及烟草制品　调节和测试的大气环境》的要求，在测试大气中进行。

（3）气相色谱质谱联用法测定在化学分析实验室内进行，温湿度符合仪器正常工作的要求，无震动、扬尘、电磁干扰等情况。

2. 测量设备

测量设备如下所示。

① 吸烟机（采用转盘型吸烟机）、气相色谱质谱联用仪。

② 计量器具：移液枪 10mL，实验室计量证书给出最大相对允差 0.050%；

移液枪 1mL，实验室计量证书给出最大相对允差 0.060%；

移液枪 0.2mL，实验室计量证书给出最大相对允差 0.100%；

移液枪 0.1mL，实验室计量证书给出最大相对允差 0.140%；

移液枪 0.02mL，实验室计量证书给出最大相对允差 0.170%；

容量瓶 100mL，实验室计量证书给出最大允差 0.100mL；

定量加液器 50mL，实验室计量证书给出最大相对允差 0.030%。

三、测量过程

测量过程包括卷烟样品调节，（质量、吸阻）分选，吸烟机抽吸（20支），将滤片准确加液（40mL 环己烷），萃取，准确移取 10mL 萃取液，通过固相萃取小柱纯化，旋转蒸发浓缩，在浓缩液中加入 5μL 内标溶液（浓度 20ng/μL），用气相色谱质谱联用仪测定，根据标准溶液的拟合工作曲线得到结果。

四、数学模型

数学模型如式（8-108）所示。

$$y = k(c' \times m_{内}) \tag{8-108}$$

式中 y——目标物苯并［a］芘，ng/支；

c'——萃取溶液中苯并［a］芘（质量）与内标（质量）的比值；

$m_{内}$——内标（质量），ng；

k——$k=\frac{1}{n}$，其中 n 是抽吸烟支数，$n=20$。但在前处理过程中，10mL 移取液是从 40mL 萃取液中提取的，即提取 5 支卷烟的苯并［a］芘，故 $n=5$。

为方便测量不确定度评定，可将式 8-108 转换成式（8-109）

$$y = c \times m_{内} \tag{8-109}$$

式中 c——$c=k\times c'$，支。

五、不确定因素

1. 不同时间段测量值差异引入的不确定因素 δ_1

该不确定因素主要包括吸烟机相关参数的差异、环境条件的差异等形成测量结果的差异。而这些差异的具体体现是不同时间段各组间测量结果的差异，即组间差异。

2. 测量重复性引入的不确定因素 δ_2

根据标准，每一测量结果由 2 个平行测量数据取平均值获取。2 个平行测量数据间的差异形成了测量结果的差异，即组内差异。

3. 样品的前处理引入的不确定因素 δ_3

该不确定因素是加内标量（质量）不准产生的差异。

4. 标准溶液制备引入的不确定因素 δ_4

该不确定因素是在系列标准溶液制备中，各计量器具不准产生的差异。

5. 气相色谱-质谱联用法引入的不确定因素 δ_5

该不确定因素是由拟合工作曲线非线性形成的差异。

6. 气相色谱–质谱联用仪测量重复性引入的不确定因素 δ_6

该不确定因素是气相色谱质谱联用仪测量稳定性形成的差异。

7. 气相色谱–质谱联用法回收率引入的不确定因素 δ_7

该不确定因素是气相色谱质谱联用法加标回收率形成的差异。

以上 7 个不确定因素构成了苯并［a］芘测量结果的差异。构成苯并［a］芘（质量）与内标（体积）的比值差异的不确定因素是 δ_1、δ_2、δ_3、δ_4、δ_5、δ_6、δ_7，即 $f_c(\delta_1, \delta_2, \delta_3, \delta_4, \delta_5, \delta_6, \delta_7)$；构成内标体积差异的不确定因素是 δ_3，即 $f_V(\delta_3)$。

苯并［a］芘测量不确定度评定的因果关系图如图 8-16 所示。

六、不确定分量评定

1. 组间差异的量化

该评定采用多组重复测量，以组间差的估计值予以量化。

组间差估计值的获取是建立在 χ^2 基础上，χ^2 的前提是样本（卷烟样品）测量数据服从正态分布。

（1）评定步骤

① 按标准要求，对卷烟样品重复测量，获取样品的苯并［a］芘与内标比值 c；

② 确认各组苯并［a］芘与内标比值的平均值 $\bar{c}$ 呈正态分布；

③ 对各 $\bar{c}$ 进行异常值检验，并剔除离群值（歧离值）；

④ 计算组间、组内偏差平方和；

⑤ 计算组间差的估计值。

（2）评定

①对某一卷烟样品进行重复测量，获取每支苯并［a］芘与内标比值，单位是 ng/(μL · 支)，组数为 m（建议 m 为 8 或 10）；组内重复测量数 $n=2$（标准要求）。

$$c_{11}, c_{21}, \cdots, c_{i1}, \cdots, c_{m1}$$
$$c_{12}, c_{22}, \cdots, c_{i2}, \cdots, c_{m2}$$

【例 8-94】 用 3R4F 卷烟，在直线型吸烟机上重复收集 10 组粒相。按标准要求，用气相色谱质谱联用仪进行测定，获取 2×10＝20 个苯并［a］芘与内标比值，如表 8-94 所示。

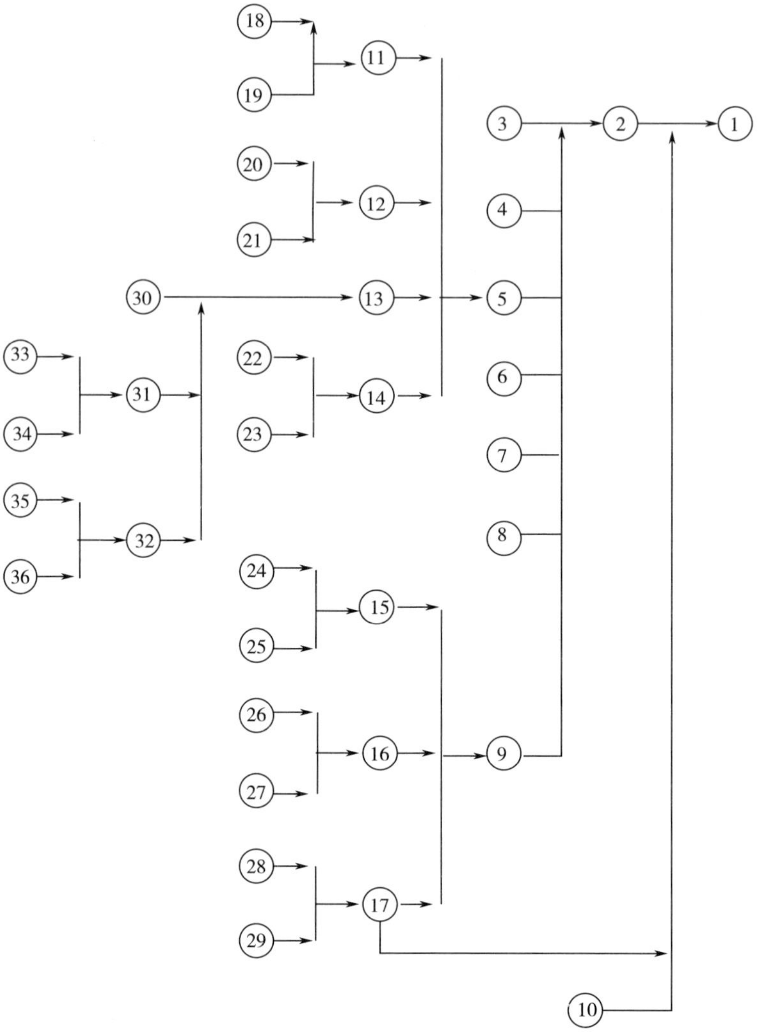

图 8-16　苯并［a］芘测量不确定度评定因果关系图

1—苯并［a］芘　2—苯并［a］芘内标质量比　3—组间差异 δ_1　4—组内差异 δ_2　5—系列标准溶液制备形成的差异 δ_4　6—工作曲线非线性形成的差异 δ_5　7—气相色谱质谱联用仪测量稳定性形成的差异 δ_6　8—气相色谱质谱联用法加标回收率形成的差异 δ_7　9—前处理 δ_3　10—苯并［a］芘内标质量比与样品内标加入量的相关性　11、14、15、17、31—移液枪　12、32—容量瓶　16—加液器　13、30—储备液、标准品的不确定度传递　18、22、24、28、33—移液　20、35—定容　26—加液　19、21、23、25、27、29、34、36—体膨胀其中，内标溶液浓度为 20.0ng/μL，加内标溶液 5μL，即内标质量 100ng。

表 8-94　　苯并［a］芘与内标（质量）比值　　单位：支

	1	2	3	4	5	6	7	8	9	10
c_{i1}	0.0644	0.0634	0.0634	0.0643	0.0658	0.0669	0.0665	0.0665	0.0628	0.0662
c_{i2}	0.0627	0.0639	0.0643	0.0630	0.0638	0.0657	0.0644	0.0648	0.0641	0.0666
$\bar{c}_i$	0.0636	0.0637	0.0639	0.0637	0.0648	0.0663	0.0655	0.0657	0.0635	0.0664

②对 m 个苯并［a］芘与内标比值的平均值进行正态性检验，采用夏皮罗-威尔逊检验法。夏皮罗-威尔逊检验法见资料性附录 1。

【例 8-95】 把表 8-94 第 3 行中的苯并［a］芘与内标比值的平均值 $\bar{c}_i$ 由小到大排序，如表 8-95 所示。

表 8-95　　$\bar{c}_i$ 排序　　单位：支

$\bar{c}_i$ 升序									
1	2	3	4	5	6	7	8	9	10
0.0635	0.0636	0.0637	0.0637	0.0639	0.0648	0.0655	0.0657	0.0663	0.0664

由于 $m/2=5$，则查表获取 a_k，如表 8-96 所示。

表 8-96　　a_k

a_1	a_2	a_3	a_4	a_5
0.5739	0.3291	0.2141	0.1224	0.0399

$$W = \frac{\left\{\sum_{k=1}^{[m/2]} a_k(\bar{c}_{m-k+1} - \bar{c}_k)\right\}^2}{\sum_{k=1}^{m} (\bar{c}_k - \bar{\bar{c}})^2} = 0.8473$$

显著性水平取 $\alpha = 0.05$

查表临界值 $W(m, \alpha) = 0.842$

$W > W(m, \alpha)$，即表 8－94 中苯并［a］芘与内标比值的平均值 $\bar{c}_i$ 服从正态分布。

③ 对 m 个均值 $\bar{c}_i$ 进行异常值检验；采用格拉布斯检验法。格拉布斯检验

法见资料性附录2。

【例 8-96】 根据表 8-95 可得：

$$\bar{\bar{c}} = \frac{1}{m}\sum_{i=1}^{m}\bar{c}_i = 0.0647 \text{ 支}$$

$$s = \sqrt{\frac{\sum_{i=1}^{m}(\bar{c}_i - \bar{\bar{c}})^2}{m-1}} = 1.189 \times 10^{-3} \text{ 支}$$

$$G_m = \frac{\bar{c}_m - \bar{\bar{c}}}{s} = 1.450$$

$$G_1 = \frac{\bar{\bar{c}} - \bar{c}_1}{s} = 1.030$$

取显著性水平取 $\alpha = 0.05$

查表临界值 $G(m,\ \alpha) = 2.290$

G_m，$G_1 < G(m,\ \alpha)$，即10个苯并[a]芘与内标比值的平均值$\bar{c}_i$中没有异常值。

④组间偏差平方和 $Q_{间}$和组内偏差平方和 $Q_{内}$。

各组平均值的计算如式（8-110）所示。

$$\bar{c}_i = \frac{1}{2}\sum_{j=1}^{2}c_{ij} \tag{8-110}$$

总平均值的计算如式（8-111）所示。

$$\bar{\bar{c}} = \frac{1}{m}\sum_{i=1}^{m}\bar{c}_i \tag{8-111}$$

组间偏差平方和的计算如式（8-112）所示。

$$Q_{间} = \sum_{i=1}^{m}2\,(\bar{c}_i - \bar{\bar{c}})^2 \tag{8-112}$$

组内偏差平方和的计算如式（8-113）所示。

$$Q_{内} = \sum_{i=1}^{m}\sum_{j=1}^{2}(c_{ij} - \bar{c}_i)^2 \tag{8-113}$$

注：m 为剔除异常值后的组数。

【例 8-97】 $\bar{c}_i$已由表 8-94 获取。

$$\bar{\bar{c}} = \frac{1}{m}\sum_{i=1}^{m}\bar{c}_i = 0.0647/\text{支}$$

$$Q_{间} = \sum_{i=1}^{m}2(\bar{c}_i - \bar{\bar{c}})^2 = 2.546\times10^{-5}/\text{支}^2$$

$$Q_{内} = \sum_{i=1}^{m}\sum_{j=1}^{2}(c_{ij} - \bar{c}_i)^2 = 1.012\times10^{-5}/\text{支}^2$$

⑤组间差的估计值

在正态分布的基础上，有：

$$\frac{Q_{间}}{n\sigma_{间}^2 + \sigma_{内}^2} \sim \chi^2(m-1),\ \frac{Q_{间}}{2\sigma_{间}^2 + \sigma_{内}^2} \sim \chi^2(m-1)$$

$$\frac{Q_{内}}{\sigma_{内}^2} \sim \chi^2[m(n-1)],\ \frac{Q_{内}}{\sigma_{内}} \sim \chi^2(m)$$

式中　$\sigma_{间}^2$——组间方差；

$\sigma_{内}^2$——组内方差。

组间差 $\sigma_{间}$ 的估计值的计算如式（8-114）所示。

$$\hat{\sigma}_{间} = \sqrt{\frac{1}{2}\left(\frac{Q_{间}}{m-1} - \frac{Q_{内}}{m}\right)} \tag{8-114}$$

组间差形成的相对不确定分量的计算如式（8-115）所示。

$$u_{r1} = \frac{\hat{\sigma}_{间}}{\bar{\bar{c}}} \tag{8-115}$$

【例 8-98】 以④获取的结果，可得：

$$\hat{\sigma}_{间} = \sqrt{\frac{1}{2}\left(\frac{Q_{间}}{m-1} - \frac{Q_{内}}{m}\right)} = 1.578\times10^{-3}/\text{支}$$

组间差形成的相对不确定分量为：

$$u_{r1} = \frac{\hat{\sigma}_{间}}{\bar{\bar{c}}} = 2.440\times10^{-2}$$

2. 组内差异的量化

一组苯并[a]芘与内标比值 c_{i1} 和 c_{i2}，其平均值为 $\bar{c}_i = \frac{1}{2}\sum_{j=1}^{2}c_{ij}$，极差为 $d_i =$

$|c_{i1}-c_{i2}|$。则有：

$$u_2 = \frac{d_i}{1.128 \times \sqrt{2}}$$

式中　1.128——$n=2$ 时极差转化为标准差的计量系数查表值。

即$\frac{d}{1.128}$为该组两平行苯并［a］芘与内标比值标准差的估计值。

由于测量报告是以两平行苯并［a］芘与内标比值的平均值出示，因此标准差应转化为平均值的标准差，即标准差/$\sqrt{2}$。

组内差形成的相对不确定分量，如式（8-116）所示。

$$u_{r2} = \frac{u_2}{\bar{c}_i} \tag{8-116}$$

【例 8-99】 以表 8-94 中第 1 列数据为例，以下类同。

$$u_2 = \frac{d_i}{1.128 \times \sqrt{2}} = 1.066 \times 10^{-3}/\text{支}$$

$$\bar{c}_i = \frac{1}{2}\sum_{j=1}^{2} c_{ij} = 6.355 \times 10^{-2}/\text{支}$$

组内差形成的相对不确定分量为：

$$u_{r2} = \frac{u_2}{\bar{c}_i} = 1.677 \times 10^{-2}$$

3. 量化样品前处理引入的差异

测量过程：将滤片准确加液（40mL 环己烷），萃取，准确移取 10mL 萃取液，通过固相萃取小柱纯化，旋转蒸发浓缩，在浓缩液中加入 5μL 内标溶液（浓度 20ng/μL）。

涉及的计量器具是定量加液器、移液枪，不确定度评定见资料性附录 6。

本部分均以资料性附录 6 中方法一［最大（相对）允差］举例，以下类同。

（1）计量引入的相对不确定分量

通过 $u_{计r}=\frac{D}{\sqrt{6}\times V}$或 $u_{计r}=\frac{D_r}{\sqrt{6}}$获取 $u_{计、加液r}$、$u_{计、移液r}$。

（2）体膨胀引入的相对不确定分量

通过 $u_{体r}=\frac{\Delta t_{\max}\times P}{\sqrt{3}}$ 获取 $u_{体、加液r}$、$u_{体、移液r}$。

（3）样品的前处理形成的相对不确定分量

考虑计量和体膨胀不相关。定量加液器的计算如式（8-117）所示。

$$u_r = \sqrt{u^2_{计、移液r} + u^2_{体、移液r}} \tag{8-117}$$

考虑各计量器具不相关，U_{r3}的计算式（8-118）所示。

$$u_{r3} = \sqrt{u^2_{加液r} + u^2_{移液、环己烯r} + u^2_{移液、内标r}} \tag{8-118}$$

【例 8-100】

表 8-97　　样品前处理引入的相对不确定分量

定量加液器		移液枪			
量程/mL	50	量程/mL	10	量程/mL	0.02
最大相对允差/%	0.03	最大相对允差/%	0.05	最大相对允差/%	0.17
$u_{计、加液r}$	1.225×10^{-4}	$u_{计、移液r}$	2.041×10^{-4}	$u_{计、移液r}$	6.940×10^{-4}
体膨胀系数/℃	1.2×10^{-3}	体膨胀系数/℃	1.2×10^{-3}	体膨胀系数/℃	1.2×10^{-3}
$u_{体、加液r}$	3.464×10 −3	$u_{体、移液r}$	3.464×10 −3	$u_{体、移液r}$	3.464×10 −3
$u_{加液r}$	3.464×10 −3	$u_{移液、环己烷r}$	3.470×10 −3	$u_{移液、内标r}$	3.533×10 −3
$u_{内}=u_{移液、内标r}=3.533\times10^{-3}$					
$u_{r3}=\sqrt{u^2_{加液r}+u^2_{移液、环己烷r}+u^2_{移液、内标r}}=6.045\times10^{-3}$					

4. 量化标准溶液制备引入的差异

（1）制备标准储备液引入的相对不确定度

标准储备液制备引入的不确定度按资料性附录 7 进行评定。

【例 8-101】 采用的标准品是浓度为 102ng/μL 苯并［a］芘溶液，没有注明不确定度，视其为 0。

制备标准储备液的过程：用 1mL 移液枪移取 1mL 标准品，置于 100mL 容量瓶定容，制备成浓度为 1.02μg/mL 的标准储备液。

标准储备液制备形成的相对不确定分量见表 8-98。

表 8-98　　标准储备液制备形成的相对不确定分量

移液枪	量程/mL	最大相对允差/%	$u_{计、移液r}$	体膨胀系数 /℃	$u_{体、移液r}$	$u_{移液r}$
	1	0.060	2.449×10^{-4}	1.2×10^{-3}	3.464×10^{-3}	3.473×10^{-3}
容量瓶	容量/mL	最大允差/mL	$u_{计、定容r}$	体膨胀系数 /℃	$u_{体、定容r}$	$u_{定容r}$
	100	0.100	4.082×10^{-4}	1.2×10^{-3}	3.464×10^{-3}	3.488×10^{-3}
$u_{储r}=\sqrt{u_{移液r}^2+u_{定容r}^2}=4.992\times10^{-3}$						

（2）制备标准溶液引入的相对不确定度

标准溶液制备引入的不确定度按资料性附录 8 进行评定。

【例 8-102】 制备各标准溶液过程：用 0.02mL 移液枪移取 0.02mL 标准储备液；用 0.1mL 移液枪移取 0.05mL、0.1mL 标准储备液；用 0.2mL 移液枪移取 0.2mL 标准储备液；用 1mL 移液枪移取 0.5mL 标准储备液，分别置于 100mL 萃取瓶中。在每个萃取瓶中（5 个）分别加入 20μL 内标（浓度为 20.0ng/μL）和环己烷，使标准溶液中的内标浓度与样品中的内标浓度一致。

共 5 级标准溶液，见表 8-99，其相对不确定分量见表 8-100。

表 8-99　　标准溶液制备

标准溶液		1 级	2 级	3 级	4 级	5 级
移液枪	量程/mL	0.02	0.1	0.2	1	
	移取量/mL	0.02	0.05	0.1	0.2	0.5
内标加入量 /ng				400		
并［a］芘质量 /ng		20.4	51	102	204	510
并［a］芘与内标比值		0.051	0.1275	0.255	0.51	1.275

表 8-100　　各标准溶液制备形成的相对不确定分量

		1 级	2 级	3 级	4 级	5 级
移液枪苯并［a］芘	量程/mL	0.02	0.1		0.2	1
	最大相对允差/%	0.17	0.14		0.1	0.06
	$u_{计、移液r}$	6.940×10^{-4}	5.715×10^{-4}		4.082×10^{-4}	2.449×10^{-4}
	体膨胀系数/℃			1.2×10^{-3}		
	$u_{体、移液r}$			3.464×10^{-3}		
	$u_{移液、BaPr}$	3.533×10^{-3}	3.511×10^{-3}	3.488×10^{-3}	3.473×10^{-3}	
移液枪内标	量程/mL			0.02		
	最大相对允差/%			0.17		
	$u_{计、移液r}$			6.940×10^{-3}		
	体膨胀系数/℃			1.2×10^{-3}		
	$u_{体、移液r}$			3.464×10^{-3}		
	$u_{移液、内标r}$			3.533×10^{-3}		
$u_{ri}=\sqrt{u^2_{移液、BaPri}+u^2_{移液、内标ri}}$		4.966×10^{-3}	4.981×10^{-3}		4.965×10^{-3}	4.922×10^{-3}

则其相对不确定分量为

$$u_{r4}=\sqrt{n\times u^2_{储ri}+\sum_{i=1}^{n}u^2_{ri}}=1.565\times10^{-2}$$

5. 量化气相色谱-质谱联用法引入的差异

制备的标准溶液为 n 级。各标准溶液苯并［a］芘与内标比值为 C'_1，C'_2，…，C'_i，…，C'_n。将各标准溶液苯并［a］芘与内标比值转化成：$C_i=\dfrac{C'_i}{n}$，可得 C_1，C_2，…，$C_i=$…，C，单位是支。将各标准溶液通过气相色谱质谱联用仪测量，获取各对应响应值 e_1，e_2，…e_i，…，e_n。对形成的各对应点（C_i，e_i）进行线形拟合（最小二乘法），获取标准工作曲线 $\hat{e}=k\hat{C}+b$。

最小二乘法及残差标准差 S_E 计算见资料性附录 3。通过计算可得气相色谱质谱联用法标准工作曲线非线性形成的相对不确定分量，见式（8-119）。

$$u_{r5}=\frac{S_E}{\bar{C}k}\times\sqrt{\frac{1}{P}+\frac{1}{n}+\frac{(\bar{c}-\bar{C})^2}{L_{CC}}}\qquad(8-119)$$

式中　P——样品测量数，按标准 $P=2$；

$\bar{C}$——$\bar{C}=\frac{1}{n}\sum_{i=1}^{n}C_i$

$\bar{c}$——两平行样品测量平均值。

【例 8-103】 按表 8-99 苯并［a］芘与内标比值 C'_i 转化成 $C_i=\frac{C'_i}{n}$，如表 8-101 所示。

表 8-101　　苯并［a］芘与内标比值和响应

	1 级	2 级	3 级	4 级	5 级
C'_i	0.051	0.1275	0.255	0.51	1.275
$C_i=\frac{C'_i}{n}$/(支)	0.0102	0.0255	0.051	0.102	0.255
响应比 e_i	0.1284	0.3210	0.6894	1.4442	3.7459

$$L_{Ce}=\sum_{i=1}^{n}(C_i-\bar{C})(e_i-\bar{e})=0.586$$

$$L_{CC}=\sum_{i=1}^{n}(C_i-\bar{C})^2=0.0394$$

$$L_{ee}=\sum_{i=1}^{n}(e_i-\bar{e})^2=8.701$$

$$\bar{C}=\frac{1}{n}\sum_{i=1}^{n}C_i=8.874\times10^{-2}\text{ 支}$$

$$\bar{e}=\frac{1}{n}\sum_{i=1}^{n}e_i=1.266$$

$$k=\frac{L_{Ce}}{L_{CC}}=14.857$$

$$S_E=\sqrt{\frac{L_{ee}-\frac{L_{Ce}^2}{L_{CC}}}{n-2}}=2.300\times10^{-2}$$

取表 8-94 中第 1 列数据得：

$$\bar{c}=\bar{c}_i=6.355\times10^{-2}\text{ 支}$$

气相色谱质谱联用法标准工作曲线非线性形成的相对不确定分量为：

$$u_{r5} = \frac{S_E}{\bar{C}k} \times \sqrt{\frac{1}{P} + \frac{1}{n} + \frac{(\bar{c} - \bar{C})^2}{L_{CC}}} = 1.476 \times 10^{-2}$$

6. 量化气相色谱-质谱联用仪测量重复性引入的差异

该评定是考量气相色谱质谱联用仪的测量稳定性。

对同一萃取液连续进样 n 次，获取 n 个苯并[a]芘与内标比值 c_1，c_2，…，c_i，…，c_n。

苯并[a]芘与内标比值的均值的计算 如式（8-120）所示。

$$\bar{c} = \frac{1}{n}\sum_{i=1}^{n} c_i \tag{8-120}$$

气相色谱质谱联用仪测量稳定性引入的相对不确定分量的计算如式（8-121）所示。

$$u_{r6} = \frac{1}{\bar{c}}\sqrt{\frac{1}{n-1}\sum_{i=1}^{n}(c_i - \bar{c})^2} \tag{8-121}$$

【例 8-104】　苯并［α］芘与内标比值 C_i 的重复测量值如表 8-102 所示。

表 8-102　　苯并［a］芘与内标比值 c_i 重复测量值　　单位：支

	1	2	3	4	5	6	7	8	9	10
c_i	0.0723	0.0732	0.0711	0.0732	0.0726	0.0732	0.0726	0.0735	0.0714	0.0717

$$\bar{c} = \frac{1}{n}\sum_{i=1}^{n} c_i = 7.248 \times 10^{-2}/\text{支}$$

气相色谱质谱联用仪测量稳定性引入的相对不确定分量为：

$$u_{气r6} = \frac{1}{\bar{c}}\sqrt{\frac{1}{n-1}\sum_{i=1}^{n}(c_i - \bar{c})^2} = 1.158 \times 10^{-2}$$

7. 量化气相色谱-质谱联用法加标回收率引入的差异

该评定是考量气相色谱质谱联用仪加标回收率带来的差异。

选择低、中、高三种标准溶液苯并［a］芘与内标比值，进行 3 水平×4 次加标回收率测定，获取 12 个回收率 η_1，η_2，…η_i，…，η_{12}。

取 η_{max} = MAX ｛η_1，η_2，…，η_i，…，η_{12}｝，η_{min} = MIN ｛η_1，η_2，…，η_i，…，η_{12}｝。

加标回收率均值的计算如式（8-122）所示。

$$\bar{\eta} = \frac{1}{12}\sum_{i=1}^{12}\eta_i \tag{8-122}$$

气相色谱质谱联用仪加标回收率引入的相对不确定分量的计算如式（8-123）所示。

$$u_{r7} = \frac{\eta_{max} - \eta_{min}}{\bar{\eta} \times \sqrt{12}} \tag{8-123}$$

【例 8-105】 不同浓度标准溶液的气相色谱质谱联用仪加标回收率如表 8-103 所示。

表 8-103　　加标回收率　　单位:%

	1	2	3	4
低	105.75	105.07	101.52	102.48
中	105.53	97.33	106.33	101.83
高	112.53	105.83	104.71	107.04

$$\eta_{max} = \text{MAX}\{\eta_1, \eta_2, \cdots, \eta_i, \cdots, \eta_{12}\} = 112.53\%$$

$$\eta_{min} = \text{MIN}\{\eta_1, \eta_2, \cdots, \eta_i, \cdots, \eta_{12}\} = 97.33\%$$

$$\bar{\eta} = \frac{1}{12}\sum_{i=1}^{12}\eta_i = 104.66\%$$

气相色谱质谱联用仪加标回收率引入的相对不确定分量为：

$$u_{r7} = \frac{\eta_{max} - \eta_{min}}{\bar{\eta} \times \sqrt{12}} = 4.195 \times 10^{-2}$$

七、不确定度合成

1. 苯并［a］芘与内标比值各不确定分量合成 f_c（δ_1，δ_2，δ_3，δ_4，δ_5，δ_6，δ_7）

考虑各 u_{ri} 互不相关，$u_{比值r}$ 的计算如式（8-124）所示。

$$u_{比值r} = \sqrt{u_{r1}^2 + u_{r2}^2 + u_{r3}^2 + u_{r4}^2 + u_{r5}^2 + u_{r6}^2 + u_{r7}^2} = \sqrt{\sum_{i=1}^{7} u_{ri}^2} \tag{8-124}$$

测量值取 8-93 中一组苯并［a］芘与内标比值 c_{i1} 和 c_{i2} 的平均值 $\bar{c}_i$ =

$\frac{1}{2}\sum_{j=1}^{2} c_{ij}$，单位是支；

不确定分量是 $u_{比值} = \bar{c}_i \times u_{比值r}$，单位是支。

【例 8-106】 根据上述评定，可得各相对不确定分量，如表 8-104 所示。

表 8-104 各相对不确定分量

u_{r1}	u_{r2}	u_{r3}	u_{r4}	u_{r5}	u_{r6}	u_{r7}	$u_{移液、内标r}$
2.440×10^{-2}	1.677×10^{-2}	6.045×10^{-3}	1.565×10^{-2}	1.476×10^{-2}	1.158×10^{-2}	4.195×10^{-2}	3.533×10^{-3}

$$u_{比值r} = \sqrt{\sum_{i=1}^{7} u_{ri}^2} = 5.718 \times 10^{-2}$$

以表 8-94 中第 1 列苯并［a］芘与内标比值为例，以下类同。

$$\bar{c}_i = \frac{1}{2}\sum_{j=1}^{2} c_{ij} = 6.355 \times 10^{-2}1 \text{ 支}$$

不确定分量为：

$$u_{比值} = \bar{c}_i \times u_{比值r} = 3.634 \times 10^{-3} \text{ 支}$$

2. 内标质量不确定分量合成 f_V（δ_3）

$$u_{r内} = u_{移液、内标r}$$

内标质量是 100ng，则内标质量的不确定分量是 $u_{内} = 100 \times u_{内r}$，单位是 ng。

【例 8-107】 根据表 8-104，可得：

$$u_{内r} = 3.533 \times 10^{-3}$$

内标质量的不确定分量为：

$$u_{内} = 100 \times u_{内r} = 3.533 \times 10^{-1}\text{ng}$$

3. c 与 $m_{内}$ 的相关性

当滤片置于萃取瓶中，萃取瓶中苯并［a］芘的量值是恒定的，即 $y=c\times m_{内}$ 中的 y 是恒定的量，则 $c\times m_{内}=K$ 呈双曲线函数关系（c 和 $m_{内}$ 呈反比关系）。本研究要在表 8-94 中 $\bar{c}_i$ 附近的微小区间内确定 c 和 $m_{内}$ 的相关系数。根据 $c\times m_{内}=K$ 可得表 8-105。

表 8-105　　c 与 $m_{内}$ 的相关性

$m_{内i}$/ng	100	96	98	102	104
c_i/支	$\bar{c}_i$	$\frac{100}{96}\times\bar{c}_i$	$\frac{100}{98}\times\bar{c}_i$	$\frac{100}{102}\times\bar{c}_i$	$\frac{100}{104}\times\bar{c}_i$

对形成的各对应点（$m_{内i}$，c_i）进行线形拟合（最小二乘法），获取 c 和 $m_{内}$ 的相关系数 $r(c, m_{内})$。相关系数计算方法见资料性附录 3。

【例 8-108】　取表 8-94 中第 1 列数据，$\bar{c}_i=6.355\times10^{-2}$ 支，则可得表 8-106。

表 8-106　　c 与 $m_{内}$ 的相关性

$m_{内i}$/ng	100	96	98	102	104
c_i/支	$\bar{c}_i=6.355\times10^{-2}$	0.0662	0.0648	0.0623	0.0611

采用最小二乘法。可得：

$$r(c, m_{内}) = -0.9997 \approx -1$$

4. 苯并［a］芘各不确定分量合成

根据数学模型 $y=c\times m_{内}$ 及通用公式：

$$\begin{aligned} u^2(y) &= \sum_{i=1}^{N}\sum_{j=1}^{N}\frac{\partial f}{\partial x_i}\frac{\partial f}{\partial x_j}u(x_i, x_j) \\ &= \sum_{i=1}^{N}\left(\frac{\partial f}{\partial x_i}\right)^2 u^2(x_i) + 2\sum_{i=1}^{N-1}\sum_{j=i+1}^{N}\frac{\partial f}{\partial x_i}\frac{\partial f}{\partial x_j}u(x_i, x_j) \end{aligned}$$

且相关系数 $r(x_i, x_j)=\dfrac{u(x_i, x_j)}{u(x_i)u(x_j)}$。

由于 $N=2$，上式可转换成

$$u^2(y) = \left(\frac{\partial y}{\partial c}\right)^2 u^2(c) + \left(\frac{\partial y}{\partial m_{内}}\right)^2 u^2(m_{内}) + 2\frac{\partial y}{\partial c}\frac{\partial y}{\partial m_{内}}u(c)u(m_{内})r(c, m_{内})$$

根据 $y=c\times m_{内}$ 可得：$\dfrac{\partial y}{\partial c}=m_{内}$，$\dfrac{\partial y}{\partial m_{内}}=c$。

$r(c, m_{内})=-0.9997\approx-1$。则 $u_{(y)}$ 的计算如式（8-125）所示。

$$u(y) = \sqrt{m_{内}^2u^2(c) + c^2u^2(m_{内}) - 2m_{内}u(c)cu(m_{内})}$$

$$= \left| m_{内} \cdot u(c) - c \cdot u(m_{内}) \right| \quad (8-125)$$

【例 8-109】 根据上述评定，可知：

$$c = 6.355 \times 10^{-2} 支$$

$$m_{内} = 100ng$$

$$u(c) = u_{比值} = 3.634 \times 10^{-3} 支$$

$$u(m_{内}) = u_{内} = 3.533 \times 10^{-1} ng$$

苯并［a］芘的测量值为：

$$y = c \times m_{内} = 6.355ng 支$$

苯并［a］芘的合成标准不确定度为：

$$u(y) = \left| m_{内} \cdot u(c) - c \cdot u(m_{内}) \right| = 0.341ng 支$$

八、报告

测量不确定度报告一般有两种出示方式：

（1）测量结果 y，合成标准不确定度 u；

（2）测量结果 y，扩展不确定度 U，包含因子 k。

另：不确定度出示至多 2 位有效数字，且最后 1 位只进不退。

【例 8-110】 根据上述评定，可获取测量不确定度报告，如表 8-107 和表 8-108 所示。

表 8-107　　苯并［a］芘的测量不确定度报告（1）

苯并［a］芘的测量结果	苯并［a］芘的合成标准不确定度
6.36ng/支	0.35ng/支

表 8-108　　苯并［a］芘的测量不确定度报告（2）

苯并［a］芘的测量结果	苯并［a］芘的扩展不确定度	包含因子
6.36ng/支	0.69ng/支	2

九、其他

1. 评定过程中的几点说明

（1）本部分的例子均采用 3R4F 卷烟作为样品来采集数据，并予以测量不确定度评定。

（2）本部分出示的苯并［a］芘与内标比值均通过 $c_{气}=\frac{1}{n}\times c_{气}'$ 换算（见四、数学模型）。标准系列浓度亦然。

（3）除组间差异的量比中苯并［a］芘与内标比值的均值以 10 组总平均值 $\bar{\bar{c}}$ 出示，获取相对不确定度外，其余苯并［a］芘与内标比值的均值均以表 8-93 的第 1 组（第 1 列）出示（两平行苯并［a］芘与内标比值的平均值）。这是为了与标准匹配。

2. 测量数据有效性验证

本部分的例子均采用 3R4F 卷烟作为样品来采集数据。为确认测量仪器的精密度和准确度是否达到要求，从而确保测量结果有效，召集了 9 家实验室，采用 3R4F 卷烟进行共同实验。共同实验实验方案要求的重复测量数是 2×10=20，与测量不确定度评定采用的方案一致。各实验室测量数据见附录。实验室编号是实验室 1。

对共同实验结果进行了统计。

显著性水平取 $\alpha=0.01$

（1）采用格拉布斯异常值检验各实验室内的测量值

统计显示有一家实验室（实验室 8）出现离群值，剔除该离群值。

（2）采用曼德尔 h 检验各实验室测量均值

统计显示没有出现离群值。

（3）采用曼德尔 k 检验各实验室测量精度

统计显示有一家实验室（实验室 8）精度出现离群值，剔除该实验室数据。

（4）重复性限 r 和再现性限 R

用 8 家实验室数据计算 r 和 R，r 和 R 计算方法见资料性附录 4。结果是

$$r = 0.41\text{ng/支},\ R = 0.53\text{ng/支}$$

另：8 家实验室测量均值最大值是 6.63ng/支，最小值是 6.24ng/支

判断

8 家实验室的测量均值是 6.47ng/支，10 组测量平均值的极差是 0.30ng/支。

$$|\text{测量平均值} - 6.63\text{ng/支}| < R$$

$$|测量平均值 - 6.24ng/支| < R$$

$$10组测量平均值的极差 < r$$

即整体的测量仪器对苯并［a］芘的测量，其精密度和准确度均有效，即确认本部分测量不确定度评定中出示的测量数据准确有效。

3. 成梯度评价测量不确定度

测量不确定度评定是对某一样品测量结果的精密度作一个可信程度的评定。即不同样品（水平）测量不确定度评定的结果是不一样的。根据以往的数据选取6个卷烟样品，各卷烟样品的苯并［a］芘测量结果成一定的梯度，然后按上述的评定方法进行评定，如表8-109所示。

表8-109　6个卷烟样品相对不确定度分量评定结果

	u_{r1}	u_{r2}	u_{r3}	$u_{r内}$	u_{r4}	u_{r5}	u_{r6}	u_{r7}
卷烟1#	2.440	1.677	0.604	0.353	1.565	1.476	1.158	4.195
卷烟2#	2.791	2.813	0.604	0.353	1.565	1.545	1.402	4.195
卷烟3#	3.601	1.417	0.604	0.353	1.565	1.502	1.190	4.195
卷烟4#	3.843	1.799	0.604	0.353	1.565	1.483	0.873	4.195
卷烟5#	2.081	0.641	0.604	0.353	1.565	1.460	0.845	4.195
卷烟6#	4.122	2.833	0.604	0.353	1.565	1.505	2.231	4.195

注：表中各值$\times 10^{-2}$。

根据合成不确定度的评定方法，可得表8-110。

表8-110　苯并［a］芘内标质量比值 c、内标质量 $m_{内}$、测量值 y_{BaP}、$u(c)$、$u(m_{内})$、$u(m_{内})$

	c /支	$u(c)$ /支	$m_{内}$ ng	$u(m_{内})$ ng	y_{BaP} ng/支	$u(y_{BaP})$ ng/支
卷烟1#	0.0636	3.634×10^{-3}	100	0.353	6.355	0.341
卷烟2#	0.0312	1.985×10^{-3}	100	0.353	3.120	0.187
卷烟3#	0.0486	3.041×10^{-3}	100	0.353	4.865	0.287
卷烟4#	0.0592	3.811×10^{-3}	100	0.353	5.925	0.360
卷烟5#	0.0880	4.653×10^{-3}	100	0.353	8.795	0.434
卷烟6#	0.1306	9.474×10^{-3}	100	0.353	13.055	0.901

以 y_{BaP} 为横坐标，$u(y_{BaP})$ 为纵坐标，用最小二乘法对表8-110中6个对

应点进行线性拟合。

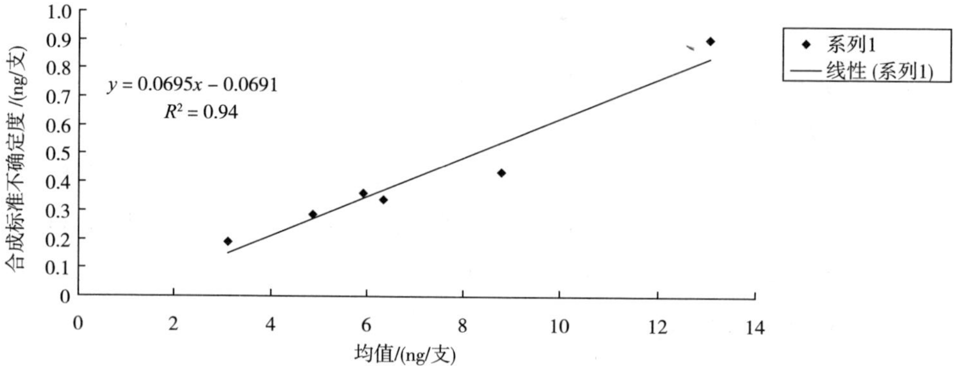

图 8-17 苯并［a］芘合成标准不确定度

根据图 8-17 得线性拟合方程 $\hat{u}(y_{BaP})=0.0695\times\hat{y}_{BaP}-0.0691$。尽管图中各对应坐标点的分布有一定的离散性，但根据决定系数 $R^2=0.9400$，无法拒绝该线性方程获取的 $\hat{u}(y_{BaP})$ 是一个有效估计值。

根据 $\hat{u}(y_{BaP})=0.0695\times\hat{y}_{BaP}-0.0691$ 可获取各测量值 y_{BaP} 对应的合成标准不确定度估计值 $\hat{u}(y_{BaP})$，如表 8-111 所示。

表 8-111　y_{BaP} 对应的 $\hat{u}(y_{BaP})$　ng/支

y_{BaP}	4	5	6	7	8	9	10	11	12	13
$\hat{u}(y_{BaP})$	0.21	0.28	0.35	0.42	0.49	0.56	0.63	0.70	0.76	0.83

以 95%置信概率，建立拟合线性方程的置信区间。

其上、下置信区间的计算方法是：

$$\bar{y}_j \pm t_{0.5\alpha,\ n-2} S_E \sqrt{1+\frac{1}{n}+\frac{(\bar{x}_j-\bar{\bar{x}})^2}{L_{xx}}}$$

式中　$t_{0.5\alpha,n-2}$——为置信概率为 95%时的 t 分布的分位点。

十、转换吸烟机型（直线）捕集

直线型吸烟机的评定方法与转盘型吸烟机的评定方法相同。以 3R4F 卷烟样品为例。

1. 各不确定分量评定

（1）不同时间段测量值差异引入的不确定分量

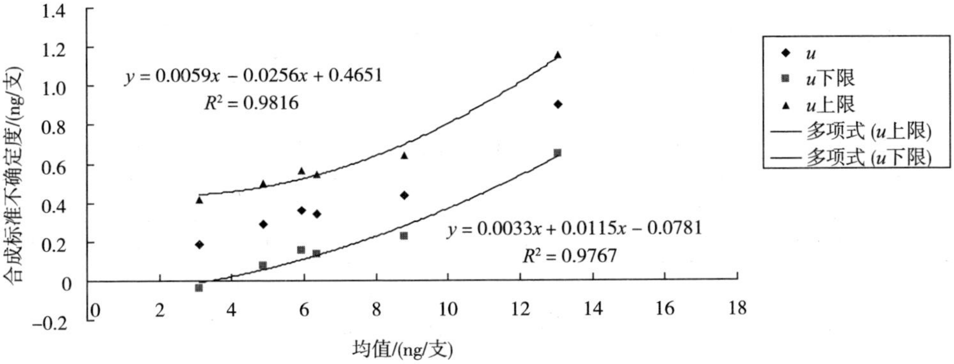

图 8-18　苯并［a］芘合成标准不确定度的置信区间

苯并［α］芘合成标准不确定的置信区间如图 8-18 所示，苯并［α］芘的内标质量比值如表 8-112 所示。

表 8-112　　苯并［a］芘内标质量比值　　单位：支

	1	2	3	4	5	6	7	8	9	10
c_{i1}	0.0559	0.0568	0.0574	0.0576	0.0579	0.0577	0.0555	0.0581	0.0563	0.0559
c_{i2}	0.0543	0.0578	0.0599	0.0574	0.0600	0.0596	0.0578	0.0576	0.0572	0.0562
$\bar{c}_i$	0.0551	0.0573	0.0587	0.0575	0.0590	0.0587	0.0567	0.0579	0.0568	0.0561

$$u_{r1} = 2.863 \times 10^{-2}$$

（2）测量重复性引入的不确定分量

$$\bar{c}_i = 00551 \text{ 支}$$

$$u_{r2} = 1.820 \times 10^{-2}$$

（3）样品的前处理引入的不确定分量

$$u_{r3} = 6.045 \times 10^{-3}$$

$$u_{\text{内}r} = 3.533 \times 10^{-3}$$

（4）标准溶液制备引入的不确定分量

$$u_{r4} = 1.565 \times 10^{-2}$$

（5）气相色谱质谱联用法引入的不确定分量

$$u_{r5} = 1.489 \times 10^{-2}$$

(6) 气相色谱质谱联用仪测量重复性引入的不确定分量

苯并［α］芘与内标比值的重复性测量数据如表 8-113 所示。

表 8-113　　苯并［a］芘与内标比值重复性测量数据　　单位：支

1	2	3	4	5	6	7	8	9	10
0.0572	0.0596	0.0615	0.0595	0.0595	0.0584	0.0586	0.0579	0.0599	0.0587

由表 8-113 苯并［a］芘与内标比值重复性测量数据可得

$$u_{r6} = 2.028 \times 10^{-2}$$

(7) 气相色谱质谱联用法回收率引入的不确定分量

$$u_{r7} = 4.195 \times 10^{-2}$$

2. 各不确定分量合成

(1) 苯并［a］芘与内标比值不确定分量

$$u_{\text{比值}r} = \sqrt{\sum_{i=1}^{7} u_{ri}^2} = 6.185 \times 10^{-2}$$

$$\bar{c}_i = \frac{1}{2}\sum_{j=1}^{2} c_{ij} = 0.551\text{ 支}$$

$$u_{\text{比值}} = \bar{c}_i \times u_{\text{比值}r} = 3.408 \times 10^{-3}\text{ 支}$$

(2) 内标体积不确定分量

$$u_{\text{内}r} = 3.533 \times 10^{-3}$$

$$m_{\text{内}} = 100\text{ng}$$

$$u_{\text{内}} = 100 \times u_{\text{内}r} = 0.353\text{ng}$$

3. 苯并［a］芘合成标准不确定度

苯并［a］芘的测量值为：

$$y = 5.510\text{ng 支}$$

苯并［a］芘的合成标准不确定度为：

$$u(y) = 0.321\text{ng 支}$$

4. 直线型吸烟机与转盘型吸烟机测量结果及合成不确定度比较

同为 3R4F 卷烟，转盘型吸烟机形成的点（6.355，0.341），直线型吸烟机形成的点（5.510，0.321）。

将点（5.510，0.321）置于直线型吸烟机测量结果所确定的置信区间内。

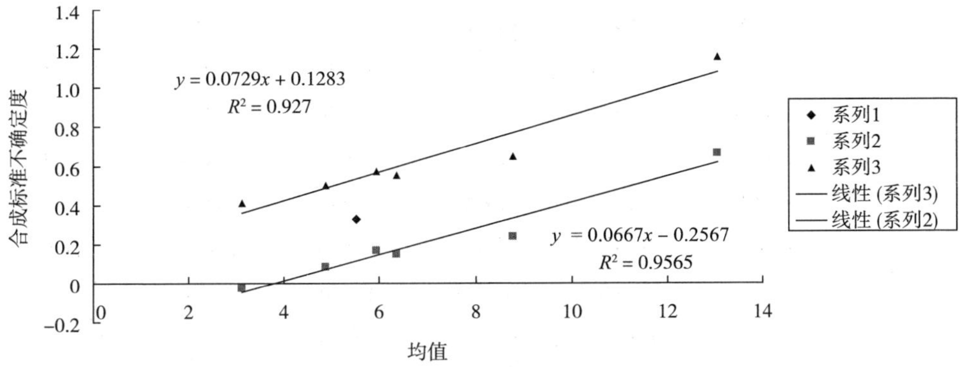

图 8-19 苯并［a］芘直线型吸烟机合成标准不确定度验证

在苯并［a］芘测量值和合成标准不确定度上，转盘型吸烟机与直线型吸烟机存在一定的差异，但前者的结果仍然包含于后者所确定的置信区间内，如图 8-19 所示。

附录

6 个卷烟样品苯并［a］芘与内标比值 单位：支

组号	卷烟 1#	卷烟 2#	卷烟 3#	卷烟 4#	卷烟 5#	卷烟 6#
1	0.0644	0.0319	0.0492	0.0584	0.0884	0.1335
	0.0627	0.0305	0.0481	0.0601	0.0875	0.1276
2	0.0634	0.0327	0.0534	0.0684	0.0868	0.1440
	0.0639	0.0315	0.0524	0.0577	0.0852	0.1213
3	0.0634	0.0308	0.0494	0.0626	0.0907	0.1189
	0.0643	0.0305	0.0506	0.0597	0.0890	0.1219
4	0.0643	0.0309	0.0490	0.0622	0.0878	0.1308
	0.0630	0.0309	0.0517	0.0602	0.0872	0.1177

续表

组号	卷烟 1#	卷烟 2#	卷烟 3#	卷烟 4#	卷烟 5#	卷烟 6#
5	0. 0658	0. 0297	0. 0490	0. 0631	0. 0899	0. 1290
	0. 0638	0. 0316	0. 0494	0. 0592	0. 0875	0. 1269
6	0. 0669	0. 0308	0. 0484	0. 0673	0. 0869	0. 1228
	0. 0657	0. 0313	0. 0517	0. 0599	0. 0868	0. 1217
7	0. 0665	0. 0288	0. 0489	0. 0619	0. 0880	0. 1213
	0. 0644	0. 0311	0. 0491	0. 0594	0. 0881	0. 1264
8	0. 0665	0. 0320	0. 0491	0. 0608	0. 0871	0. 1233
	0. 0648	0. 0322	0. 0515	0. 0597	0. 0874	0. 1201
9	0. 0628	0. 0303	0. 0509	0. 0576	0. 0894	0. 1169
	0. 0641	0. 0334	0. 0518	0. 0601	0. 0880	0. 1274
10	0. 0662	0. 0289	0. 0479	0. 0588	0. 0848	0. 1179
	0. 0666	0. 0331	0. 0488	0. 0563	0. 0856	0. 1316

9 家实验室 3R4F 样品苯并［a］芘共同实验数据 单位：ng/支

	1	2	3	4	5	6	7	8	9	10
实验室 1	6. 355	6. 365	6. 385	6. 365	6. 480	6. 630	6. 545	6. 565	6. 345	6. 640
实验室 2	6. 302	6. 208	6. 375	6. 172	6. 445	6. 302	6. 260	6. 117	6. 111	6. 100
实验室 3	6. 350	6. 700	6. 750	6. 550	6. 850	6. 750	6. 450	6. 600	6. 600	6. 700
实验室 4	6. 640	6. 025	6. 130	6. 465	6. 660	6. 380	6. 395	6. 425	6. 415	6. 395
实验室 5	6. 300	6. 485	6. 540	6. 820	6. 400	6. 660	6. 370	6. 460	6. 375	6. 605
实验室 6	6. 625	6. 640	6. 660	6. 650	6. 445	6. 635	6. 620	6. 615	6. 470	6. 595
实验室 7	6. 695	6. 555	6. 125	6. 405	6. 485	6. 270	6. 230	6. 255	6. 495	6. 265
实验室 8	6. 460	6. 265	6. 395	6. 400	6. 450	6. 435	6. 400	6. 480	6. 280	5. 640
实验室 9	6. 355	6. 550	6. 690	6. 655	6. 475	6. 275	6. 420	6. 580	6. 400	6. 640

资料性附录

1. 夏皮罗–威尔逊检验法

把测量平均值由小到大排序：

$$\bar{c}_{气1} \leqslant \bar{c}_{气2} \leqslant \cdots \bar{c}_{气i} \cdots \leqslant \bar{c}_{气m}$$

查表定系数 a_k

统计量的计算如式（1–1）所示。

$$W = \frac{\left\{ \sum_{k=1}^{[m/2]} a_k (\bar{c}_{气m-k+1} - \bar{c}_{气k}) \right\}^2}{\sum_{k=1}^{m} (\bar{c}_{气k} - \bar{\bar{c}}_{气})^2} \tag{1-1}$$

其中［$m/2$］为 $m/2$ 的整数部分，m 为偶数时是 $m/2$，m 为奇数时是（$m-1$）/2。

给定显著性水平查表定临界值 W（m，α）。

若 $W < W(m, \alpha)$，拒绝正态性假设，否则认为测量值服从正态分布。

2. 格拉布斯检验法

把测量平均值由小到大排序：

$$\bar{c}_{气1} \leqslant \bar{c}_{气2} \leqslant \cdots \bar{c}_{气i} \cdots \leqslant \bar{c}_{气m}$$

均值的计算如式（2–1）所示。

$$\bar{\bar{c}}_{气} = \frac{1}{m} \sum_{i=1}^{m} \bar{c}_{气i} \tag{2-1}$$

标准差的计算如式（2–2）所示。

$$s = \sqrt{\frac{\sum_{i=1}^{m} (\bar{c}_{气i} - \bar{\bar{c}}_{气})^2}{m-1}} \tag{2-2}$$

（1）最大值检验

最大值统计量的计算如式（2-3）所示。

$$G_m = \frac{\bar{c}_{\text{气}m} - \bar{\bar{c}}_{\text{气}}}{s} \tag{2-3}$$

（2）最小值检验

最小值统计量的计算如式（2-4）所示。

$$G_1 = \frac{\bar{\bar{c}}_{\text{气}} - \bar{c}_{\text{气}1}}{s} \tag{2-4}$$

判断：

如果统计量小于或等于5%临界值，则检验值为正确值；

如果统计量大于5%临界值，但小于或等于1%临界值，则检验值为歧离值；

如果统计量大于1%临界值，则检验值为离群值。

歧离值是否剔除需综合考虑，离群值必须剔除。

注：由于浓度测量平均值最多10个，故不进行两个最大值（最小值）检验。

3. 最小二乘法及残差标准差计算

过程计算量的计算如式（3-1）、式（3-2）、式（3-3）所示。

$$L_{Ce} = \sum_{i=1}^{n} (C_i - \bar{C})(e_i - \bar{e}) \tag{3-1}$$

$$L_{CC} = \sum_{i=1}^{n} (C_i - \bar{C})^2 \tag{3-2}$$

$$L_{ee} = \sum_{i=1}^{n} (e_i - \bar{e})^2 \tag{3-3}$$

浓度和响应均值的计算如式（3-4）、式（3-5）所示。

$$\bar{C} = \frac{1}{n}\sum_{i=1}^{n} C_i \tag{3-4}$$

$$\bar{e} = \frac{1}{n}\sum_{i=1}^{n} e_i \tag{3-5}$$

斜率的计算如式（3-6）所示。

$$k = \frac{L_{Ce}}{L_{CC}} \tag{3-6}$$

截距的计算如式（3-7）所示。

$$b = \bar{e} - k\bar{C} \tag{3-7}$$

残差的标准差的计算如式（3-8）所示。

$$S_E = \sqrt{\frac{L_{ee} - \frac{L_{C_e}^2}{L_{CC}}}{n - 2}} \tag{3-8}$$

相关系数的计算如式（3-9）所示。

$$r = \frac{L_{Ce}}{\sqrt{L_{CC} \cdot L_{ee}}} \tag{3-9}$$

4. *r* 和 *R* 计算方法

m 个实验室对同一样品用同一方法测得 m 组结果

实验室	测量值	平均值	标准差
A_1	$x_{11}, x_{12}, \cdots, x_{1j}, \cdots, x_{1n_1}$	y_1	S_1
A_2	$x_{21}, x_{22}, \cdots, x_{2j}, \cdots, x_{2n_2}$	y_2	S_2
…	…	…	…
A_i	$x_{11}, x_{i2}, \cdots x_{ij} \cdots, x_{in_i}$	y_i	S_i
…	…	…	…
A_m	$x_{m1}, x_{m2}, \cdots, x_{mj}, \cdots, x_{mn_m}$	y_m	S_m

记重复性标准差的计算如式（4-1）所示。

$$S_r = \sqrt{\frac{\sum_{i=1}^{m}(n_i - 1)S_i^2}{\sum_{i=1}^{m} n_i - m}} = \sqrt{\frac{\sum_{i=1}^{m}\sum_{j=1}^{n_n}(x_{ij} - y_i)^2}{\sum_{i=1}^{m} n_i - m}} \tag{4-1}$$

如果各实验室 n_i 相等，即 $n_i = n$，则 S_r 的计算如式（4-2）所示。

$$S_r = \sqrt{\frac{\sum_{i=1}^{m} S_i^2}{m}} = \sqrt{\frac{\sum_{i=1}^{m}\sum_{j=1}^{n}(x_{ij} - y_i)^2}{m(n - 1)}} \tag{4-2}$$

在置信概率为95%时得出的重复性值的计算如式（4-3）所示。

$$r = 2\sqrt{2}S_r = 2.83S_r \tag{4-3}$$

所有测量值的总平均值的计算如式（4-4）所示。

$$\bar{y} = \frac{\sum_{i=1}^{m} n_i \bar{x}_i}{\sum_{i=1}^{m} n_i} \tag{4-4}$$

组间偏差平方和及自由度的计算如式（4-5）、式（4-6）所示。

$$Q_1 = \sum_{i=1}^{m} n_i (y_i - \bar{y})^2 \tag{4-5}$$

$$f_1 = m - 1 \tag{4-6}$$

组内偏差平方和及自由度的计算如式（4-7）、式（4-8）所示。

$$Q_2 = \sum_{i=1}^{m} \sum_{j=1}^{n_i} (x_{ij} - y_i)^2 \tag{4-7}$$

$$f_2 = \sum_{i=1}^{m} n_i - m \tag{4-8}$$

则变动性的标准偏差的计算如式（4-9）所示。

$$S_l = \sqrt{\frac{(m-1)\sum_{i=1}^{m} n_i}{\left(\sum_{i=1}^{m} n_i\right)^2 - \sum_{i=1}^{m} n_i^2}\left(\frac{Q_1}{f_1} - \frac{Q_2}{f_2}\right)}$$

$$= \sqrt{\frac{(m-1)\sum_{i=1}^{m} n_i}{\left(\sum_{i=1}^{m} n_i\right)^2 - \sum_{i=1}^{m} n_i^2}\left[\frac{\left(\sum_{i=1}^{m} n_i\right)\left(\sum_{i=1}^{m} n_i y_i^2\right) - \left(\sum_{i=1}^{m} n_i y_i\right)^2}{(m-1)\sum_{i=1}^{m} n_i} - S_r^2\right]} \tag{4-9}$$

当实验室 n_i 相等，即 $n_i = n$，则 S_l的计算如式（4-10）所示。

$$S_l = \sqrt{\frac{m\sum_{i=1}^{m} y_i^2 - \left(\sum_{i=1}^{m} y_i\right)^2}{m(m-1)} - \frac{S_r^2}{n}} \tag{4-10}$$

记复现性标准差的计算如式（4-11）所示。

$$S_R = \sqrt{S_r^2 + S_l^2} \tag{4-11}$$

在置信概率为95%时得出的复现性值的计算如式（4-12）所示。

$$R = 2\sqrt{2}S_R = 2.83S_R \tag{4-12}$$

5. 曼德尔的 *h* 统计量和 *k* 统计量检验

实验数据

实验室	测量结果
1	x_{11}，x_{12}，$\cdots x_{1i}$，$\cdots x_{1n_1}$
2	x_{21}，x_{22}，$\cdots x_{2i}$，$\cdots x_{2n_2}$
…	…….
j	x_{j1}，x_{j2}，$\cdots x_{ji}$，$\cdots x_{jn_j}$
…	……
m	x_{m1}，x_{m2}，$\cdots x_{mi}$，$\cdots x_{mn_m}$

曼德尔的 h 统计量和 k 统计量检验异常值如下所示。

各实验室平均值的计算如式（5-1）所示。

$$\bar{y}_j = \frac{1}{n_j}\sum_{i=1}^{n_j} x_{ji} \tag{5-1}$$

总平均值的计算如式（5-2）所示。

$$\bar{y} = \frac{1}{\sum_{j=1}^{m} n_j}\sum_{j=1}^{m}\sum_{i=1}^{n_j} x_{jt} \tag{5-2}$$

各实验室标准差的计算如式（5-3）所示。

$$s_j = \sqrt{\frac{1}{n_j - 1}\sum_{i=1}^{n_j}(x_{jt} - \bar{y}_j)^2} \tag{5-3}$$

① 德尔 h 统计量

$$h_j = \frac{\bar{y}_j - \bar{y}}{\sqrt{\frac{1}{m-1}\sum_{j=1}^{m}(\bar{y}_j - \bar{y})^2}} \tag{5-4}$$

当 $|h_j| < h(0.05, m)$ 时，第 j 实验室测量均值正常；

当 $h(0.05, m) < |h_j| < h(0.01, m)$ 时，第 j 实验室测量均值为歧离值；

当 $|h_j| > h(0.01, m)$ 时，第 j 实验室测量均值为离群值。

② 曼德尔 k 统计量

$$k_j = s_j \sqrt{\frac{m}{\sum_{j=1}^{m} s_j^2}}$$

当 $k_j < k(0.05, m, n_j)$ 时，第 j 实验室测量精度正常；

当 $k(0.05, m, n_j) < k_j < k(0.01, m, n_j)$ 时，第 j 实验室测量精度为歧离值；

当 $k_j > k(0.01, m, n_j)$ 时，第 j 实验室测量精度为离群值。

6. 部分计量器具不确定度评定

本研究涉及的计量器具有：①容量瓶；②移液管（枪）；③定量加液器；④天平。现对该四类计量器具的不确定度评定作一说明。

说明

对容量瓶、移液管（枪）、定量加液器计量形成的相对不确定度评定一般有三种方法。

方法一：经法定计量机构计量，获取最大允差 D 或最大相对允差 D_r。按三角分布考虑，则其相对不确定度的计算如式（6-1）所示。

$$u_{计r} = \frac{D}{\sqrt{6} \times V} \text{ 或 } u_{计r} = \frac{D_r}{\sqrt{6}} \tag{6-1}$$

式中　V——使用体积。

方法二：经法定计量机构计量，获取合成标准不确定度 u_c 或相对合成标准不确定度 u_{cr}。则其相对不确定度的计算如式（6-2）所示。

$$u_{计r}, = \frac{u_c}{V} \quad \text{或} \quad u_{计r} = u_{cr} \tag{6-2}$$

方法三：以水（密度 1g/mL）为样品，对计量器具的体积重复测量 n 次（10 次以上），以水的质量转换成体积进行计量。则其相对不确定度的计算如式（6-3）所示。

$$u_{计r} = \frac{1}{V}\sqrt{\frac{1}{n-1}\sum_{i=1}^{n}(v_i - \bar{v})^2} \tag{6-3}$$

另：溶液均有体膨胀特性，因此，必须考虑温度变化产生体膨胀形成的不确定度。

计量器具一般在20℃计量检定，实验室温度一般控制在（20±5）℃范围内，即 $\Delta t_{max}=5℃$，如溶剂的体膨胀系数为 P，按均匀分布考虑。则其相对不确定度的计算如式（6-4）所示。

$$u_{体r} = \frac{\Delta t_{max} \times P}{\sqrt{3}} \tag{6-4}$$

然后将计量形成的相对不确定度与体膨胀形成的相对不确定度按互不相关进行合成，如式（6-5）所示。

$$u_r = \sqrt{u_{计r}^2 + u_{体r}^2} \tag{6-5}$$

对天平计量形成的相对不确定度评定一般有两种方法。

方法一：经法定计量机构计量，在天平的一定称量范围内，给出最大允差 D，按2次称量（标准品称重）及均匀分布考虑。则其相对不确定度的计算如式（6-6）所示。

$$u_{天平r} = \frac{D \times \sqrt{2}}{m \times \sqrt{3}} \tag{6-6}$$

式中　m——称量质量。该质量是毛重，即如果用容量瓶作为器皿称量标准品，则 m 可认为是容量瓶的质量。

方法二：经法定计量机构计量，在天平的一定称量范围内，给出合成标准不确定度 $u_{计量}$，则其相对不确定度的计算如式（6-7）所示。

$$u_{天平r} = \frac{u_{计量}}{m} \tag{6-7}$$

7. 标准储备液不确定度评定

标准品的状态与标注一般分两种：

（1）液体，标注浓度、不确定度（如没有标注不确定度就认为缺失，不纳入）或最大允差（如没有就认为缺失，不纳入）。

（2）固体，标注纯度（如没有标注纯度，一般按100%考虑）、不确定度

（如没有标注不确定度就认为缺失，不纳入）或最大允差（如没有标注就认为缺失，不纳入）。

如标准品是液体，则标准储备液的一般制备程序是：移液管（枪）移取一定量标准品，置于容量瓶定容，配制成一定量浓度的标准储备液。该程序涉及的计量器具是移液管（枪）和容量瓶。则相对不确定度评定按附录 6 进行评定，分别获取移液管（枪）相对不确定度 $u_{移r}$ 和容量瓶相对不确定度 $u_{容r}$。如标准品传递的不确定度是 $u_{标r}$（如果是最大允差，则按均匀分布考虑，将其转化为不确定度）。考虑 $u_{移r}$、$u_{容r}$、$u_{标r}$ 互不相关，则制备标准储备液引入的相对不确定度的计算如式（7-1）所示。

$$u_{储r} = \sqrt{u_{移r}^2 + u_{容r}^2 + u_{标r}^2} \tag{7-1}$$

如制备多级标准储备液，则只需将前级的标准储备液视作后级标准储备液的标准品即可。

如标准品是固体，则标准储备液的一般制备程序是：天平称取一定量标准品，置于容量瓶定容，配制成一定量浓度的标准储备液。该程序涉及的计量器具是天平和容量瓶。则相对不确定度按附录 6 进行评定，分别获取天平相对不确定度 $u_{天平r}$ 和容量瓶相对不确定度 $u_{容r}$。另标准品传递的不确定度是 $u_{标r}$（如果是最大允差，则按均匀分布考虑，将其转化为不确定度）。考虑 $u_{天平r}$、$u_{容r}$、$u_{标r}$ 互不相关，则制备标准储备液引入的相对不确定度的计算如式（7-2）所示。

$$u_{储r} = \sqrt{u_{天平r}^2 + u_{容r}^2 + u_{标r}^2} \tag{7-2}$$

8. 标准溶液不确定度评定

制备标准溶液的一般程序是：移液管（枪）移取一定量成梯度的标准储备液，置于容量瓶定容，配制成一定梯度（覆盖样品测量范围）浓度的标准溶液。该程序涉及的计量器具是移液管（枪）和容量瓶。则相对不确定度按附录 6 进行评定，分别获取移液管（枪）相对不确定度 $u_{移r}$ 和容量瓶相对不确定度 $u_{容r}$。

考虑 $u_{移r}$、$u_{容r}$、$u_{储r}$（储备液不确定度传递）互不相关，则制备的各标准溶液引入的相对不确定度的计算如式（8-1）所示。

$$u_{r_i} = \sqrt{u_{储r}^2 + u_{移ri}^2 + u_{容ri}^2} \tag{8-1}$$

如制备的标准溶液为 n 级，则标准溶液制备引入的相对不确定度的计算如式（8-2）所示。

$$u_{\text{气}r4} = \sqrt{n \times u_{\text{储}r}^2 + \sum_{i=1}^{n} u_{ri}^2} \tag{8-2}$$

参考文献

[1] EURACHEM, Quantifying uncertainty in analytical measurement. Laboratory of the government chemist. London (Second edition 2000). ISBN 0-948926-15-5.

[2] 中国合格评定国家认可委员会，化学分析中不确定度的评估指南. CNAS-GL06 2006.

[3] Jan S. K. Critique of the guide to the expression of uncertainty in measurement method of estimating and reporting uncertainty in diagnostic assays. Clin Chem 2003; 49: 1818-21.

[4] Jesper R. The guide to expression of uncertainty in measurement approach for estimating uncertainty: An appraisal. Clin Chem 2003; 49: 1822-29.

[5] Marit R, Tore W. L, Bjorn J. B. A model for an uncertainty budget for preanalytical variables in clinical chemistry analyses. Clin Chem 2007; 53: 1343-48.

[6] John M, Jeffrey E. V. Evaluation of assigned-value uncertainty for complex calibrator value assignment processes: aprealbumin example. Clin Chem 2007; 53: 735-41.

[7] Marina P, Marco C, Federica C, Antonio M. Estimate of uncertainty of measurement from a single-laboratory validation study: application to the determination of lead in blood. Clin Chem 2004; 50: 1396-1405.

[8] Kallner A. Quality specifications based on the uncertainty of measurement. Scand J Clin Lab Invest 1999; 59: 513-6.

[9] 全国标准物质管理委员会，标准物质定制原则和统计学原理.

[10] ISO/IEC 17025: 1999 General Requirements for the Competence of Calibration and Testing Laboratories. ISO, Geneva (1999).

[11] GB/T27418-2017 测量不确定度评定与表示（ISOGuide 98-3 : 2008. MOD).

[12] 中国合格评定国家认可委员会 CNAS-GL06: 2018 化学分析中不确定度的评估指南.

[13] 漆德瑶等，理化分析数据处理手册，中国计量出版社，1990.

[14] ISO Guide 31: 2015 Reference materials -Contents of certificates labels and accompanying documentation.

[15] 王律、陈贤飞、王瑾等，卷烟主流烟气中相关成分测量不确定度评定的研究，中国烟草学报，2016; 1: 1-11.

［16］ 张霞，许永，刘巍，等．离子色谱法测定卷烟主流烟气中氨含量的不确定度评定．化学分析计量，2011，20（4）：16-19.

［17］ 马俊英．测量不确定度评定在计量检定中的应用．中国质量技术监督，2013，（12）：66-67.

［18］ 祝海林，邹曼．测试数据的处理与不确定度评定．计量与测试技术，2000，（6）：34-36.

［19］ 田芳宁．实验室认可中的测量不确定度评定．合肥工业大学．2012：1-8.

［20］ Max R. APLAC interpretation and guidance on the estimation of uncertainty of measurement in testing. J AOAC international，2003，86（5）：1070-1076.

［21］ Silva GMS. Uncertainty of analytical determination. J AOAC international，2003，86（5）：1077-1184.

［22］ 刘智敏．不确定度与分布合成．物理实验，1999，19（5）：17-19.

［23］ 刘智敏．扩展不确定度的新算法．中国计量学院学报，2003，14（1）：3-12.

［24］ 张海滨，王中宇，刘智敏．测量不确定度评定的验证研究．计量学报，2007，28（3）：193-197.

［25］ 尚德军，王军．测量不确定度的研究和应用进展．理化检验一化学分册，2004，40（10）：623-627.

［26］ 李恩增，沈凤兰，张薇．焦油量测定结果的不确定度评定．现代测量与实验室管理，2003，（6）：37-40.

［27］ 杨琴，彭忠，郑利锋．卷烟主流烟气中 CO 测量不确定度的评定．现代测量与实验室管理，2004，（6）：37-38.

［28］ 许永，张霞，刘巍，等．卷烟主流烟气中氢氰酸测定不确定度评价．云南大学学报：自然科学版，201 1，33（5）：586-589.

［29］ 黄光莉，林琳，陶里，等．卷烟主流烟气中苯酚测定的不确定度．烟草科技，2013，（6）：64-68.

［30］ 崔柱文，孔维松，刘巍，等．HPLC 法测定卷烟主流烟气中苯酚的不确定度评定．安徽农业科学，2012，40（14）：8212-8213.

［31］ 王颖，刘贤杰，张亮．等．高效液相色谱法测定卷炯主流烟气中巴豆醛含量的不确定度评定．广东化工，2013，40（16）：207-208.

［32］ 芮晓东，许永，张霞，等．卷烟主流烟气中 NNK 测量不确定度评定．化学分析计量，2012，21（1）：7-10.

［33］ 王永梅，张玉璞，张昌壮，等．气相．质谱联用法测定主流烟气总粒相物中苯并［a］芘测量不确定度评定．哈尔滨师范大学自然科学学报，2014，30（5）：82-86.

［34］ 陈韶．测量不确定度评定中建立数学模型的探讨．计量与测试技术，2010，37（1）：48-49.

[35] 李超，许永，李娥贤，等. 溶剂萃取直接进样-气相色谱-质谱/质谱法 测定烟丝中香兰素的不确定度评价 [J]. 食品与机械. 2018，(7). 64-68.

[36] 董睿，童福强，孙端方. UPLC 法测定主流烟气中苯酚含量 [J]. 云南化工. 2018，(8). 64-68.

[37] 陈庆. 直链淀粉的羧化和多孔改性及其对氨和苯酚的吸附性能研究 [D]. 浙江大学，2017.

[38] 高川川，史训瑶，朱文静，等. 用质控图和稳健统计-迭代法评估烟草中钾的实验室测量不确定度. 烟草科技. 2015，(3). 64-68.

[39] 李龙津，葛永丽，姚鹤鸣，等. 稳健统计-迭代法评估卷烟物理测量不确定度 [J]. 中国烟草学报. 2017，(4). 64-68.

[40] 李超，张健，姜黎，等. 卷烟主流烟气中 6 种化学成分的逐口释放量分析 [J]. 烟草科技. 2015，(3). 64-68.

[41] 陈丹，李苓，彭丽娟，等. 电感耦合等离子体质谱法测定烟草中 6 种元素的不确定度 [J]. 烟草科技. 2015，(11). 64-68.

[42] 王律. 卷烟主流烟气相关成分的测量不确定度评定研究 [D]. 华东理工大学，2015.

[43] 赵振东，周雪睛，刘艳凤，等. 液相色谱法测定槟榔饮片中槟榔碱含量的不确定度评定. 化学分析计量. 2012，(3). 16-19.

[44] 薄云川，印德春，崔明健，等. 卷烟主流烟气中一氧化碳含量测量不确定度的评定. 食品安全质量检测学报. 2015，(3). 16-19.

[45] 庞永强，陈再根，陈欢，等. 卷烟侧流烟气中一氧化碳测量不确定度的评定. 现代测量与实验室管理，2010，(1). 30-31，10.

[46] 林海滨，朱永平，陈星峰，等. 连续流动法测定烟草中总氮含量的不确定度评定. 福建分析测试，2009，(4). 53-57.

[47] 李中皓，唐纲岭，陈再根，等. 顶空-气质联用法测定卷烟包装材料中苯不确定度评定. 质谱学报，2009，(6). 359-363.

[48] 胡新华. 气相色谱法测定室内空气中 TVOC 的不确定度评定. 福建分析测试，2008，(3). 63-68.

[49] 张婷，李青诚，廖晓玲，等. 气相色谱法测定烟叶中硫丹残留量的测量不确定度评定. 计量与测试技术，2008，(2). 27-28，32.